獣医学概論

池本卯典
小方宗次　編

文永堂出版

表紙

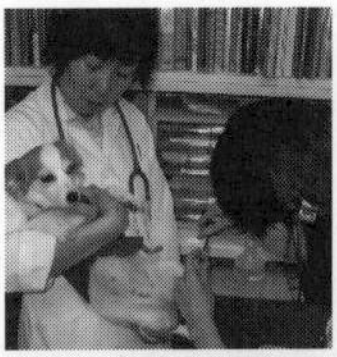

伴侶動物獣医学の分野では，病気を予防する，病気を治すことに加え，日常的なウェルネスケアが行われる
提供：石田卓夫
（赤坂動物病院）

豚のと畜検査（枝肉検査）を行う獣医師

ツシマヤマネコの治療風景
提供：NPO 法人どうぶつたちの病院

アフリカゾウの牙治療
提供：成島悦雄
（東京都多摩動物公園）

直腸検査を行う大動物臨床獣医師
提供：山田一孝
（帯広畜産大学）

序にかえて

獣医学の事始めは，明治 5 年（1872 年）に時の陸軍省が深谷周三氏を上等馬医として任官させた．それが最初のようである．獣医学教育の端緒は，明治 10 年（1877 年）1 月に，現在の東京大学農学部の前身である駒場農学校に 29 名の学生を集めて開始された．私学では，明治 14 年（1881 年）9 月，私立獣医学校が魁であり，今日の日本獣医生命科学大学に進化している．以来 1 世紀半の星霜を経て，現在は 16 大学に約 6,500 人の獣医学徒が学んでいる．

大学教育は，明治 23 年（1890 年）6 月，勅令第 92 号により東京農林学校が帝国大学（後の東京帝国大学）に農科大学として加えられ，獣医学教育の黎明期を迎え 3 年間のカリキュラムも組まれている．しかし，当時の獣医学教育においては，大学および専門学校教育ともに「獣医学概論」の教科は見当たらず，また，昭和 24 年（1949 年）に発足した新制大学の獣医学教育においても同様である．

医学教育における医学概論教育の歴史も浅い．大阪大学医学部で開講されたフランス哲学者澤瀉久敬先生による「医学概論」が最初ではなかろうか．そして中川米造先生らに継承されたように思う．澤瀉先生は医学概論とは，医学の概要を講ずるに非ずと述べておられ，医学原論として講義された節もある．それについて，医事法学の第一人者である唄 孝一先生によると「医学原論」という言葉は澤瀉先生が最初に使用され，医学原論の講座と基本的な枠組みの必要性を説いておられる，と講演録に残されている．

獣医学教育に獣医学概論，獣医学原論は未だ講座も学問体系としての枠組みもない．講義科目は散見されるが，獣医学の初期導入教育として獣医学を概説する分担授業の色彩が強い．

現代の獣医学教育に，澤瀉先生の意図しておられた医学原論の意味を汲む獣医学原論が不可欠なことは，多くの獣医学教育者に支持されると思う．忘れがちであった獣医学の，獣医療の，そして獣医師に求められる哲学を学び，それを極める科学として獣医学概論，獣医学原論の獣医学教育への移植は急務ではなかろうか．それに着目された文永堂出版の企画で，獣医学概論を編集する運びとなった．しかし，先哲の意図にどれ位副えるか皆目見当はつかない．いずれ大幅な改訂を予測しながらとりあえず編集の責任を終えさせていただきたい．

平成 19 年 7 月

編集者 緘

編　集　者

（五十音順）

池本卯典　日本獣医生命科学大学

小方宗次　麻布大学

執　筆　者

（五十音順）

池本卯典　日本獣医生命科学大学

臼井玲子　日本獣医生命科学大学（客員教授）

大森伸男　㈳日本獣医師会

小佐々学　日本獣医史学会

徳力幹彦　日本大学

二宮博義　麻布大学

長谷川篤彦　日本大学

廣田順子　帝京科学大学

福所秋雄　日本獣医生命科学大学

本藤　良　日本獣医生命科学大学（名誉教授）

牧野ゆき　日本獣医生命科学大学

村松梅太郎　日本獣医生命科学大学（客員教授）

山根義久　東京農工大学

目　　次

第1章　獣医学の道程
―過去，現在，未来―

1．はじめに

各獣医系大学では，第1年次のカリキュラムに「獣医学概論」の講義が設定されていると思われるが，各大学によりその講義内容に相違があると推定される．医学分野では「医学概論」と称する幾つかの書物が刊行されているが，獣医学分野では教科書となる「獣医学概論」の刊行物は見当たらない．それは，「獣医学概論」とは獣医学をこれから志す者に対して今後履修するであろう獣医学の教育科目を概説する講義科目であると認識されていたからではないかと思われる．「獣医学概論」は獣医学の単なる科目概説書または入門書ではなく，本来的には獣医学とは何かまたどうあるべきかを論じる哲学であるべきであると思われる．獣医学とは，動物生命倫理・獣医療倫理に基づいて人以外の水棲動物を含む動物の医療，動物衛生，公衆衛生等を対象とする応用科学の学問分野であり，動物の健康維持，安全な食料（動物性蛋白）の供給ならびに社会福祉に貢献することを目的としている学問といえよう．従来，獣医学は農学（畜産学）の1分野であったが，現在は，産業動物を中心とした獣医学から公衆衛生，動物を介した社会福祉にまで獣医学領域が拡大し，農学分野から独立した獣医学として考える感が強い．獣医学の対象は動物であるが，最終的な目的は人の健康・福祉に寄与するところが大きい．日本獣医生命科学大学の池本卯典学長が「獣医学は第3の医学」と提言される所以はそこにあると思う．

「謎掛け」的に獣医学を表現してみると，「獣医学」と掛けて，「宇宙のようなもの」と解く．その心は「その領域が爆発的に拡大している．」となるのではないか．22年前にもなるが，1985年に社団法人日本獣医学会の創設100

周年記念出版として発刊された「日本獣医学の進展」のなかで，当時の尾形学獣医学会会長が緒言の一部に「獣医学領域の拡大」と題して以下の文章を残している.「わが国の獣医学100年の歴史を振り返ってみると，明治初年より第2次世界大戦終結までは，獣医学の主領域が家畜伝染病や臨床獣医学に主流がおかれ，疾病の診断・予防・治療に限定されていたといっても過言ではない.しかしながら，第2次世界大戦終結から現在に至る獣医学の発展は広範に亘り変貌しつつある．獣医学は今日，生命科学の一員となり多彩で重要な使命を担うようになった．すなわち，今日の獣医学は動物の健康保持増進，家畜の生産性の増強，公衆衛生の向上，野生動物など地球生物圏の保全，また医学・生物学への寄与など広範な形で人類に貢献している．さらに獣医学は医学・生物学の諸分野において，比較医学・比較生物学の立場から学際領域を形成し，また生物工学などの最先端の学問を包含しながら発展するものと思われる.」この言葉は，現在も新鮮に思えるように，22年を経た現在もさらに獣医学領域は拡大し続けている．すなわち，特用家畜，コンパニオン・アニマル，野生動物等の診療対象動物の多様化,産業動物と伴侶動物における診療指向の2極化,クライアントに対するインフォームド・コンセントの重要性と診療ニーズの多様化，牛，豚，馬，緬山羊，鶏等の産業動物の感染症の多様化とそれらに対する防疫技術および政策の高度化，人獣共通感染症の多発，動物愛護に対する認識の変化，実験動物への対応，バイオテクノロジーを応用した診断技術の進展ならびに医薬品の開発，受精卵クローンや体細胞クローン技術を用いた品種改良・開発の研究等々があげられる．また，麻薬犬，救助犬，警察犬等の社会活動動物の必要性，盲導犬，聴導犬や介助犬など人体器官代替動物の需要増，安全な食用産業動物の生産と管理，動物愛護および福祉運動の普遍化，学校飼育動物への獣医療の関与等々に示されるとおりである．特に獣医療においては，種々の手術技法，新たな動物用医薬品・動物用医療用具の開発改良ならびに磁場共鳴画像診断（MRI)，X線断層画像診断（CT)，ライナック（Linac）による定位放射線治療等の新技術が小動物臨床分野に導入され，獣医療の高度化は進んでいる．これらに対応する獣医学教育の高度化は必然ではあるが，さらに高度化する獣医学領域を考えると獣医師を支える高度専門技術者（動物看護師等）の養成ならびに法的な制度化が今後必要になると考えられる.

2．獣医学教育の変遷

医学の歴史は古くヒポクラテスの時代に遡るが，近代獣医学は18世紀にフランスにおいて当時流行した疫病(牛疫と推定される)に対応するために始まったとされている．日本の歴史書では，西暦700年以降に軍馬，使役馬を中心とする馬医・馬病に関する事項が記載される書物が散見されている.

江戸時代までは仏教思想の影響でわが国では獣肉を日常的に食する習慣はなかったが，明治以後，政府の畜産の振興政策により外国から家畜が輸入され，また，富国強兵政策の下で，軍馬の需要が高まり，それらの動物の診療，疾病対策に獣医師を養成が必要不可欠となった.

わが国で西洋獣医学の教育が始まったのは明治1873年（明治6年）以降で，陸軍省兵学寮において陸軍獣医（主として馬）養成が開始され，1878年（明治11年）以降に駒場農学校や札幌農学校で西洋人教師による獣医学教育が行われたのが最初である．その後，1881年（明治14年）に私立獣医学校や大阪獣医学講習所（1883年），岩手県立農学校（1884年）等，各都道府県に多くの獣医養成学校が創設された．1885年（明治18年）に獣医師免許規則（太政官布告第28号）が公布された後，多くの獣医養成学校が廃止されたが，明治27年以降，再編等で各都道府県の農学校等や私立獣医養成学校は存続し，さらなる再編を経て現在の国立大学法人獣医系大学や私立獣医系大学に継続されている．大学における獣医学教育としては，1890（明治23年）に帝国大学農科大学に初めて大学教育4年制の獣医学科が設置された．1907年（明治40年）には東北帝国大学農科大学にも札幌農学校での獣医学教育を継承する獣医学講座が開設された．また，1893年（明治26年）に陸軍獣医学校が創設され，昭和20年の終戦まで存続した．このように，日本における獣医学教育は東洋医学による馬医養成の時代から，明治初期に西洋獣医学が導入され，農学校における実践的獣医学教育を経て，専門学校または大学における系統専門的獣医学教育が行われてきた．このように第2次世界大戦前のわが国の獣医学の教育内容は，家畜特に牛馬の伝染病の診断・予防に関する科目を，また,臨床獣医学においては軍馬を主体としたものであった．第2次世界大戦後，食料（動物蛋白）の増産を目的とした日本の畜産振興政策により，養豚業，養鶏業が盛んとなり，獣医師の社会的な主な活動分野として動物衛生分野，大動物臨床分野，公衆衛生分野が重要視されるようになった．これらに対応して，昭和24年の大学改革（獣医系専門学校の再編）を経て，国立10大学，公立1大学，私立5大学となった．

その後，昭和47年以降，獣医学教育年限を4年制から医学ならびに歯学教育と同様に6年制に移行する方向で検討がなされ，昭和53年度から獣医師法を改正し修士課程積み上げ方式による暫定的6年教育が実施された．そして，昭和59年度には学校教育法の改正により獣医学教育の履修年限が正式に6年となった．また，平成元年には大学院修士課程が廃止され，大学院博士課程の教育年限が4年に変更された．現在では，獣医学教育を担っているのは国立大学法人10大学,公立大学法人1大学,私立5大学で,このうち獣医学部となっているのは北海道大学，酪農学園大学，北里大学，日本獣医生命科学大学，麻布大学の6校である．大学院博士課程（獣医学研究科）を単独で設置できない国立大学法人の8大学では，岐阜大学と山口大学の2大学を拠点として2つの連合大学院博士課程が設置されている．獣医学6年制教育実施に関連して，昭和61年以降に決定された大学基準協会「獣医学教育に関する基準」では，獣医学教育に必要な獣医学科の講座数を18以上，教員数を72名以上と定めているが，これを完全に満たしている大学は現在のところない．国立大学法人の獣医系大学では，獣医学教育の充実化に向けて全国規模の獣医学科の統廃合について検討されたが，流産に終わっている．

今日では，犬，猫その他の愛玩動物が伴侶動物（コンパニオン・アニマル）として家族の一員として認識されるようになり，小動物臨床獣医学分野において対象動物は従来の「物」ではなく「尊厳な生命体」として対処が必要になり，経済動物の「物」としての対応と異なり，生命倫理に基づく獣医療を施すことが必然となっている．また，環境汚染や食の安全が重要視される今日では公衆衛生学や環境衛生学等の高度化が求められ，さらに，野生動物の医療・保護・管理に関する分野，動物愛護・生命倫理分野，警察犬・麻薬犬・救助犬等の社会活動動物や盲導犬・聴導犬等の人体器官代替動物の育成や動物介在療法等の人と動物関係分野へ対応が求められている．日本の獣医学の進展に伴い，国内社会への貢献のみに留まらず，開発途上国への家畜衛生や獣医学教育に関する国際技術協力の要請も高まり，獣医学教育に対する社会的な要請も多岐にわたるようになってきた．

このように，近年の科学の進展に伴う獣医学領域の先端技術に対応するため，獣医学教育の高度化が求められている．獣医学教育６年制が導入されておおよそ20年が経過したが，下記の教育環境整備がさらに必要と考えられている．

（ｉ）現場型教育体制の確立

①小動物・大動物臨床医療教育，特に実践的教育の必要性

②産業動物，公衆衛生分野における実務教育の必要性

（ii）獣医療倫理教育の確立

①獣医師関係法，倫理教育等の必要性

（iii）教育人・教育環境の整備

①教員数の増員

②大学施設，研究設備等の高度化

３．臨床獣医学の進展

今日の獣医療は産業動物医療と小動物医療の二極化が進み，産業動物医療では「生命の尊厳さ」より「経済効果」を重要視した対応がとられているが，小動物医療では，コンパニオン・アニマルが家族の一員として受け入れられ，人と同様に「生命の尊厳さ」が第一義的であるという考えに基づき獣医療が行われている．盲導犬，聴導犬，介護犬等の人体器官代替動物の保健と医療もその

範疇に入り，日本獣医生命科学大学の池本卯典学長は次のように述べている．『身体障害者補助犬法の制定によりこれら動物の社会的ステイタスは確保された．また，救護犬，麻薬犬・警察犬などは社会活動動物として，国家や地域の秩序に貢献しその地位を得ようとしている．加えて，学校飼育動物，野生動物，エキゾチック・アニマルの診療など，従来は，日本の獣医学教育や獣医療制度の枠外に置かれていた生き物も診療対象に加わりつつある．動物の社会的ステイタスは，刑法では器物，民法では有生動産であった．しかし，「動物の愛護及び管理に関する法律」（いわゆる，動物愛管法）では，動物を「生命体」と定義し，動物の法律上の保護法益はようやく見直されている．』それゆえに小動物医療における医療技術の進展には目を見張るものがある．

従来，農林水産省は所管として主として産業動物の防疫や動物用医薬品の承認・監視，獣医事に関する業務に関与してきたが，平成17年に消費安全局畜水産安全管理課に小動物獣医療班が設置され，「小動物に係る獣医師及び獣医療に関すること」を所管することとなった．平成17年に小動物医療，大学，畜産関係者等の各委員からなる「小動物獣医療に関する検討会」が実施された．これは歴史的なことであり，今後の小動物医療に関する制度を改革していくうえで重要である．その中で，卒後臨床研修，獣医核医学，獣医療における専門医，獣医療補助者（動物看護師）等に関する問題が検討され，各項目に対する提言が農林水産省消費・安全局長に答申されている．獣医療の高度化は，今後さらに進むものと考えられ，特に小動物医療分野では人の医療分野に匹敵するレベルに到達するものと思われる．また，獣医療の高度化を進めるうえで，獣医療補助者（動物看護師）の制度化が必須となっている．

産業動物医療では，食の安全が重視された結果，食品衛生法の改正により「ポジティブリスト制度」が導入され，すべての化学物質，飼料添加物や動物医薬品に使用規制がかけられ，臨床現場では治療面（投薬による出荷制限期間等の問題）での問題も生じている．これは産業動物医療の宿命かもしれない．

4．予防獣医学の進展

予防獣医学とは生物学・分子生物学，免疫学・疫学・衛生学等を基盤とした応用科学で，獣医学の中でも重要な分野である．予防といえば，衛生予防対策もあるが，感染症予防，すなわちワクチン接種による免疫付加が主体である．ワクチン開発の黎明期（17～18世紀）にはEdward Jennerの牛痘苗を用いた種痘法の実証をはじめ，Rouis Pasteurによる狂犬病ワクチン（固定毒：異種動物を用いた弱毒化ウイルス）の開発がなされ，現代のワクチン開発ならびに実用化の基礎となっている．その後，細菌の毒素（ジフテリア等）の発見，抗毒素（抗体）の発見，死菌ワクチンの開発へと続き，1949年のJohn Endersによる組織培養技術の確立によりポリオ生ワクチンを代表とするウイルス生ワクチン製造技術の普及へと発展した．

日本の獣医学分野では，世界に先駆けて開発された梅野信吉博士による犬用狂犬病ワクチンや中村稕治博士による家兎化牛疫生ワクチンが有名である．戦後では，清水悠紀臣博士，熊谷哲夫博士らによって開発された豚コレラGP生ワクチンは世界に誇れる安全性ならびに有効性の高いワクチンで，昭和43年から野外で実用化され平成4年の発生を最後に発生はなく，天然痘の撲滅（生ワクチン接種による野外ウイルスの駆逐）と同様に豚コレラGP生ワクチン接種による豚コレラの撲滅が達成された．豚コレラの関しては，現在，ワクチンを用いない防疫政策へ移行している．現在は，ワクチン開発技術も高度化し，分子生物学（ゲノミックスやプロテオミクス，分子レベルでの免疫機能解析等）ならびに遺伝子組換え技術を用いた遺伝子組換え型のコンポーネント（サブユニット）ワクチンが実用化されている．しかし，日本では遺伝子組換え生ワクチンは現在のところの承認はなされていない．DNAワクチンやRNA干渉等，新たな技術を用いたワクチン開発も試みられている．

これらの予防獣医学分野で，ワクチン開発に係る基盤技術や開発されたワクチン（ハード）も必須なものであるが，重要な感染症の拡散防止にとって防疫政策（ソフト）が最も重要となる．これには獣医疫学を基盤とする家畜防疫を法律に基づいて実施することが肝要である．日本では家畜防疫に直接関係する法律として家畜伝染病予防法，狂犬病予防法，家畜衛生保健所法，薬事法等がある．予防獣医学では，ワクチン開発の基盤となる生物学，免疫学，分子生物学等も重要であるが，最も重要なのは，防疫の政策の要となる獣医疫学，経済学であろう．

5．産業動物の防疫の重要性

畜産の進展，すなわち家畜の生産性の向上を考えた場合，感染症の防疫を無視して，畜産学のみでこれに対応することはできない．獣医学の分野で最も重要な分野として産業動物の生産性の向上，安全な畜産物の生産・供給を目的とする予防獣医学に基づく家畜の伝染性疾病の発生の予防（衛生管理，検疫）ならびに蔓延防止（届出，迅速診断，殺処分，疫学調査等）等を司る国の行政部門があり，産業動物の衛生ならびに防疫に重要な役割を果たしている．日本の家畜防疫行政政策は，明治時代の太政官布告第21号により，一般獣医事および獣医衛生事務の管轄は農商務省農務局の所管として始まったのが最初である．

現在，家畜防疫や食品安全政策に関して，牛海綿状脳症（BSE）等の摘発以来，畜産分野での食の安全性がより問題視されるところとなり，食品の安全性の監視役として内閣府に食品安全委員会が，農林水産省に新たに食糧庁等の統廃合により消費・安全局が設置され，家畜衛生の行政部門（旧生産局衛生課）は生産局から消費・安全局に２課となって移り，感染症防疫等の家畜衛生政策は動物衛生課が，ワクチン等の動物用医薬品ならびに飼料の安全性に関しては畜水産安全管理課が実施している．これら２課を中心に農林水産省動物検疫所，農林省動物医薬品検査所，独立行政法人農・食品産業技術総合研究機構動物衛生研究所（旧農林水産省家畜衛生試験場）ならびに都道府県の関係機関（都道府県庁，家畜保健衛生所等）が協力して家畜防疫を推進している．特に，狂犬病，馬伝染性貧血，口蹄疫ならびに豚コレラの撲滅，最近の高病原性鳥インフルエンザ，牛海綿状脳症（BSE）等の防疫対策をみれば，わが国の優れた防疫技術に基づく防疫政策の優秀性は一目瞭然である．これらの防疫政策を支える基盤となる関係法令としては，「家畜伝染病予防法」，「狂犬病予防法」（犬・猫等が対象），「家畜保健衛生所法」，「牛海綿状脳症対策特別措置法」，「感染症の予防及び感染症の患者に対する医療に関する法律」（人獣共通感染症を含む）等がある．農林水産省動物検疫所は，家畜等の輸出入に係る検疫を実施し，わが国の家畜衛生における水際防疫を行い，輸出入検疫に関しては国の防疫体制および都道府県の関係機関とも密接に連携している．また，動物検疫は，家畜伝染病予防法で規定する家畜・家禽以外に狂犬病を対象疾病として犬，猫，あらいぐま，きつね，スカンクについて，また，エボラ出血熱およびマールブルグ病を対象疾病としてサルについて検疫を実施しており，厚生労働省との連携を図っている．農林水産省動物医薬品検査所は，家畜，家禽，養殖魚等の専ら動物の疾病の診断，予防，治療等を目的として使用される動物用医薬品の安全性・有効性検査等の国家検定ならびに流通および使用の各段階にわたり，広範な業務を通して動物用医薬品の品質確保に貢献し，安全な畜・水産物の生産性の維持向上に，さらには犬・猫等の愛玩動物の健康の保持にも寄与している．独立行政法人農・食品産業技術総合研究機構動物衛生研究所は，これらの動物衛生・防疫政策を支える予防技術，診断技術，疫学技術等の基盤・開発研究を行っており，現在まで日本の産業動物の防疫に貢献してきた．

わが国における家畜伝染病の研究の歴史を振り返ってみると，その歴史は古く，牛疫の研究は明治に始まり，さらに大正後期から朝鮮総督府獣疫調査所において牛疫の予防・診断技術の開発研究がさらに推進された．その中でも中村稕治博士のグループの家兎化牛疫生ワクチン（L株）の開発実用化は画期的な研究成果であった．戦後，牛疫ワクチン関連の研究は当時の農林水産省家畜衛生試験場九州支場（鹿児島県），赤穂支場（現在は廃場：兵庫県），さらに本場（東京都）で引き継がれた．戦後の昭和20年代後半に朝鮮半島からの牛疫の侵入を防止するために兵庫県を牛疫のワクチン免疫帯にする施策が採られ，赤穂支場で家兎化弱毒ワクチン（L株）と抗血清が大量製造され，その共同注射によるワクチネーションが一時行われた．L株はホルスタイン牛に対してほとんど病原性を示さないが，黒毛和牛に対して病原性を示す（約20％の死亡率）ために，さらに当時の家畜衛生試験場と日本生物科学研究所で研究が進められ，家兎化・鶏胎化株（LA株）が作出された．これにより牛種に関係なく安全な生ワクチンが開発された．さらに，LA株は培養細胞（Vero細胞）に順化され，現在，備蓄用に製造されている牛疫生ワクチンは，組織培養生ワクチンである．オーエスキー病に関しては，1981年に山形県でわが国での初発生が確認されたが，ウイルス学的および免疫学的な初動確定診断は24時間以内に行われた．これは当時家畜衛生試験場の清水悠紀臣博士がオーエスキー病の国内侵入の危険性を予測し，事前にウイルスの導入を行い，初動診断に必要な抗血清等の作成やオーエスキー病に対する診断体制を準備していた結果であった．当時の家畜衛生試験場に勤務していた熊谷哲夫博士と清水悠紀臣博士によって開発された豚コレラ生ワクチン（GPワクチン：昭和43年に実用化）は世界に誇れる有効性・安全性の高いワクチンで，日本の豚コレラ撲滅に大きく貢献したのは皆の知るところである．口蹄疫に関して，2000年に92年ぶりに発生した口蹄疫の発生以前には，診断・研究用に口蹄疫ウイルスの国内導入が認められておらず，国内で生きた口蹄疫ウイルスを用いた研究は禁止されていた．不活化ワクチンから精製したVIA抗原や海外で発表されている遺伝子情報を基にRT-PCRによる遺伝子増幅至適箇所の検索および抗体検出用のペプチド抗原を用いた研究等がなされていたに過ぎなかった．しかし，その様な状況の中で，2000年の牛における非定型的な口蹄疫の発生時にウイルス学的および血清学的初動診断を的確に行い，結果的に口蹄疫の拡散を防止したことは大きく評価される．これは，動物衛生研究所海外病研究部における口蹄疫に対する初動診断体制が機能していたことを意味する．現在は，国内発生時の発症牛から分離された口蹄疫ウイルス（PanAsia O type）や新規導入を許可された各血清型の口蹄疫ウイルスを用いて，家畜に対する病原性の解析，ウイルスの遺伝子性状の解析，病原性発現機構の解析，組換え技術による診断用抗原の作製等の研究がなされている．現在，高病原性鳥インフルエンザや口蹄疫等の国際重要伝染病が世界的に頻発し関係者の注目を集めている．

わが国でも口蹄疫以外に，2001年の牛海綿状脳症（BSE）の発生，2004年の79年ぶりの高病原性鳥インフルエンザの発生は畜産業界を震撼させ，これらの海外重要疾病に対する危機管理問題が今まで以上に重要視されるようになっている．家畜防疫における危機管理は，診断や予防および疫学技術等の開発・実用化研究成果を基盤として，動物や畜産物の輸入検疫，発生および蔓延時の防疫方策，疫学的監視システム，国・都道府県・関連団体との連携，国際機関との国際疾病情報の共有等の行政による防疫体制が機能的に作動するシステムを構築し，それに基づく防疫施策を実施することである．特に海外悪性伝染病の診断と防除および疫学にかかわる技術開発・実用化研究推進は，危機管理の基盤として最も重要となる．

わが国の最近における家畜・家禽等の畜産経営の動向を見ると，めまぐるしい変化がみられる．豚の飼育戸数を30年前と比較すると，昭和51年（1976年）には195,600戸あった養豚戸数が平成9年には14,400戸，さらに平成18年（2006年）には7,800戸に減少している．年間の飼養頭数は各年でそれほど減少はみられていない．これは大都市周辺では都市化が進み小規模の兼業養豚農家が減少し，郊外では1戸当たりの飼育規模が大きくなったのと，企業経営の大規模養豚場が増加したためと考えられる．肉用牛では，平成9年に142,800戸が平成18年には26,000戸に減少，乳用牛では平成9年に39,400戸が平成18年には26,600戸に減少している．採卵鶏では，平成9年に6,530戸が平成18年では3,610戸に減少している．これらの減少は，わが国の畜産は飼料を外国からの輸入に依存している部分が大きく，防疫自由化の推進により，より安価な畜産物の外国からの輸入が増加しているため，小規模経営の畜産農家は経営が成り立たなくなっていることが原因している．畜産物の貿易自由化は感染症清浄化の如何によって阻止（輸入禁止措置）可能であり，わが国では，感染症や化学物質汚染のない安全な畜産物を生産し，プレミアムを付すことによって需要を増やし畜産業を拡大維持する必要がある．それゆえ，日本の予防獣医学のレベルが世界に飛翔することが重要である．このように，診断技術の高度化，防疫システムの高度化を進めることが肝要である．

6．公衆衛生の重要性

獣医学と公衆衛生学分野との接点が生まれて久しい．獣医学の大部分が動物性蛋白質としての畜産物生産に関与していたが，近年，人と動物とのかかわりが多様化し獣医学のテリトリーが広範化してきている．特に最近は食の安全が重要視され，農薬，動物用医薬品（抗菌剤を中心とした）等の残留問題を中心とする畜産物の安全性の問題が浮上し，平成18年5月には食品衛生法の改正・施行により，ポジティブリスト制度の導入が法律化された．これにより，公衆衛生分野からの提案により産業動物の医療（医薬品等の使用）の制限がされたわけであり，臨床獣医師は動物用医薬品の適正使用が義務づけられ，単純に医療（治療）面から見ると，治療の制限がなされたことになる．しかしながら，産業動物は動物性蛋白質の生産の道具であり，出荷制限期間等により，発病の時期によっては抗生物質等の医薬品を使用できない場合も生じ，治療ができない事態にもなりかねない．コンパニオン・アニマルではこの問題が生じることはまれである．

一方，動物と人との相互問題として，人獣共通の新興・再興感染症の問題（狂犬病，牛海綿状脳症：BSE，エボラ出血熱およびマールブルグ病等）や抗菌剤の過多使用による耐性菌の出現問題等，人の保健・医療への影響が大きくなることが問題となっている．これらの問題の解決のために現状調査や新たな疾病に対する調査研究や対策が求められている．従来，獣医師は，産業動物の診療・防疫を中心に，その専門知識を持って疾病の予防・治療を中心に行ってきたが，現在では，それ以外のより広範囲に獣医師の活躍の場が広がりつつある．すなわち，従来にも増した専門知識とより広範な医学・薬学的技術が求められている．

人獣共通感染症には，狂犬病のように咬傷により人に重篤な影響を及ぼすものがある．これに対しては，狂犬病予防法に基づき獣医師が関与し動物の登録（保健所）や予防接種（開業獣医師）等を実施している．一方，米国で流行したウエストナイル熱やネズミまたはサルを宿主とするラッサ熱やエボラ出血熱のような新興・再興感染症が問題となっている．人の感染症対策では，平成11年4月に「感染症の予防及び感染症の患者に対する医療に関する法律」（いわゆる，感染症新法）が施行され，平成16年の改正において下記のように「獣医師の債務」がその第5条の2で規定された．

「(獣医師等の責務)

第5条の2　獣医師その他の獣医療関係者は，感染症の予防に関し国及び地方公共団体が講ずる施策に協力するとともに，その予防に寄与するよう努めなければならない

2　動物等取扱業者（動物又はその死体の輸入，保管，貸出し，販売又は遊園地，動物園，博覧会の会場その他不特定かつ多数の者が入場する施設若しくは場所における展示を業として行う者をいう．）は，その輸入し，保管し，貸出しを行い，販売し，又は展示する動物又はその死体が感染症を人に感染させることがないように，感染症の予防に関する知識及び技術の習得，動物又はその死体の適切な管理その他の必要な措置を講ずるよう努めなければならない．」

このように，動物由来感染症対策の強化が強く求められている．

他方，食品衛生問題として，農薬，動物用医薬品，化学物質の食品への残留問題のほか，サルモネラ，大腸菌，ノロウイルス等による生きた病原体や細菌の産生する毒素による食中毒の衛生対策が重要である．また，環境ホルモンや化学物質による公害問題等の環境衛生対策も重要となっている．

これらのことから，今後，獣医学の公衆衛生分野へのかかわりはますます広くなっていくものと思われる．したがって，公衆衛生分野における学問体系を考え直す必要も出てくるものと思う．今後，さらに大学における公衆衛生分野における専門教育の充実が期待される．

7．動物生命倫理・動物愛護

日本獣医生命科学大学の池本卯典学長が日経サイエンスで以下のとおり述べている.「動物は“物”です．刑法上は器物，民法上は生命のある動産，つまり有生動産ですから，電車に置き忘れると遺失物，殺害すれば器物損壊罪，所有権の客体でもあり，売買の対象にもなります．しかし，平成10年制定の，『動物の愛護及び管理に関する法律』では，その第2条に，動物は生命体と定義されました．私はかねてから，動物は血の出る器物として，一般の器物とは区別するよう提案していましたので，安心をしているところです．この法律では，動物の傷害や殺害のほか，虐待も犯罪とされ，厳格になりました.」 このように，動物の生命の尊厳さがますます重視されるようになっている．特に，コンパニオン･アニマルが家族の一員として位置づけられ，アニマル･セラピー（動物介在療法）に用いられる動物や人体器官代替動物（盲導犬，聴導犬，介護犬等の身体障害者補助犬），警察犬，麻薬犬，救助犬等の社会活動動物の必要性等が増加する中，これらの動物の医療は人間の医療と同様に「生命の尊厳さ」が重要視される.

一方，産業動物を例とした場合，コンパニオン・アニマルや展示動物（動物園動物等）と産業動物を動物倫理や愛護のうえで比較すること自体無理と考えられるが，今後さらに検討も必要であろう．産業動物では「生命の尊厳さ」よりも「経済性」が重要視され，愛護の観点，生命の観点，医療の観点からもコンパニオン・アニマルとその対応は異なる．平成18年度に改正された「動物の愛護及び管理に関する法律」（いわゆる，動物愛管法）では実験動物の取り扱いにも及んでいる．また，動物愛管法第44条の罰則規定で，給餌，給水を怠ったたり，遺棄した場合には，産業動物におけるケースも罰則の対象となっている.

今後，獣医学を考えるうえで，動物生命倫理，動物愛護の精神に基づく獣医療を考えていかなければならないことは必至である.

8．獣医学・獣医療の今後あるべき姿

今日の獣医学・獣医療はその分野が多様化し，特に小動物獣医療技術は一段と高度化が進んでいる．すなわち，獣医療現場への高度診断･治療機器の導入，診療対象動物の多様化，診療ニーズの多様化，産業動物と伴侶動物の診療指向の二極化，人獣共通感染症等動物疾病の多様化，安全な畜産物の生産と管理，ならびに麻薬犬，救助犬，介助犬，警察犬等の社会活動動物の社会的必要性，盲導犬，聴導犬などの人体器官代替動物の需要増，動物愛護および福祉運動の普遍化，野生動物や学校飼育動物への獣医療の関与等々に示されるとおりである．このように複雑多岐に変容する獣医学・獣医療に向けた獣医学教育の高度化は必然となっている．

21 世紀に求められる獣医学および獣医療には，高度獣医療の推進，倫理観の必然性，国際的視野化などはもちろんのこと，臨床獣医学教育の高度化（臨床実務教育，臨床研修医制度の推進），公衆衛生教育（人獣共通感染症等の対応）の強化が必要とされる．獣医療教育面から考えれば，将来的には法科大学院のような臨床に特化した獣医臨床大学院を創設し，さらに卓越した高度獣医療教育を推進する必要も生じる．また，大学における獣医学教育者のレベルを向上することも重要で，任期制の導入，臨床現場から優れた教員の起用，各大学間での人事交流等を進めることも肝要である．

一方，このように獣医学領域が幅広くまた奥深くなっている現在，獣医師にとっては医師と同様「判断を下す専門家」という立場が重要となる．人の医学分野では医師の指示の下で医療にかかわる高度医療従事者（comedical staff：看護師，保健師，助産師，臨床検査技師，診療放射線技師，理学療法士等の法律に基づく国家認定資格を有する専門家）が多数存在し，医学・医療領域の業務をカバーし，医師を頂点とする高度医療システムが成立している．しかしながら，獣医学・獣医療分野では獣医師の下で働く法的に認知された高度技術者の存在はなく，獣医師自らがその獣医療業務のすべてをカバーしているといっても過言ではない．このことが，獣医学および獣医師の社会的評価が適正になされていない理由の１つと考えられる．獣医学領域においては獣医師法による獣医療にかかわる規制がなされており，現在の法解釈では獣医師の指示があっても獣医師以外の者が採血，投薬等を含むすべての獣医療行為を行うことはできないこととなっている．

現在，獣医療分野で働く獣医療支援技術者（動物看護師）が多数いるが，その存在は法的に認められておらず，獣医療支援技術者としての本来の業務を遂行することができない．動物看護や動物臨床検査の分野では，現在のところ国家資格の認定制度はなく，民間の任意団体（日本動物看護学会，日本小動物獣医師会，日本動物病院福祉協会等）が動物看護師としての資格を任意に認定しているのが現状である．しかしながら，当該動物看護師の資格は獣医療を支えるうえで法的には何の保証もない．獣医学・獣医療の高度化に伴い，その適正な看護・検査技術の高度化も必須であり，また，動物看護・検査技術分野における高度技術専門家が必要なことから早期に法律に基づく獣医療支援専門家（動物看護師）の国家資格認定制度を導入する必要がある．特に獣医療現場では，動物は言葉を話さないことから肉体だけを取り扱う医療になりがちである．人の医療の場合には肉体および精神の両面から対応が要求され，患者の精神面を支えるのが看護師の重要な仕事の１つであると思われる．動物の場合も同様に，動物の行動から動物の心を読み取り，さらに飼い主の精神面も理解することが重要となる．この意味で，獣医療においても動物ならびに飼い主の精神面を支えるのが動物看護師であると考えても間違いない．このように，獣医学と獣医保健看護学が両輪となる高度獣医療システム（制度）の構築を推進する必要がある．この問題は，今後，さらに拡大していく高度獣医学・獣医療を展開するうえで絶対に必要であろう．

第2章　獣医学の歴史

1．はじめに

獣医療や獣医学がどのように発展し，獣医師がどのような社会的活動や役割を果たしてきたかという歴史についての研究は,「獣医史学」または「獣医学史」と呼ばれている．獣医学を学んで獣医師を志す者が，過去の歴史を知っておくことは，現状を把握して将来の方向を予見するなど，自らの仕事を理解していくうえで重要であり，意義のあることと考えられる．

わが国における獣医史学の研究団体は，1972年に設立された日本獣医史学会（日本獣医史学研究会として発足）であり，2002年には日本学術会議の登録研究団体になっている．この学会は年2回の研究発表会の開催や会誌「日本獣医史学雑誌」の発行などの活動を行っている．また，日本医史学会，日本薬史学会，日本歯科医史学会とも連携して，四史学会の合同研究発表会が開催されており，さらに世界獣医史学会の会員として国際的な活動も行っている．

人を主な対象とする医学と異なり，獣医学の対象動物には，牛，馬，羊，豚，鶏などの産業動物から犬，猫などの伴侶動物，さらに野生動物，エキゾチック・アニマルや魚類までが含まれており，それらの病気や獣医療の歴史も多岐にわたっている．獣医史学の研究範囲は，動物学，畜産学，獣医学，医学や民俗学にまで及んでおり，また人獣共通感染症などの公衆衛生，ヒューマン・アニマル・ボンド（人と動物との絆（きずな））などの動物愛護や福祉に関する歴史にも関心が寄せられている．また，古代，中世，近世や近代の歴史だけでなく，第二次世界大戦後から最近までの現代史に関する研究テーマも増えてきている．

獣医学が日々進歩しているように，歴史の世界も新たな手法による新事実の発見や別な視点からの再評価，さらに時代の流れによる歴史観の変化により日進月歩している．獣医学や獣医療に携わる者が獣医史学に関心を持ってさまざまな課題に取り組んでいけば，今後多くの成果が得られるものと期待される．

このように広範な分野を包含する獣医史学の通史を，限られた紙数で解説することは難しいが，以下にその概要を述べてみたい．

2．古代文明の発祥と獣医療

1）人と動物とのかかわり

動物の病気の歴史は古く，地球上に動物が現れると同時に存在したと考えられる．人類誕生以前である中生代白亜紀の恐竜化石には骨折や細菌感染の痕跡が残されており，世界最大の肉食恐竜として有名なティラノサウルスの「スー」の肋骨にも，明瞭な骨折痕がある．

当然のことながら人も動物の1種であり，食物連鎖の一端を担うことから他の動物とは常に接点を持っていた．獣医療は人以外の動物に対して治療などを行うことであるが，誕生直後の人類がこうした行為を行っていたとは考えにくい．しかし，病気に罹っている動物との接触や狩猟で得た動物を食料として管理していたと考えられることから，当時の人が病気や食品衛生などについて原始的な知識を持っていたとしても不思議ではない．

その後，人は動物との接点を絵や文字の形で遺すようになった．とりわけ有名なものは，後期旧石器時代である紀元前17000年頃のフランスのLascaux洞窟の壁画であり，これは世界遺産にも登録されている．この壁画には多数の動物が鮮明に描かれているが，これらの動物の姿からは人が獣医療を行っていたという形跡はうかがえない．

2）動物の家畜化と獣医療

獣医療が行われるようになったのは，動物の家畜化以降と考えられる．家畜化されることによって，動物が貴重な食料源になるとともに狩猟や農耕などの労役に欠かせない役割を果たすなど，その存在価値が急に高まってきた．このように身近で貴重な存在となったり，あるいは愛情を注ぐ対象となった動物の病気を治すために，知識や経験を積み重ねていったのが獣医療の始まりと考えられる．

3）古代獣医療の発祥

最初に牛を家畜化したのは，紀元前6000年前頃のメソポタミア（現イラク）といわれている．この地に住んでいたシュメール人は，紀元前2000年頃には，おそらく世界で初めて獣医師に言及したとされる記述を残している．また，車輪の発明による馬車の導入や，狩猟用として犬の家畜化を行ったとされ，その後の獣医療発展の基礎になったといわれている．

同じメソポタミア地域で繁栄したバビロニアでは，紀元前18世紀につくられたHammurabi法典に，獣医師（「牛やロバの医者」という表記になっている）への褒章と罰則が掲げられている．また，この法典には，現在でも世界的に発生がみられ，きわめて重要な伝染病である狂犬病がすでに記載されている．

古代エジプトでも動物の家畜化が進んでおり，紀元前2500年頃の壁画には牛の助産の様子などが描かれている．また，神殿で飼われていた猫などの動物が，ミイラとして残されている．ナイル川沿いの肥沃で狭い土地に多数の家畜が飼われていたことから，伝染病の流行も多く，その経験に基づいた獣医療が発達していた．紀元前1900年頃の文書にはさまざまな動物の病気の治療法とともに最古の獣医療の処方箋が残されており，「Kahunの獣医学パピルス」と呼ばれて大英博物館に保存されている．

4）「世界の歴史を創った馬」―馬の軍事利用と獣医療―

馬の家畜化の歴史は，南ウクライナ地方出土の後期新石器時代の馬の歯に銜（はみ）（馬銜（はみ），轡（くつわ）の一部）跡が残っていることから，およそ6,000年前までさかのぼるとされている．

中央アジアから蒙古一帯の馬の祖先になったのは「草原馬」とされ，その野生種として蒙古野馬(Przewalskii 馬)が現存している．一方，アラブ馬，ペルシャ馬のようなヨーロッパ馬の祖先になったのは，コーカサスからアラビア半島一帯にかけて生息していたタルパン（Tarpan）と呼ばれる「高原馬」とされ，その野生種は 19 世紀末にウクライナ地方で絶滅した．

その後，馬は騎乗や馬車として利用され，人間の能力を飛躍的に拡大した．強力な騎兵隊を率いた有名な Arexandros 大王の遠征や成吉思汗（ジンギスかん）のモンゴル帝国の建国を例にあげるまでもなく，騎兵や戦闘馬車（馬戦車）としての馬の軍事利用が，洋の東西を問わず，強大な帝国を生むようになった．馬の優劣や頭数がその後の世界の歴史を大きく左右しており，「馬が世界の歴史を創った」といっても過言ではない．馬の価値の増大は，必然的に馬を扱う専門職を生み，獣医療の発達を促したと考えられる．

このような観点から歴史を顧みれば，古代から第二次大戦が終わる近代まで，馬の軍事利用と獣医療とは密接な関係があったことが理解される．したがって，獣医学の歴史もまた馬の獣医療の歴史が中心になっていることを，予め理解しておく必要があろう．

なお，18 世紀後半に始まる産業革命により，人は馬以上に強力な動力機械を発明して，産業の飛躍的な発展を遂げることになるが，現在でも自動車などの動力の実用単位として「馬力（horsepower)」が使用されているのは，馬の力を基準にして機械の性能を評価したことに由来している．

3．西洋における獣医療の進展

1）古代西洋の獣医療

古代ギリシャでは，人文科学や生命科学の分野で数多くの賢人が出た．その中でヒポクラテス（Hippocrates）が打ち立てた体液病理学は，獣医学においても近代初頭まで引継がれていた．また，比較解剖学の祖とされるアリストテレス（Aristoteles）の著作『動物誌（Historia Animalium）』には，馬，牛，豚，犬などの動物の病気に関する具体的な記述がある．さらに，古代ギリシャの発展と領土の拡張には，戦闘用の馬が大いに活躍した．

古代ローマ帝国でも，古代ギリシャと同様に戦闘では馬が重視されており，負傷した軍馬の治療法を記述したものが残されている．古代ローマ帝国が拡大した一因は優秀な軍馬にあり，その結果として獣医学も同様に重視されて発展していったのである．

2）中世西洋の獣医療

東ローマ帝国（ビザンチン帝国）においても，獣医学が発展していた．この帝国でも軍馬がきわめて重要視され，同時に獣医師も大きな役割を果たしていた．この時代の獣医学で特筆すべきものとして，9 世紀または 10 世紀に出版された『馬医学全集（Hippiatrika）』がある．王の命令で編纂された著者不明のこの書は，古代ギリシャなどのさまざまな獣医学書の知識に独自の考えを加えてまとめあげられており，戦場で傷ついた馬の治療法，蹄，栄養や繁殖などについて詳しく記述されている．

中世のヨーロッパで特に獣医学の発展に寄与した人物としては，13 世紀前半の神聖ローマ帝国の皇帝 Friedrich Ⅱ世があげられる．語学，文学，動物学などさまざまな分野で「世界の驚異」と称されるほどの知識を持ち，Napoli 大学の創設，ローマ法に基づく中世最初の国家法典制定など多くの事跡を残している．Ruffus, J. に命じて書かせた馬の管理や治療法に関する獣医学書が，皇帝の没後に『馬医学（Medicina Equorum）』として刊行された．この本で特徴的なことは，12 世紀からヨーロッパやアラブなどで普及してきた蹄鉄とともに，轡（くつわ）や鞍の改良にも言及していることである．また，中世ヨーロッパにおいて初めて馬の病気を分類しているが，馬の解剖学，内科学や病理学に関する記述はない．

3）ルネッサンス以降の獣医療

14 世紀頃にイタリアで勃興して 16 世紀頃まで続いたルネサンスの影響は，獣医学にも及んでいる．この時代を代表する人物である Leonardo da Vinci は，馬や猫の詳細な描写や解剖図までも記している．また，da Vinci には及ばないまでも Durer, A. も解剖学に関する書を残している．

こうした比較的新しい解剖学の成果が，1598 年に Ruini Jr., C. によって『馬の解剖学と病気（Dell Anatomia et dell' Infirmita del Cavallo)』としてまとめあげられた．また，この時代には馬以外にも牛，犬，猫，豚，七面鳥などさまざまな動物の解剖図が残されている．

1628 年に，Harvey, W. が哺乳類の心臓の構造を明らかにした上で，血液は循環していることを証明した．また，その成果をもとにして Lower, R. が 2 頭の犬同士で輸血を試みている．

疫学についての体系的な研究も，16 世紀頃から次第に積み重ねられてきた．その突破口を開いたとされるのが Fracastorius, H. であり，『コンタジオン（De Contagione)』などの著書を残し，病気は患者の体内で増殖するコンタジオン（病気の種子）により他の個体に伝達することを予測している．

Leeuwenhoek, A. van は，顕微鏡を作ってさまざまなものを観察したが，球菌，桿菌，螺旋菌などの細菌類も記録に残している．病気との関係には気づかなかったが，関連があるかもしれないと考える研究者もいたとされる．

Lancisi, G.M. は，牛疫に感染した牛を殺処分することによって，その病気の感染を防ぐことができると提唱している．実際に，1711 年～ 1779 年の間に 200 万頭もの牛が殺処分されたという．伝染病の拡大を防ぐため，病気の個体や群を殺処分することは現在でも行われており，口蹄疫，牛海綿状脳症，鳥インフルエンザなどの家畜法定伝染病の発生時には，多くの家畜が殺処分されている．

一方，小動物に関する記録も次第に増えてきた．先に述べたように犬などは狩猟用として用いられていたので，現在のペットや伴侶動物という概念とは異なるものの，16 世紀後半には Turberville, G. が狩猟犬の病気と治療法に関する著作を残している．

17 世紀の Harward, M. は，狂犬病を含む多くの感染症に関する記述を残している．また，牛を手術する者に必要な要件として，正確さ，高い記憶力，注意深さなどをあげており，これは獣医師の評価基準の始まりともいえよう．

18 世紀の獣医師 Clark, J. は，従来の伝統的な治療法を試みても効果が薄いと判断し，自ら観察した臨床症状などをもとに病気を判断しようとした．Clark の名はあまり知られていないが，きわめて革新的な発想をもって獣医学の進展に貢献した．著作も多く，また馬の蹄に関する研究など，多くの功績を残している．

18 世紀後半になって，Spallamzani, L. は受精には卵だけではなく精子の存在が必須であるとし，生命の自然発生説を否定した．後に，この説は Pasteur, L. により証明されることになった．

18 世紀末に Jenner, E. は，牛痘を人に接種すれば人痘（天然痘・痘瘡）を予防できるという牛痘接種法（vaccination）を発見し，人類に多大な恩恵を与えることになった．後に Pasteur, L. は，家禽コレラと炭疽の予防接種についての講演を行ったときに，約 80 年前の Jenner の偉大な功績をたたえて，人痘以外の予防接種に対しても "vaccination" を用いることを提言しており，その後に広く使用されるようになった．

4）近代獣医学の確立

19 世紀になると病理学や微生物学などの発達により，医学とともに獣医学における疾病の原因が究明されて，治療法などが徐々に確立されるようになった．

Virchow, R.L.K. は，「細胞は細胞から生ず」を唱えて，古来からの体液病理学から細胞病理学への変革に貢献した．

Pasteur, L. は，有名な鶴首フラスコによる実験により，生物の自然発生説を否定した．また，家禽コレラ，炭疽病や狂犬病などについて研究し，それらのワクチンを開発した．病原細菌学や免疫学の基礎を確立して，近代細菌学の開祖とされている．

Koch, R は，炭疽菌の純粋培養に成功して，病原細菌によって病気が発症することを初めて証明した．また，結核菌やコレラ菌の発見のほか，ツベルクリンの創製，牛疫予防法の発見など多くの業績が知られており，近代医学や獣医学の発展に多大な影響を与えた．

獣医学は 20 世紀以降に飛躍的な進歩を遂げるが，その研究の経緯や歴史の概要については，獣医学の各教科用参考書などに記載されているので割愛する．

5）獣医学校の開校

ヨーロッパは近代的な獣医学教育が花開いた地である．世界最初の近代的な獣医教育機関はフランスに設立された．Lyon の出身で，王室の馬番として国王の側近とも親しかった Bourgelat, C. が，馬などの家畜の病気の治療法を研究する学校の設立を着想し，この計画が実現して 1762 年に L' Ecole Vétérinaire de Lyon が開校した．この学校は，その後 1764 年には L' Ecole Royale Vétérinaire de Lyon に，フランス革命によって王政が倒れて以降は Ecole Nationale Vétérinaire de Lyon と改められ現在に至っている．

この後，Bourgelat によって 1764 年に Ecole Nationale Vétérinaire de Alfort が，また 1766 年にオーストリア（当時はオーストリアハンガリー帝国）に馬の獣医学を学ぶ場として Winner Tierärztliche Hochschule などが設立された．同校はドイツ語圏では初の獣医学教育機関となった．この他にもドイツでは，1777 年には Die Veterinärmedizinische Fakultät der Universität Giessen が設立されている．

スウェーデンでは，Hernquist, P. が国王の許可を得て 1775 年 Skara に獣医学校を開設した．デンマークでは，Abildgaard, P.C. の請願により，1777 年に国王が獣医学校設立の許可を出している．イギリスでは，Moorcroft,W. や Jyon, J. などが働きかけて，1791 年に London 郊外に The Veterinary College, London（現・The Royal Veterinary College, University of London）が設立された．

アメリカでは，国家としての成立がヨーロッパ諸国よりもずっと遅かったこともあって，獣医学教育の場は19世紀後半になってから整備された．最初に設立されたIowa State University Veterinary Medicineでも，授業が1872年に始まり，正式な創立は1879年であるから，後述するように日本における獣医教育機関の創設時期と同時代ということになる．

現在では世界のさまざまな国で獣医学教育が行われるようになり，獣医学校の数はおよそ90カ国400校とされている．

4．東洋における獣医療の進展

古代から近世までの東洋における獣医療の中心は中国なので，ここでは中国の歴史を中心に要点のみを述べる．なお，日本に渡来した馬医術書については，日本の項で解説する．

1）中国における馬の歴史

中国では古くから蒙古馬が飼養されており，殷の時代に出土した馬骨や馬具から馬文化が存在したと考えられる．また，周や春秋戦国時代から秦の始皇帝まで，北辺の匈奴に対抗して万里の長城を築くとともに，馬の増殖を盛んに行って富国強兵を図っていた．

有名な秦の始皇帝陵の兵馬俑坑からは，兵士とともに軍馬や戦闘馬車など多数の実物大の陶俑が出土しており，中国初の統一国家の出現も馬の軍事利用と不可分であったことが分かる．また，漢の武帝は，中国で飼育されていた蒙古馬が中型馬であったため，天馬，千里馬や汗血馬（かんけつば）と呼ばれた西域の大型馬を求めて「天馬の道」を拓き，馬の改良増殖に努めたとされている．

2）中国における獣医療の発祥

東洋では中国を中心に陰陽五行説に基づく独自の医学と獣医学が発達しており，漢方と呼ばれる東洋医学や東洋獣医学が，日本の医療や獣医療に多大な影響を与えてきた.

中国の獣医療に関する歴史は古く，伝説時代の帝王である黄帝の時代には，獣医師は「馬師」と呼ばれおり，馬師であった董仲仙が馬の治療に長けていたので馬師皇と称しており，これが馬医の始まりであるとされている.

また，中国の古代王朝である周の官制を記した『周礼』には，「獣医」の職務は「内外科病を治療する」ことや，その業務が具体的に記述されている．二千数百年前に，すでに現在と同様な職務や治療法などが記述され，さらにその評価法まで定められていたのである.

古代中国で有名な獣医としては，紀元前7世紀の春秋時代の孫陽があげられる．孫陽は馬を見ることに長けており，「伯楽」と称するようになった．その後は，馬の医療を行う人を指して伯楽というようになったという．なお，伯楽とは馬を司る古代中国の星の名で，また「伯」には馬祖（馬の神）の意味がある.

3）中国獣医学の発展とその影響

中国では人の医学が大いに発達していたので，医学の成果が獣医学にも活かされた．王叔和の著書『脈経』などは，中国だけではなく，遠くペルシャまで伝わっている．この他にも，張仲景，皇甫謐，孫思邈などの有名な医者が，中国のみならず東洋の医療や獣医療の進展に多大な貢献をしている.

また，獣医学に関する書籍も多く，中国の代表的馬医書である『司牧安驥集』(通称・安驥集)，『元享療馬集』，『新刻参補針医馬経大全』(通称・馬経大全）や，中国の代表的本草書である『本草綱目』などが日本に渡来して大きな影響を与えた.

4）西洋獣医学の導入と日本教習

その後，19世紀後半の欧米列強による清国への侵攻に伴い，戦時の軍馬の治療や管理には従来の陰陽五行説による漢方馬医術よりも，西洋の近代獣医療の有用性が理解されて次第に導入されるようになった.

日清戦争後の清国は，自国民への近代教育支援のため「日本教習」と呼ばれる多数の日本人教師を招聘した．その中には獣医学教育のため，野口次郎三を総教習とする数名の日本人獣医師が含まれていた．1904年に創立された北洋馬医学堂では，日本教習による西洋式の獣医学教育が行われていた．1905年に日本人獣医師の派遣が始まり，８年間にわたって教習が行われた．その間に校名は陸軍馬医学堂になり，さらに陸軍獣医学校へと改名された．この学校が今日の中国人民解放軍獣医大学の前身であることや，日本人教師が中国陸軍の獣医学に大きく貢献したことが，この大学の歴史にも紹介されている．

中国獣医療の近代化は中国の獣医関係者によってなされたが，西洋獣医学を導入して間もない日本の獣医関係者がその先駆的な役割を担っていたのである．

5．日本における獣医療の進展

1）馬の渡来

日本でも新石器時代の遺跡から馬骨や歯の化石が出土しているが，これらの野生馬はその後絶滅したと推定されている．また，縄文時代晩期や弥生時代の遺跡出土の馬骨は，現代の年代測定法では後代の骨が混入したものとされている．

有名な『魏志倭人伝』には，日本には牛馬がいないと記載されている．最近の研究では，日本への馬の渡来は４，５世紀の古墳時代からという説が有力視され，『魏志』の記載を裏付ける結果になってきている．DNA系統解析による木曽馬など各地の在来馬の遺伝的関係からも，日本の馬は古墳期以降に朝鮮半島経由で渡来して，国内各地に広がったことが裏付けられている．

2）記紀における獣医療の記述

わが国最古の歴史書である記紀には，獣医療に関する日本最初の記述が登場する.『古事記』では大国主命（おおくにぬしのみこと）が稲羽（いなば）の素兎（しろうさぎ）に対して治療を行ったこと，また『日本書紀』には畜産（けもの）に対する治療法が定められたと記されている．記紀の内容そのものは神話的要素が強いが，『古事記』の記述には具体的な医療行為が記述されているので，少なくとも記紀が編纂された8世紀前半には，ある程度の獣医療が確立されていたものと考えられる．

3）古代（飛鳥・白鳳・奈良・平安時代）

（1）斉民要術

中国の賈思勰（かしきょう）が6世紀中頃に編纂した農業書である『斉民要術（せいみんようじゅつ）』は，馬の歯形による年齢鑑定などや，馬病や牛病の治療法が記述されている．この書は西暦891年の『日本国見在書目録（けんざいしょ）』に記載されていることから，わが国には飛鳥時代から平安時代の初期までには渡来していたものと考えられる．

（2）聖徳太子と橘猪弼

西暦595年に聖徳太子が，近臣の橘猪弼（たちばなのいひつ）に命じて高句麗出身の僧・恵慈（えじ）から馬の治療法を学ばせた．これが日本の獣医学の歴史において，年代が特定できる最初の事跡である

（3）律令制と馬医

日本でも中央集権体制が整ってくると，中国にならって律令が制定された．官職や組織の名称とその役割は時代によって違いがあるが，701年制定の大宝律令には，左右近衛大将を御監（ごげん）とする馬寮（めりょう）（左馬寮・右馬寮（さめりょう・うめりょう））に，左右馬頭（めのかみ），左右馬允（めじょう），馬医（うまくすし），馬部（めぶ）などの職が見える．左右馬寮は御所の厩の馬・馬具や諸国におかれた御牧（みまき）の管理を行った．同時に「厩牧令（くもくりょう）」を定めて，馬の管理に関する規則を制定している．

（4）平仲国と仲国流馬医術

789年に硯山左近将監平仲国が唐に留学し，大延から馬医術を学んで帰国している．これが「仲国流」の始祖であり，また後の「桑島流」の馬医術の元になった．

（5）新 修 鷹 経

平安時代の初めである818年に嵯峨天皇の勅命により著された『新修鷹経』全3巻は，鷹狩用の鷹の体形，飼養法や治療法が記述された日本最古の獣医関係書である．上巻は形相編で外貌や体形の鑑定法，中巻は調養編で飼養法や飼料，下巻は療養編で鍼と灸のつぼや道具などの治療法が描かれている．

なお，本書と後述する『馬医草紙』，『安西流馬医伝書』と『仮名安驥集』は，わが国における獣医関係の「四大貴重書」とされている．

（6）和名類聚鈔

10世紀前半に源順が編纂した百科辞典的な漢和辞典である『和（倭）名類聚鈔』には，牛と馬の病名や症状が記述されている．

4）中世（鎌倉・室町・戦国時代）

（1）馬 医 草 紙

1267年に西阿は，わが国最初の馬医絵巻である『馬医草紙』を著した．この絵巻には，日本と中国の馬医の権威者10人の像や厩舎と馬の図とともに，独自の薬法や17種の薬草の図が彩色で写実的に描かれており，薬草図鑑としての評価も高い．

（2）馬　病　屋

1298年に僧・忍性は，鎌倉の極楽寺坂下に馬病屋を建て，馬や牛の治療を行った．

（3）安西流馬医伝書

1464年の『安西流馬医伝書（安西流馬医絵巻）』は，中国の古典的馬医書『安驥集』60巻の中から10巻に要約して，日本流にまとめたものである．日本最初の馬の解剖図が描かれているが，馬に胆嚢があることから人の解剖図からの転用とみられている．

（4）桑島流馬医術

仲国流馬医術の祖である平仲国から18代の心海入道藤原政近が桑島流を興した．桑島流中興の祖とされる桑島新右衛門尉藤原仲綱は1551年に『馬医醍醐』を著して弟子に伝授しており，この流派は後に徳川幕府の馬医になった．

5）安土桃山時代

（1）天正遣欧使節と西洋獣医の初来日

安土桃山時代に日本で活躍したポルトガル人宣教師Frois, L.などの記録によれば，九州のキリシタン大名により初めてローマに派遣された天正遣欧使節の4少年は，スペイン国王やローマ法王などに謁見して各地で大歓迎され，8年後の1590年に長崎に帰国した．帰国時に連れてきたアラビア馬1頭とともに，西洋の獣医，装蹄師と調教師が初来日している．翌年，使節が聚楽第で関白豊臣秀吉に謁見したときに，アラビア馬は秀吉に献上された．また，調教師による見事なポルトガル馬術が披露され，秀吉や参列した諸大名はアラビア馬の大きさ，速さや美しさに驚嘆して，大いに賛美したが，西洋の獣医療や装蹄術が伝わったという記録は見つかっていない．

（2）日本覚書と日欧の獣医療

Frois, L. の著書『日本覚書』（別名『日欧文化比較』）には，日欧の馬，馬具，厩舎, 馬術や獣医療などの違いが詳しく比較されている．日本では馬の治療に，しばしば刺絡や焼きごてが使われていたことが記述されている．

（3）馬 医 巻 物

1595 年に著された『馬医巻物』は桑島流の馬医書で，病名，症状，薬物名などのほか，悪癖馬の矯正法などが記述されている．

（4）朝鮮馬医方・牛医方

豊臣秀吉の朝鮮出兵により，1399 年刊行の『朝鮮馬医方・牛医方』が渡来しており，日本では江戸時代に復刻発行されている．

6）江 戸 時 代

（1）仮名安驥集

江戸時代初頭の 1604 年に橋本道派が著した『仮名安驥集』は，わが国最初の印刷本の馬医書である．漢字と片仮名交じりの全 12 巻の和本であるが，中国の古典的馬医書である『安驥集』だけではなく，平仲国秘伝集などの平安時代から室町時代までに伝承された日本の馬医書を，取捨選択してまとめあげている．馬医術や医術が家伝・秘伝の時代において，この書が出版公開されたことは，日本の獣医学史上画期的なことと評価されている．

（2）将軍綱吉と生類憐みの令

5 代将軍徳川綱吉は，湯島に幕府の学問所である昌平黌を建てるなど，文治政治を推進した．動物に対する憐みの情が強く，1680 年に四ツ谷に病馬厩を設けて，病馬を集めて保護した．さらに，1685 年には動物の捕獲禁止，殺傷禁止，保護収容に関する法令である「生類憐みの令」を制定した．生類とは，牛・馬・犬・鳥類を中心に人や魚介類などすべての動物が含まれており，1708 年までに約 60 回に及ぶ動物保護の法令が次々と発令された．捨子や行路病者など人の保護まで含まれていたことは注目に値する．

とりわけ犬が重視され，虐待禁止に関する細部にわたる規制とともに，江戸近郊の中野や大久保に，最大 10 万頭を収容できる大規模な「犬小屋」を設置して野犬を飼養した．犬を手厚く保護管理するため「犬医師」の職制が設けられ，多数の犬医師が働いていた．犬小屋を維持するための莫大な管理費の負担や法令違反者への厳しい処罰など，過剰な犬愛護政策が民衆の反感を招いて「天下の悪法」とされ，綱吉は「犬公方」と揶揄された．

この法令は綱吉が死去した 1709 年に，捨子禁止などのごく一部を残して撤廃された．生類憐みの令は，厳しい罰則や運用面での行き過ぎにより不評を招いたが，人の保護まで含まれた世界最初の動物愛護法として高く評価される．

（3）将軍吉宗と洋馬の輸入

江戸時代に幕府は馬の改良目的で洋馬（西洋馬）の輸入を何度か行っており，36 頭あまりが輸入された．8 代将軍徳川吉宗は特に熱心で，9 度にわたって 28 頭を輸入して繁殖にも成功している．吉宗による西洋調教師の派遣要請により，Keijser, H.J. が 1725 年から 11 年間に 3 度もオランダ商館員として来日し，西洋式馬術，調教や飼養管理法などを伝えた．また，Keijser は数冊の西洋馬医学書を吉宗に献上しており，御用方通詞の今村源右衛門（市兵衛・英生）による和訳書『阿蘭陀馬療治之本和ヶ』と『阿蘭陀本草』の翻訳にも協力している．吉宗に重用された Keijser によって西洋獣医学に関する多くの知識がもたらされたが，日本人が大型馬の騎乗や扱いに不慣れだったことや，幕府が西洋馬に関する情報を軍事機密にして非公開にしたため，これらの知識や技術が国内に広まることはなかった．なお，1727 年に今村源右衛門は，これらの翻訳と Keijser との問答などを記録した『西説伯楽必携』（別名・阿蘭陀馬書または計都留伝）を著したが，有名な『解体新書』より 47 年も前に，心臓による血液循環を記述したことは注目される．

（4）武 馬 必 要

1717年に斉藤定易が著した『大坪本流武馬必要』（通称・武馬必要）は，馬術の流派である大坪流の馬医書である．定説では，わが国で最初に「獣医」の文字が使われた本とされている．なお，1662年に湯原信里が著した『療騏大成逢原集序文』に「獣医」の文字があるとの指摘もある．

（5）良薬馬療弁解

1732年に洛隠士と似山子が刊行した『良薬馬療弁解』（通称・馬療弁解）は，全5巻の馬医書である．本書は『仮名安驥集』の普及版的な小冊子で，数回復刻され広く使用された．

（6）狂犬咬傷治方

1736年に医師で幕府の採薬御用であった野呂元丈が著した『狂犬咬傷治方』の序文には，「近年異邦より此病いたりて，西国にはじまり，中国，上方へ移り，近頃東国にもあり」と記載されている．江戸時代中期に海外から狂犬病が侵入し，全国的な流行があったことを記した貴重な史料であるが，治療法の中には，咬まれた狂犬の脳を取り出して傷口に塗れば発病を防ぐことができるなど，今では信じ難い方法も記述されている．なお，後に元丈は，幕府の指示で通詞を介してオランダ本草を学び，『阿蘭陀禽獣虫魚図和解』，『阿蘭陀本草和解』などを著し，蘭学の興隆に貢献した．

（7）牛　　書

1744年に山本秀実が写本した『牛書』には，牛の病気の症状，診断と治療法が図入りで記述されている．本書の手本は『元亨療馬集』の後半部の『牛経大全』とされており，類書に『牛療治調法記』や『牛科撮要』がある．

（8）瘈狗傷考

1783年に水戸藩江戸屋敷医師の原昌克は『瘈狗傷考（けいくしょうこう）』を刊行した．狂犬病患者の悲惨な症状を記述し，その治療法として咬傷部の刺絡と灸による焼灼法を推奨するなど，経験に基づくと思われる現実的な治療法が記載されている．

（9）馬匹解剖図

1816年に蘭方医の宇田川榕菴（ようあん）が描いた『馬匹（ばひき）解剖図坿馬勃一種（ふばぼついっしゅ）』は，13枚の図版からなる彩色の巻物である．わが国最初の日本在来馬の実証的解剖図であり，江戸時代で最も立派で貴重な家畜解剖図とされている．なお，榕菴は，1811年に翻訳が開始され明治維新で停止となった江戸時代最大の翻訳作業として知られるChomel, M.N. 著『ショメール百科事典』の和訳本である『厚生新編』の動物や家畜の部の翻訳も担当している．

（10）犬狗養畜伝

1840年頃に大阪の戯作者 暁 鐘成（あかつきのかねなる）が刊行した『犬狗養畜伝（けんくようちくでん）』には，犬の飼い方，病気の治療法や薬のことが記述されている．江戸時代の犬の本は珍しいが，鐘成は医者や犬医者などの専門家ではないため，その内容の獣医学的評価は難しい．本書は，著者自身が販売していた「犬の病を治す薬」の宣伝用冊子ではないかとの見方がなされている．

（11）解馬新書

徳川幕府の御三卿であった一橋家の馬医で，太子流の家元でもあった菊池東水（とうすい）が，1852年に『解馬（かいば）新書』を発行した．本書は，伝承的馬医術の近代化を企図して著した馬の解剖書である．西洋の解剖書の翻訳本ではないが，馬に胆嚢がないことや盲腸に虫垂がないことを記している．引用書として，西洋の医書や馬医書，中国の馬医書や本草綱目などを列記している．

(12) 馬療新編

幕末の1866年に幕府陸軍所は，伊東朴斉(ぼくさい)訳の『馬療新編(ばりょう)』全7巻を刊行しており，江戸幕府最後の官製の西洋馬医書として知られている．明治維新後に日本の獣医学はすべて西洋式になったが，本書はその受け入れの素地を作ったものといわれている．

(13) そ　の　他

わが国の獣医学の歴史を理解する上で重要と思われる事項を，要約して以下に述べる．

a．牛車と馬車

牛車(ぎっしゃ)と呼ばれる屋根付き箱型の二輪乗用車は平安時代から普及しており，貴人，官人や女性などに広く利用されていた．その後，14世紀頃からは乗用の牛車は儀式用以外には使われず，貨物用の牛車もほとんどなかったといわれている．ところが，有名な歌川広重の浮世絵『東海道五十三次之内「大津」』には，牛方とともに米俵を満載した3台の貨物用牛車の車列がきわめて写実的に描かれている．このことから，江戸時代後期まで，貨物輸送には牛車が実用されていたものと判断される．

一方，日本では馬車を使う習慣はなく，幕末期に横浜居留地の外国人や公使館員が初めて使用した．明治初期には東京—横浜間などで乗合馬車が営業されるようになったが，鉄道の普及により明治20年代に営業馬車は衰退し，その後は駄馬として荷物の輸送手段になった．

b．日本在来馬と体高

現在残っている在来馬は8種で，中型馬（体高130cm内外）は北海道和種（道産馬），木曽馬（木曾），御崎(みさき)馬（都井岬）の3種，小型馬（体高115cm内外）は野間(のま)馬（今治市），トカラ馬（トカラ列島），宮古(みやこ)馬（宮古島），与那国(よなぐに)馬（与那国島）の4種で，中間型として対州(たいしゅう)馬（対馬）がある．現在の競走馬（サラブレッド種の体高160～170cm）に較べて，古代から江戸時代までの日本の馬は，現在の在来馬と同様に小さかったことが，遺跡出土の馬骨や日本の馬を見た西洋人の記録からも裏付けられる．

c．去勢と調教

古くから大陸の遊牧民は，家畜の管理と品種改良のため，優れた能力を持つ種牡以外はすべて去勢している．3,400 年前の古代シュメールの粘土板には牛を去勢した記述があり，古代ギリシャの哲学者 Aristoteles の『動物誌』にも牡牛など家畜去勢の詳しい記述がある．中国では，最古の漢字である甲骨文に去勢豚を示す文字があり,『周礼』には馬の去勢のことが記述されている．また，秦の始皇帝の兵馬俑の馬の多くが去勢馬であることも分かっている．

去勢術は中国から渡来した『元享療馬集』や『馬経大全』にも明記されており，また Keijser の知識などをまとめた『西説伯楽必携』に西洋の去勢術が記述され，菊池東水の『解馬新書』にも西洋や中国での去勢が紹介されている．さらに，大槻玄沢がオランダ書などを調べて 1808 年に著した『扇馬訳説（せんばやくせつ）』は，江戸時代で最も詳しい家畜の去勢に関する文献とされている．

わが国での去勢術の実施は，1809 年頃に仙台藩で去勢を行った記録が最初といわれてきた．ところが，150 年以上前の 1656 年に，川越城（城主は老中の松平伊豆守信綱，埼玉県川越市）の厩で，人に噛み付いたり踏みつけたりする悪馬 4 頭に対して,日本で初めての去勢が行われ,やがて馬がおとなしくなったことが，川越の町名主『榎本弥左衛門覚書』に記述されている．このときに去勢の効果を認めながら，その後は 1809 年頃まで再び去勢が実践されることはなかったとみられる．

これらは特殊な例であり，わが国では明治初期に西洋獣医学が導入されるまで，家畜を去勢する習慣がなかったのは事実であり，そのため馬や牛などの家畜の管理や品種改良が難しかった．

d．馬沓と蹄鉄

日本の馬に蹄鉄が普及したのは，明治初期の陸軍創設時における西洋式の装蹄術の導入以降であり，それまでは馬沓（うまぐつ）という藁（わら）や蔓（かずら）で編んだ草鞋（わらじ）（馬草鞋）を使用していた．天正遣欧使節帰国時の 1590 年にアラビア馬と西洋の獣医，装蹄師や調教師が初来日しており，また1725年に始まるKeijserの来日時にも装蹄術が伝えられたが，蹄鉄は普及しなかった．なお，幕末の1861年にフランス皇帝NapoleonⅢ世はアラビア馬26頭を14代将軍徳川家茂に寄贈したが，このときにも装蹄術が伝えられている．

e．古流馬術と騎乗法

現在の馬術では西洋式に左側から騎乗しているが，Froisの『日本覚書』にもある通り，江戸時代までは弓手（ゆんで）（左手）で弓を持ち，馬手（めて）（右手）で手綱を持って，反対の右側から乗っていた．室町時代中期には，小笠原流，大坪流，八条流などの古流馬術が生まれ，実戦的な弓馬術である流鏑馬（やぶさめ），笠懸（かさがけ），犬追物（いぬおうもの）の騎射三物（きしゃみつもの）が盛んであった．

f．狂犬病の歴史

狂犬病を記述したわが国最初の史料は，古代の717年に発布された『養老律令』であり，狂犬の殺処分に関する規定がある．狂犬病発生についての記載はないが，病名が中国名の猘犬（せいけん），風犬（ふうけん）や瘈狗（けいく）ではなく「狂犬（たぶれいぬ）」という和名を用いていることから，その当時に狂犬病の発生があったのではないかと推測されている．また，984年に中国の医書から撰述され，日本に現存する最古の医書である『医心法（いしんほう）』にも猘犬や風犬のことが記載されているが，わが国での発生については不明である．その後，1692年の5代将軍徳川綱吉による『生類憐みの令』に，狂犬の繋留義務に関する規定があることから，その当時に狂犬病の小流行があったのではないかと推定されている．

わが国における狂犬病の大流行は，江戸時代中期の1732年に，鎖国下での海外貿易港であった長崎から始まった．同年に，広島，岡山などの中国地方で流行し，4年後の1736年には江戸にまで達した．前述した野呂元丈の『狂犬咬傷治方』はこの年に刊行されているが，中国の医書の抜粋であり，また経験不足であったためか，その治療法は現実的ではない．その後は，発生をくり返しながら東北地方へと波及して，初発から29年後には青森県の下北半島まで達している．この大流行では，潜伏期間中の動物が主に船による海路経由で移動して，病気を各地へ伝播したのではないかと推測されている．また，

1783年に原昌克が，狂犬病患者の症状や現実的な治療法を記述した『瘈狗傷考』を著していることから，江戸では継続的に流行が続いていたものと推定されている．

狂犬病は，江戸時代中期の長崎での発生以来，明治，大正を経て昭和31（1956）年までの220年間以上にわたり，人畜に甚大な被害を与え続けてきた．また，古代から世界各地に蔓延して猛威を振るい，未だに人類に恐怖に与え続けており，最も重要な人獣共通感染症の1つである．

幸いなことに，動物検疫や犬へのワクチン接種の励行など獣医関係者の努力により，日本では約半世紀にわたって国内感染による発生はない．しかし，歴史的見地に立てば，狂犬病の清浄国は世界中でもわずかしかなく，また永久に続かないのが現実である．2006年には海外旅行先で感染して国内で発症した「輸入狂犬病患者」が2名発生しており，狂犬病に対する防遏対策の重要性が再認識された．さらに，航空機などの交通手段の発達による出入国者の増加や，各種飼育動物や野生動物の大量輸入などにより，国内発生の危険性は高まってきているといえよう．

g．忠犬の墓と動物愛護史

犬を葬ったとされる犬の墓は「犬塚（いぬづか）」と呼ばれており，全国各地に存在し，地名や人名にもなっている．一方，明治時代まで，日本にも山犬と呼ばれた狼がおり，鹿や猪に対する田畑の守り神として祀られていたため，それ以前の無銘の犬塚は犬（家犬・飼犬）の墓であったという確証はない．したがって，ある特定の犬の死を弔うために建てた墓だけを対象にする必要がある．また，忠犬（義犬）の墓とされていても，単なる伝説や伝承であったり，史学的根拠に乏しい犬塚が多い．

日本最古の史実の犬塚は，江戸時代初期である1650年の肥前国大村藩家老小佐々（こざさ）市右衛門前親（あきちか）の忠犬「ハナ丸（華丸（はなまる））」の墓で，国の史跡に指定されており，動物愛護史との関連から世界的にも貴重な史跡である．その他の忠犬の墓としては，1835年の大阪の戯作者暁鐘成（あかつきのかねなる）の「皓（しろ）」の墓，1853年の土佐藩農夫横田三平の「赤（あか）」の墓や，1869年の佐土原藩主夫人島津随真院（ずいしんいん）の

「福（ふく）」の墓などがある．これらの墓は，その大きさや形式から当時の中級ないし上級武士のものと同格であり，墓石には由緒を記述した追悼文が彫られており，手厚く葬られたことが分かる．

これらの史実から，忠犬ハチ公より285年以上も前から，今までほとんど知られていなかった忠犬達がいたことが分かってきている．また，忠犬の墓は愛犬や伴侶犬の墓であり，忠犬の歴史は動物愛護やヒューマン・アニマル・ボンド（人と動物との絆）の歴史でもあったのである．

なお，犬公方と呼ばれた徳川綱吉の時代（1680～1709）には，史実の犬塚が沢山あるものと期待されたが，未だにその頃の墓は見つかっていない．

h．獣医，馬医と伯楽

前述した通り，「獣医」の文字は中国古代の官制を記した『周礼（しゅうらい）』にあり，日本では江戸時代中期の『武馬必要』に初出するのが定説とされている．「馬医」は，中国の律令制にならった大宝律令にあり，明治初期頃まで広く使われていた．「伯楽（はくらく）」の名は中国古代の孫陽に始まるが，馬の鑑定と馬医療に長じた人を指す呼称であり，馬医を伯楽と呼んでいた．その後，牛馬を商い馬医を兼ねるものも伯楽と呼ぶようになり，さらに馬医術を修めずに獣医療的行為を行う者や家畜商などを「ばくろう（伯楽，博労）」と呼ぶようになったという．江戸時代には，幕府や各藩の馬奉行配下で馬医術を世襲する士分（武士）や馬医術各流派の免許を伝授された者を馬医といい，その他の身分で無免許のものを伯楽や博労と呼んでいたとの見方もある．また，近代獣医師制度による免許取得者を「獣医師」と呼び，それ以前の馬医や伯楽など獣医療を行っていたものを広義の「獣医」と呼んで区別することもある．

6．日本における西洋獣医学の導入と獣医療の進展

1868年の明治維新以降，わが国は西洋各国の学制や法制などさまざまなものを取り入れて，近代国家としての体制を急速に整えていった．また，その一環として西洋獣医学が導入されて，日本の獣医療は大きく進展することになっ

た．

1）獣医学教育の歴史

（1）獣医学校の開設と外国人教師の招聘

a．駒場農学校

明治時代初期の1874年に東京の内藤新宿（現・新宿御苑）に開設された農事修学場は，1877年に農学校と改称された．翌年には駒場野（現・東京大学教養学部や目黒区立駒場野公園付近）に移転したが，この開校式には明治天皇が臨御され，内務卿大久保利通など政府の高官が出席しており，農学校に対する期待の高さがうかがえる．当初の獣医科の修学年数は予科２年と本科（専門科）３年のあわせて５年であったが，第１回生は本科のみで，入学時29名，卒業時15名であった．

その後，1882年に駒場農学校と改称し，1886年に東京山林学校と合併して東京農林学校となった．1890年に帝国大学農科大学，1897年に東京帝国大学農科大学，1919年に東京帝国大学農学部となった．第二次大戦後の1947年に勅令により東京帝国大学は東京大学と改称されて，農学部獣医学科になった．

b．外国人教師の招聘

西洋から近代的な学問や技術を取り入れるため，明治政府は「お雇い外国人教師」と呼ばれるさまざまな分野の外国人の教師を招聘しており，獣医学教育ではMcBride, J.A. やJanson, J.L. がよく知られている．1877年に農学校に着任したイギリス出身のMcBrideは３年間日本に滞在して初期の獣医学教育に尽力し，1878年の農学校の開校式では外国人教師を代表して祝辞を述べている．また，ドイツ出身のJansonは，McBrideの後を引き継いで22年間にわたって滞在し，日本の獣医学教育の近代化に大いに貢献した．退職時に教え子らの寄付により製作されたJansonの胸像は現在でも東京大学農学部３号館に置かれている．一方では有名な鹿鳴館のダンスの先生として知られており，妻の故郷である鹿児島で没して，墓は鹿児島市の谷山墓地にある．

c．札幌農学校

1872年に東京芝の増上寺に設けられた開拓使仮学校は，札幌に移って札幌学校となった．1876年には札幌農学校と改称されて，有名なClark, W.S.や，その後任のCutter, J.C.などのアメリカ人教師が招聘されている．1907年に札幌農学校は東北帝国大学農科大学となり，1918年に北海道帝国大学農科大学，1919年に北海道帝国大学農学部となった．第二次大戦後の1947年に勅令により北海道帝国大学は北海道大学と改称され，その後の1952年に農学部獣医学科が獣医学部に昇格して現在に至っている．

d．陸軍獣医学校

最初の陸軍獣医（当初は馬医）は，1869年に軍務官付属馬医として登用された村井隼之助で，和田倉門内の軍務官厩に出仕した．また，翌年には馬医の心得がある医学校病院軍医の内藤永橘が馬療方に任じられている．さらに，大阪陸軍病院などに旧藩の馬医を集めて，馬医学を修めさせた．また，幕末にフランス人騎兵教官の教えを受けた幕府馬医で静岡藩士であった深谷周三が，1872年に上等馬医に任用されて軍医寮の馬医学務を一任され，陸軍獣医官の養成が始まり，1873年に陸軍兵学寮へ馬医生徒15名が入学した．

翌年には，フランス陸軍獣医Angot, A.R.D.が招聘され，日本に6年半滞在して初期の陸軍獣医教育の進展に大いに寄与した．その後，陸軍獣医の人材育成のため，Angotが学んだToulouse獣医学校に留学生を送っている．1893年には東京の目黒に，軍馬の傷病治療に必要な「軍陣獣医学」の修得を目的とした陸軍獣医学校が設立され，獣医士官の養成を行うようになった．その後，1909年に世田谷村下代田（現・世田谷区代沢，駒場学園高校）に移転しており，1945年の第二次大戦の終結とともに52年間続いた陸軍獣医学校は廃校となった．

（2）国公立獣医学校の開設

日本では現在16大学が獣医師の養成課程を設けており，国公立大学が11校，私立大学が5校である．

東京大学と北海道大学の設立については前述したが，東京農工大学は1935年に東京帝国大学農学部の実科が廃止されて設立された東京高等農林学校が前身である．

その他の国公立大学における獣医師養成過程の設立は，2通りに分けられる．まず,前身となった学校の成立当初から獣医師養成課程があったところで,1884年に山口栽培試験場で獣医講習会が開催されその翌年に設立された山口農学校が前身の山口大学，1888年設立の大阪府立農学校が前身の大阪府立大学，1902年設立の盛岡高等農林学校が前身の岩手大学，1941年設立の帯広高等獣医学校が前身の帯広畜産大学がある．次に，前身となった学校に新たに獣医学科が開設されたところで，1938年に宮崎高等農林学校に開設された宮崎大学，1939年に鹿児島高等農林学校に開設された鹿児島大学，1939年に鳥取高等農林学校に開設された鳥取大学，1940年に岐阜高等農林学校に開設された岐阜大学がある．これらの学校は，1949年に新制大学となって現在に至っている．なお，宇都宮農林専門学校（現・宇都宮大学）にも1940年から獣医学科があったが，1951年に廃止された．

（3）私立獣医学校の開設

私立大学で獣医師養成課程を設けているのは現在5校である．1881年に陸軍馬医官の黒瀬貞次らが東京の護国寺（別院伝通院）境内に設立した私立獣医学校は，その後に閉校されて，1892年に私立東京獣医学校として開校した．再度閉校後の1911年に日本獣医学校として開校し，日本高等獣医学校，日本獣医畜産専門学校を経て，1949年に日本獣医畜産大学になり，現在の日本獣医生命科学大学獣医学部になった．また，1887年に與倉東隆（よくらはるたか）により東京の麻布に東京獣医講習所が開設され，麻布獣医学校，麻布獣医畜産専門学校を経て，1949年に麻布獣医科大学になり，現在の麻布大学獣医学部になった．1907年に越智喜三郎らによって東京の恵比寿に設立された東京獣医学校は，東京高等獣医学校，東京獣医畜産専門学校を経て，1949年に東京獣医畜産大学になった．1951年に日本大学農学部と合併して翌年に日本大学農獣医学部になり，現在の日本大学生物資源科学部獣医学科となった．また，1960年には酪農学園大学獣医学部が，1966年には北里大学に獣医畜産学部獣医学科が設置され，2007年には獣医学部に改めた．なお，慶應義塾獣医畜産専門学校（慶應義塾農業高等学校を経て，現・慶応義塾志木高等学校）にも，1944年から獣医科が設置されたが1949年に廃止された．

（4）獣医学校開設期の獣医学書

明治時代になると，外国人教師を招聘して西洋獣医学の講義が行われており，西洋獣医学書の翻訳や外国人教師の講義録などが刊行された．

a．馬療新論

1871年に陸軍兵学寮から刊行された中欽哉訳『馬療新論』全2巻は，内科編と外部病編があり，蹄鉄と蹄の構造図や外科器械図などが初めて掲載された．

b．牛病新書

1874年に柏原学而訳『牛病新書』全3巻が刊行された．1872年に勧農寮の牛297頭が死亡し，翌年から全国的に牛疫が流行しており，「わが国には馬医はあっても牛医がいないので，その出現は時宜を得た」と記されている．このほか，『豚病治療編』や『羊病治療新書』などの和訳本もある．

c．馬原病学

1876年に陸軍文庫刊行の『馬原病学』は，陸軍獣医教官Angotの講義録の和訳本で，明治初期の獣医学の講義の一端を知ることができる．

d．蹄鉄提要

1876年にVallon, A. 著・大蔵平三訳『蹄鉄提要』が陸軍文庫から刊行された．なお，1882年に陸軍士官学校刊行の大蔵平三著『馬学訳説』にもVallonの著書から解剖図を引用している．

e．獣医全書

1881年に農務局刊行の坪井信良訳『獣医全書』は，明治時代の前期では最大の西洋獣医学書である．

f．家畜医範

1887年に農商務省から刊行されたJanson校閲『家畜医範』は，解剖学，生理学，薬物学，内科学，外科学，産科学の全16巻からなる大著である．東京農林学校（前・駒場農学校）の各教授による著作であり，当時の獣医学教育の内容を知ることができる．

（5）獣医学校の教育年限

獣医学の教育年限も時代によって変わってきている．1877年から講義を開始した農学校では獣医学教育は予科2年と本科（専門科）3年であり（第1回生に限り本科のみ），大正時代に入ってからは，3年で据え置くものと4年に延長するものとに分かれた（第二次大戦中には一時期2年半に短縮）．1949年以降の大学では4年制を採用したが，長年にわたり教育年限の延長が議論されてきた．獣医師法を改正して，1978年度からの入学者から学部4年と大学院修士2年の積上方式により6年制としたが，学校教育法を改正し，1984年度の入学者から医学部や歯学部と同様に，獣医師養成過程は6年間の学部教育を行うこととされ，現在に至っている．

2）獣医行政の変遷

維新後に，明治新政府の要職にあった大久保利通らは海外を視察し，欧米の先進的な農牧畜業導入の必要性を痛感した．そこで，明治政府は，富国強兵政策の一環である軍馬の改良とともに，生活習慣の洋風化に伴う肉食などの普及に対応するため，畜産業の振興に努めた．また，西洋獣医学の導入により獣医学教育の近代化を促進しており，家畜伝染病対策，狂犬病対策や乳肉衛生など，獣医法制や行政の整備と，関連機関や施設の近代化に取り組むことになった．

（1）監督官庁の変遷

獣医行政を扱う監督官庁は，幾多の変遷を経て現在に至っている．明治時代の初頭には政府の機構も整っておらず，獣医行政も短期間に民部省，民部省と合併した大蔵省の勧業寮，大蔵省から分離した内務省の勧業寮へと所轄官庁が替わっている．1881年になって内務省から分離した農商務省（現在の農林水産省と経済産業省の前身）が設けられ，1925年には農林省が農商務省から分離して，第二次大戦中の一時期を除いて，獣医行政を行ってきた．現在の獣医師や獣医行政の監督官庁は農林水産省（1978年に農林省から改称）である．

（2）伝染病の流行と防疫

江戸時代の対外政策である鎖国が解かれてからは，海外との交流が盛んになり，また国内でも鉄道などの交通網が整備されて人や物の往来が頻繁になったため，人や動物の病気が日本各地に蔓延するようになった．

明治初頭には大陸で流行していた牛疫が侵入して大きな被害を受け，また炭疽，鼻疽，腺疫，狂犬病などのさまざまな伝染病が流行した．このような事態に対処するため，政府は伝染病予防に関する各種の法令を制定した．1886年の「獣類伝染病予防規則」，1896年の「獣疫予防法」などを経て，1922年に「家畜伝染病予防法」が公布された．1950年には「狂犬病予防法」が，1951年には「家畜伝染病予防法（改正）」が，1998年には「狂犬病予防法（改正）」が公布され，今日に至っている．また，家畜伝染病の調査研究機関として，1891年に獣疫調査所が設立され，家畜衛生試験場を経て，現在の動物衛生研究所の前身となっている．

（3）獣医師免許制度

明治時代初期までは，獣医（獣医師）の定義がはっきりしていなかったため，獣医術を世襲したり，馬医術各流派の免許を受けた馬医や伯楽のほか，獣医術を修めずに無免許で獣医療的行為を行う伯楽や博労なども，診療業務を行っていた．

1885年に「獣医免許規則」が公布され，農商務卿の免許を得た「獣医」以外は家畜の診療業務を行えなくなった．これが現在の獣医師免許制度の始まりである．この規則で，試験を受けて合格した者が獣医として開業できることになったが，この他に官立または府県立の獣医学校や農学校で獣医学を修めた卒業生には無試験で免許が与えられた．この免許規則の導入は，獣医師の資質の向上，資格，制度や教育機関の整備など，その後の獣医療と畜産業の発展に大きく貢献することになった．

一方，免許規則が公布された当初は，近代獣医学教育が始まってから日も浅かったことから，正規の獣医学教育を行う学校やその卒業生数がきわめて少なかった．また，免許を取得できなかった多くの伯楽や博労が失業したため，獣医がいない地区では診療する者がいないという事態が起こり，一時的な措置として「獣医仮開業規程」を定めている．本免状所有の獣医がいないと判断された地域の者には，申請が認められれば「獣医仮開業免状」が与えられ診療が認められたのである．

獣医免許規則では主に試験合格者を対象にして獣医資格を与えていたが，1926年に獣医免許規則が改正されて「獣医師法」となり，主に専門学校以上の学校において獣医学を修めて卒業した者に無試験で獣医師免許を与えることになった．

第二次大戦後の1949年改正の新たな「獣医師法」では，大学において獣医学4年の課程を修めて卒業した者でなければ，国家試験を受けることができないことになった．また，1977年に再び改正されて翌年の入学者から修士課程修了者が，さらに1983年の改正により翌年の入学者から学部6年の獣医学課程を修めて卒業した者が，国家試験を受けることになったのである．

（4）獣医学会と獣医師会

1885年に，大日本獣医会が組織され，1887年に中央獣医会と改称した．また，1921年に日本獣医学会が発足し，1938年には中央獣医会と日本獣医学会が合併して，大日本獣医学会となった．第二次大戦後の1948年に社団法人日本獣医学会となって現在に至っている．

1927年に勅令で「獣医師令」が公布され，翌年に日本獣医師会が発足した．第二次大戦後の1948年に占領軍により解散されたが，同じ年に日本獣医協会として再興し，1951 年には社団法人日本獣医師会となって現在に至っている．

（5）陸軍獣医師

陸軍獣医学校の項で述べた通り，明治時代初頭には陸軍が独自で育成した人材がいなかったため，旧藩の馬医を登用した．また，軍医総監の松本順が馬医監（後に獣医監と改称）と病馬院長を兼務していた．その後，1879 年に馬医出身の深谷周三が馬医監に就任するなど次第に地位を向上させ，1925 年には最高位が軍医などと同等の中将（獣医中将，獣医総監）になった．第二次大戦までの陸軍では，騎兵のみならず，各種の装備や物資を輸送する輜重（しちょう）隊では軍馬の使用が不可欠であり，陸軍獣医師はきわめて重要な役割を果たしていた．なお，馬以外にも軍用犬や軍用鳩の管理も行っていた．

（6）軍馬の改良増殖と去勢

江戸時代の項で述べたように，わが国では古くから家畜去勢は行われておらず，1656 年に川越城の厩で日本初の馬の去勢が行われ，その後は 1809 年頃に仙台藩で去勢が行われた記録があるのみで，明治初期に西洋獣医学が導入されるまで，家畜を去勢する習慣はなかった．

日本陸軍が馬の去勢を積極的に行うようになったのは，日清戦争で外国人から日本の馬は猛獣だと酷評されたこと，義和団の乱で欧米列強の騎兵隊と共同行動したときに「我国の出征軍馬のみは，素質獰猛であり，牝馬を見ては隊列を乱し，輸送に当たっては兵を傷つけ，実に苦心を要するものがあって，各国兵から軽蔑嘲笑を受けた」ためだという．その後は，去勢術の普及と「馬匹去勢法」の推進により，軍馬の改良と増殖に去勢が大いに貢献した．

軍馬改良のため，小型馬ないし中型馬である日本在来馬の牡は去勢され，西洋の大型馬を種牡として使用した．そのため，貴重な文化遺産や遺伝資源である在来馬は急速に減少衰退し，特に中世以来の名馬とされた南部馬などの絶滅を招く一因になったとの見方もある．

7．獣医療の変遷と獣医史学

世界の古代文明の発祥から，西洋獣医学が導入されて日本の近代獣医療の基礎が築かれた明治時代までを中心に，その歴史の概要について述べた．

ここで注目されることは，獣医療の歴史のほとんどが馬の歴史であったことである．その理由は，馬の家畜化は後期新石器時代に始まるが，騎乗や戦闘馬車の利用は人間の能力を飛躍的に拡大して，その軍事利用が強大な帝国を生み，世界の歴史を支配してきたためである．馬が文明を育み，歴史を創ってきたのである．また，獣医師も馬医と呼ばれていたように，文字通り馬の獣医療の専門職として評価され，発展してきたのである．この状態は，馬が軍事目的で使用されていた第二次世界大戦まで続くことになった．その後，戦後における自動車や航空機の普及とミサイルや原水爆など兵器の大幅な変革により，馬は世界の歴史を変える力を失ったため，獣医療の歴史の主役の座を退くことになって，日常生活からもほとんど忘れ去られていくことになったのである．

戦後の食糧事情の悪化により，政府は農業振興，特に乳，肉，卵の生産を目的とする畜産振興政策を推進した．また，日本人の食生活が洋風化した影響もあって，乳牛，肉牛，豚，採卵鶏，肉用鶏などに重点が置かれるようになり，産業動物の獣医療が大きく進展した．一方，軍馬としての需要がなくなったため，競走馬や乗用馬などの一部を除いて，馬の重要性は大幅に低下した．

犬の病気では，狂犬病が古代バビロニアのHammurabi法典にすでに記載されているが，これは人の病気として重視されていたためである．狂犬病は，人獣共通感染症として世界で最も重要な病気の1つであるが，未だに隣国の中国など東アジアを含む世界各国で継続的に発生しており，深刻な被害をもたらしている．日本では1957年以来ほぼ半世紀にわたって，国内感染による発生はない．これは世界的に見てもきわめてまれなことであり，狂犬病予防に携ってきた獣医関係者の努力の結果といえよう．今後とも国内発生を防ぐためには，検疫とともにワクチンによる犬の予防接種の励行が必須であり，また定期的な抗体価の推移の監視も必要である．さらに，獣医師が，狂犬病の発生を現実問題として直視して，事前に組織的な対応策に取り組んでおくことが肝要である．

現在では多くの獣医師が犬，猫などの小動物臨床に携わっているが，戦後の畜産振興政策が産業動物を対象にしていたため，獣医行政においては小動物が重要な位置を占めていたわけではなかった．農林水産省に，小動物を専門に扱う小動物獣医療班が設置されたのは，ごく最近の2004年になってからのことである．現在の視点から見れば獣医師が小動物臨床を行うのは当たり前のことであるが，かつてはそうではなかったのである．

馬に較べて犬や猫に関する江戸時代以前の史料はきわめて少ない．特定の犬の死を悼んで弔った全国各地の「忠犬の墓」を調査したところ，伝説の犬塚（いぬづか）（犬の墓）だけではなく，墓石に長文の由緒や追悼文を刻んだ史実の犬塚が見つかってきている．最古の史実の犬塚は，江戸時代初期の1650年に建てられた大村藩家老の小佐々（こざさ）市右衛門前親（あきちか）の忠犬「ハナ丸」の墓（長崎県大村市）であり，「生類憐みの令」より35年も前に建てられたものである．また，大阪，高知，東京，宮崎，熊本など全国各地で，幕末維新期頃までの貴重な犬塚が見つかっている．さらに，忠犬の墓は愛犬（伴侶犬（パートナー））の墓であり，したがって忠犬の墓の歴史は動物愛護の歴史であることも分かってきている．欧米においても動物愛護や動物権という考え方が未だ確立していなかった17世紀の中頃に，日本ではすでに伴侶犬の墓が建てられて大切に扱われていたのである．これらの犬塚は動物愛護やヒューマン・アニマル・ボンドの貴重な記念碑ということができよう．

現在では，伴侶動物である犬や猫などの哺乳動物の他，小鳥などの鳥類，爬虫類や両生類，魚類や昆虫なども飼われるようになってきている．また，以前から動物園や水族館などで獣医師が活躍しており，野生動物を扱う獣医師もいるなど，獣医療の対象となる動物種や業務が急激に拡大してきている．こうした多種多様なニーズに応えるためには，将来，獣医学教育のあり方や獣医師という職業の定義を見直す必要が生じてくるかもしれない．

獣医史学の研究対象も，以前は馬に関するものが多かったが，最近では牛や鶏などの産業動物が取り上げられることが多く，今後は犬や猫などの伴侶動物に関するものが増えてくるものと予想される．また，時代も古代から近世まではなく，身近なテーマである近代から現代までのものが増加している．さらに，古文書や獣医療に関するものだけではなく，公衆衛生，動物愛護や福祉，伝記の他，大学，団体や研究機関の歴史など広範なテーマが取り上げられるようになってきている．今後，1人でも多くの獣医師が，自分に身近なテーマを取り上げて，さまざまな視点から調査すれば，歴史の空白が埋められていき，獣医史学は今後大きく進展していくものと期待される．

8．おわりに

日本最初の統一国家が，朝鮮半島から渡来した東北アジア系の騎馬民族の征服によってなされたという，有名な「騎馬民族説」が江上波夫・東大名誉教授によって提唱されている．これに対して，佐原真・元国立歴史民俗博物館長は，騎馬民族は畜産民という観点から，その文化を特徴づける食習慣，家畜管理法や供犠の風習などが日本に希薄なことから，騎馬民族は来なかったとしており，論拠の1つに去勢の習慣がなかったことをあげている．

獣医療である去勢の習慣の有無を論拠にして，日本最初の統一国家の成立にかかわる重要な論議がなされたことは，きわめて興味深いことといえよう．また，このことは，新たな視点からのアプローチにより，定説化した歴史観も大きく変わる可能性があることを示唆している．

獣医史学においても，従来の歴史観や研究法にとらわれることなく，興味ある対象に対して自由な発想や視点で取り組むことにより，今後多くの成果が得られれば幸いである．

第３章　獣医療と生命倫理

1．生命倫理の意味

1）はじめに

21 世紀の科学はコペルニクス的な展開を示し，生命科学領域においても，遺伝子診断や治療，人や動植物のゲノム解析，ES 細胞技術の開発と再生医療など枚挙に暇はない．

獣医学領域においても，クローン動物の作出，胚移植，異種臓器移植，医療の臨床前動物実験，家庭動物の安楽死，獣医療過誤など，これらに伴う生命倫理は今や回避できない現実となってきた．

従来，獣医学・獣医療分野における生命倫理の理念に関する提唱は乏しく，医療の倫理における先達の哲学を教育資源としながら，糊口を凌ぎ今日に至っているといえよう．

ここでは，そんな背景を背負いながら獣医学・獣医療にかかわる倫理的事項を抄論させていただきたい．

2）生命倫理学における人間と動物

生命倫理（bioethics）とは，生命を対象とする倫理学であり，生命とは自らの環境を産み出し，その環境に働きかけることによって自らを維持する存在であると述べられている．

その生命の主体を系列として考えると，《人間・動物・植物》という系列がある．これを生命の客体の系列から考察すると，《人間＝社会・動物群・植物群・

自然環境》などがある.

生命は主体－客体であり，人間を主体とすれば他の生命はすべて客体といえよう．しかし，この両系列は単純に分離することは不可能であり，生命の連鎖として存在することに留意しなければならない.

例えば，“動物倫理”という領域は，生命体の系列では人間より下の次元に位置することになるが，動物は血液の流れる生命体である限り，活動主体であることの承認を，直接人間に対して迫ることになる．同時に人間と動物との主体－客体の関係が問われることになる（近藤均ほか編・生命倫理事典）.

3）獣医療における生命倫理

前記の生命倫理（bioethics）は，医学・医療における専門用語のようにも聞こえるが，動物の生命を扱う獣医療にも適用され得る理念である.

bioethics は biology（生物）の bio と ethics（倫理）をつなぎ，1960 年代後期にアメリカで合成された新しい単語である．その生命倫理の理念も獣医療は，やはり医療における倫理に関する軌跡を追いかけているといってよいであろう．前世紀末期頃から，脳死，臓器移植，骨髄移植，生体肝移植，再生医療，遺伝子解析・遺伝子治療など，新しい高度医療の発展に伴って常に倫理的対応が問題視されてきた.

獣医療においても，安楽死，動物実験，クローン動物の生産，異種臓器移植，飼育者優先の去勢術など，倫理的配慮を要する問題は少なくない.

生命倫理学は 1970 年代に体系化された生命現象をめぐる学問といえるが，その歴史は古く医聖と呼ばれるヒポクラテス（Hippocrates：BC・460 ～ 375 頃）の誓い以来，医師に求められた職業倫理であった．しかし，昨今の医師に求道されている倫理観には多少の乖離があると指摘されている.

もちろん，医師や獣医師には職業人としての不易の道徳的・倫理的理念が根底にあり，そのうえに近代医療および獣医療に求められる倫理観が重合して，新しい生命倫理の概念は構築されつつあるといえよう.

2．実践的獣医療倫理の基礎

1）インフォームド・コンセント

インフォームド・コンセント（informed consent）は，一般に「説明と同意」（日本医師会・生命倫理懇談会による定義）と訳されている．そのインフォームド・コンセントも，第二次世界大戦において，ナチスドイツの行った非人間的，非倫理的人体実験に対する反省であり，1947年にニュルンベルク裁判における宣言に「医学研究の対象となる人の実験には自由意志による同意が絶対に必須であること」と掲げられている．

インフォームド・コンセントとは，患者が病態や治療法を理解したうえで，患者自身が治療法を選択すること，すなわち自己決定権を行使することである．しかし，医療の実際においては医師にも決定の困難なこともあり，ましてや患者に選択を迫ることは無理なことも多い．患者に決定を委ねることは，患者に責任を転嫁する要素も合わせ持つことを認識しておかなければならない．

2）獣医療におけるインフォームド・コンセント

獣医療においても，心ある獣医師はインフォームド・コンセントについて高い問題意識を持っている．獣医療におけるインフォームド・コンセントに関する情報は，「プロベット1990年７月号」に掲載した著書の解説が最初かもしれない．その頃，国際的な獣医学や獣医療の集会などのプログラムを探しても，これに関するセッションはまだ見当たらなかった．

改正獣医師法は，その第20条に，獣医師の保健衛生指導業務を定めている．これはインフォームド・コンセントを直接定めた法規ではないので，拡大解釈のきらいもあるが，獣医師法上はこの第20条を援用するしかないように思う．しかし，獣医師法と医師法の指導義務に関する条文を比較してみると，ニュアンスは若干異なっている．

《獣医師法第20条》

「獣医師は，飼育動物の診療をしたときは，その飼育者に対し，飼育に係る衛生管理の方法その他飼育動物に関する保健衛生の向上に必要な事項の指導をしなければならない.」

《医師法第23条》

「医師は，診療をしたときは，本人又はその保護者に対し，療法の方法その他保健の向上に必要な事項の指導をしなければならない.」

病気の動物の所有者に対して，獣医師は，その動物の病態や治療について，飼育者の知る権利を十分に満たすように説明し，理解させ，しかる後に同意を得て治療にあたる，という順序になる．しがたって，獣医療におけるインフォームド・コンセントは，獣医師に課せられた責務といえよう．具体的には次の2点である.

①病状やその治療法を説明する．その説明は飼育者が同意するか，別の治療法を選択するか，それとも治療を受けないか，それを決定するに必要な情報の提供でなければならない.

②最終決定は，病気の動物の飼育者（所有者）にあり，獣医師はその意思に従わなければならない.

このようなインフォームド・コンセントは，動物飼育者の権利を守るための手続きである．飼育者（所有者）には動物の治療を受けるに際して，治療法を選択したり，動物に対する侵襲を知る権利がある．インフォームド・コンセントは病気の動物飼育者の権利を擁護する最初の砦といえるのではなかろうか.

なお最近，インフォームド・コンセントとほぼ同義語としてインフォームド・デシィジョン（informed decision），インフォームド・チョイス（informed choice）なども用いられている.

3）プロブレム・オリエンテッド・システム

1980年代までの獣医療は，獣医師中心主義（doctor oriented system：DOS）であったといえよう．それは「病気の動物に対して獣医療を施してあげる」という考え方で，医療においてはヒポクラテスに代表されるパターナリズム（paternalism：父権主義）が支配的であった．しかし最近では，病気の動物を中心にして，その動物の飼育者，獣医療スタッフなどが共同して，単に病気の動物のみでなく，飼育者の抱える心理的・社会的問題までもケアする，動物・飼育者中心主義の獣医療が望まれるようになってきた．そのような考え方に基づく獣医療は医療と同様にプロブレム・オリエンテッド・システム（problem oriented system：POS）といえよう．

すなわち，病気の動物の苦痛は当然ながら，飼育者は心理的または社会的な問題を抱えていることもある．したがって，獣医師にはこれらの諸問題に対応できる全方位獣医療も必要となってきたのである．

4）クオリティ・オブ・ライフ

POS 時代の医療においては，単なる生命の尊厳（sanctity of life：SOL）のみではなく，クオリティ・オブ・ライフ（quality of life：QOL）すなわち生活の質も協調されるようになってきた．すなわち動物の治療後における爽やかな生活を目的とした獣医療が望まれる昨今である．これもまた動物の利益を守るための飼育者の主張といえよう．

こうした飼育者の権利や動物の幸せを擁護するために，説明や告知なども浮上してきたと考えてよい．また，家庭動物においては，動物のクオリティ・オブ・ライフは，とりもなおさず飼育者や所有者のクオリティ・オブ・ライフにつながるものと思われる．

5）アメニティ

動物飼育とアメニティ（amenity）については，『動物の愛護及び管理に関する法律　平成 11 年 12 月 22 日改正』の精神を受けて，『家庭動物の飼養及び保管に関する基準』『展示動物などの飼養及び保管に関する基準』『産業動物の飼養及び保管に関する基準』『実験動物の飼養及び保管等に関する基準』（いずれも総理府告示）などに，動物の健康および安全の保持，生活環境の保全などについて記述され，適正な対応が望まれている．

この比較的新しいキーワードによって象徴される獣医療の問題は，単に臨床獣医師のみに課せられたものではない．獣医療とのかかわりのあるすべての職業人，すなわち人工授精師，動物看護師（VT，AHT），動物美容師，実験動物技師など，いわゆる獣医療スタッフに共通した課題として認識すべきであろう．

21 世紀に新しい胎動をみせる獣医療を飛躍させるには，これらの教育と実践を獣医学教育には今すぐに，また，人工授精師や動物の看護を担当する職業人の教育にも早急に組み込む必要性を感ずる．

3．日本獣医師会の倫理規範

1）獣医師の誓い

日本獣医師会は，1949 年に『獣医師倫理綱領』を定めている．また，1995 年には『獣医師の誓い』（資料 1，p.77）を公にし，日本の獣医師として守るべき倫理観を示した．さらに，1996 年には『動物医療の基本姿勢』（資料 2，p.78）として，獣医療の在り方，診療報酬，信頼される獣医師の条件，動物の看護および広告の指針などを示し，獣医師に求められる規範を明らかにしている．

『獣医師倫理綱領』は，その冒頭に「物言わぬ動物を守って，これをいつくしむのは，万物の霊長たる人類の，自ずから発する自然の情けである．……我々は獣医師として，獣医学の最高の知識と技術を保持し，畜産業の発展を図り，公衆衛生の向上に寄与することによって，人類社会に奉仕するものである．我々は獣医業の限りなき発展に尽くすことを誇りにし，高い平和と文化をめざす新しい時代の建設に，立派な社会人として，我々の負う使命を果したいものと念願する．……」と謳っている．このうち倫理規範は「第 3・診療業務」に読みとることができる．

この倫理要項は 1949 年に制定されているが格調は高い．村松梅太郎教授（日本獣医生命科学大学）は，敗戦後間もない経済貧困と混乱の下で，このような綱領が生まれたことに驚きを禁じえないと述べている．また，「獣医師のみでなく日本の心ある人たちが，どん底の下で真剣に獣医療の明日を仰いで歩んだ結果であろうか．それとも，当時の獣医師は日本の精神的な指導者としての旺盛な自覚のもとにあらわれたということの証拠であろうか．いずれにしても，このような格調高い綱領がわが国の獣医倫理の原点となったことを誇り得ることである」とその感想を述べている．しかし，この綱領を実行あるものにするには，獣医師各人に倫理観を支える理念，哲学，宗教などの思想や信条等の要素が必要であろうとも述べている．

『獣医師の誓い－95 年宣言』は，地球環境保全による人と動物の共存，潤いのある人間生活実現への貢献および高い見識と厳正な態度での職務を遂行する理念の下に，①動物ならびに人の健康と福祉の増進，②ヒューマン・アニマル・ボンドの確立と環境保全，③人格と教養の涵養，④獣医学への研鑽，⑤獣医師相互の連携と国際交流の推進を誓ったものである．日本獣医師会の獣医師道委員会は，『獣医師の誓い－95 年宣言』を原点に，動物医療の基本姿勢について詳細な解説を公表し（資料 2，p.78），獣医師各自にそのコンプライアンスを求めている．動物医療の基本姿勢は，戦後 50 数年を経た日本における獣医師の担うべき課題を概観し，先の『獣医師の誓い－95 年宣言』を補完した宣言であり，これが公にされた意義は大きい（日本獣医師会・獣医師倫理関係規定）．

４．獣医倫理の問題点

１）獣医療における倫理の複雑性

獣医師は，人と動物を相手として診療を求められているといえよう．それは，病気の動物と飼育者（所有者）である．時には，これら双方の要求には矛盾することもある．すなわち，「保護法益」の立場から論ずれば，保護の主体は動物であるが，法益の主体はその多くが人である，その二重構造に起因する．例えば，次のようなことが考えられる．

①飼育者（所有者）は獣医療費を支払う意志の乏しいこともある．

②治療を行っても予後に快適な生活の保障ができない場合もある．

③獣医師からみると，治療を行えば病気は治癒し，動物は機能を十分に発揮すると思われるにもかかわらず，飼育者（所有者）は安楽死を要求することもある．

これらの問題を，一方の当事者である獣医師のみが単純に解決することは難しく，場合によっては，獣医師の判断が市民や動物愛護運動家などによって指弾されることすら起こり得る．

2）獣医療専門職の道徳的価値観

前述のような価値観の相違は，臨床の実際においてさまざまなジレンマを生じる．それに対応する普遍的な方法を列挙することは難しいが，とりあえず標準的価値基準を列挙してみたい（表 3-1）．

表 3-1 にはすべての倫理的価値基準が含まれているわけではない．また，どの範囲まで獣医師に受け入れられるか，その判断基準も個々の獣医師によって異なる．結局，個々の獣医師の資質や性格，状況判断など，多様な因子によって価値の範囲は左右されよう．

例えば，病気の犬が末期的状態で苦しんでいるとき，飼育者（所有者）は動物の病態や治療法などの情報を獣医師から得たいと考えていると思う．そのとき，獣医師は取り繕うことなく真実を話せばよいのだろうか．所有者の心理状態を考えたとき，多少は嘘でも所有者に安心感を与えた方がよいこともあろう．

表 3-1　動物医療における倫理的価値基準

飼育者（所有者）に直接的な価値観	正直，信頼，誠実，共感，思いやり，ていねい，経済性，ペットロス・シンドローム，POS
病気の動物に直接的な価値観	忍耐，優しさ，思いやり，勤勉，痛みの排除，QOL，アメニティ
同僚獣医師に直接的な価値観	正直，公平，不当な批判，礼儀，強力

真実の説明をすれば，獣医師は飼育者（所有者）と病気の動物をともに救助しなければならない．こうした矛盾は，獣医療の実際によく起こることであり，生命の価値を絶対視する医療とは相違する．

5．獣医師と動物飼育者（所有者）との関係

前述のように，獣医療における獣医療関係者と動物および動物飼育者（所有者）との関係はきわめて微妙である．そこで，動物飼育者（所有者）と獣医師との関係を考察してみたい．

獣医療においては，獣医師と病気の動物飼育者（所有者）間における信頼関係は何よりも大切である．その信頼関係を結ぶためには，どのような獣医師と飼育者（所有者）の関係は求められ，獣医師はどのように飼育者（所有者）と動物の権利を尊重すればよいであろうか．

1）交流分析における自我状態

交流分析では人格を構成する３つの自我状態を図 3-1 のように図式化し，P は parent（両親），A は adult（成人），C は child（子供）を意味する．

以下に P，A，C のそれぞれの認知行動について簡単に説明する．

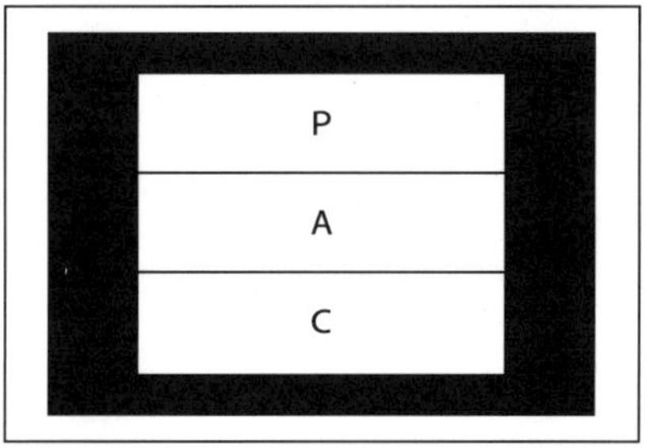

図 3-1　P（parent）・A（adult）・C（child）の関係（池本卯典：獣医科診療室の倫理，インターズー社，東京，2001 年より転載）

（1）親の自我状態

親の自我状態（P）は，主に両親から取り入れられた態度や行動から成立している．すなわち，ある個人の中のPとは，その父親，母親，その他の養育者が感じたり，考えたり，行動したりする部分をいう．Pには2つの型があり，その1つは養育的な親（NP），他の1つは批判的な親（CP）である．NPは子供が成長し，快適な感情を持つように援助するものである．言語的には「…してあげよう」,「よくできたね」というような表現が代表的である．行動的には「手をさしのべる」,「受容的な態度で微笑む」などの動作もNPから発生する．一方，CPは主として批判や非難を行うが，同時に子供たちが生活するうえで必要な規則を教えるものである．CPから発せられる代表的な言語は「すべきである」,「してはいけない」,「どうみてもおまえの負けだ」などの表現であり，特徴的な行動は「額にしわを寄せた厳しい顔つき」,「人の言葉を遮って自分の考えを述べる」などである．

（2）大人の自我状態

大人の自我状態（A）は，われわれの人格の中で事実に基づいて物事を判断しようとする部分をいう．これは，統合性，適応性，知性を有し，現実の吟味，可能性の評価，冷静な判断に基づいた認知行動である．人はAの自我状態によって独立した人間として生きることができ，自分の行動決定に際して選択眼を持つこともできる．Aは教育と経験の影響を受けて成長するが，年齢とは相関しない．Aの自我状態であることを識別する表現として「私の意見では……」,「見込みがある」などがあり，行動としては「顔をまっすぐに向けて話を聞く」,「論理的な表現」などがあげられよう．

（3）子供の自我状態

子供の自我状態（C）は，われわれの人格の中にあって実際の子供としての姿を保っている部分であり，主として感情と衝突とから成り立っている．個人の中のＣは，誰かがその個人に対して親のように振る舞うときに活動的になる．Ｃを代表する語に「ヘェー」，「わぁー！」などの感嘆詞，「私はまだ小さいの」，「私は病気ですから」などもある．また，行動としては「哀れっぽい声」，「すねる」，「ひがむ」，「閉じこもる」などである．

2）獣医師と動物所有者の伝統的関係

従来，獣医療は獣医師のパターナリズム（paternalism：父性主義）によって行われてきた傾向が強い．前述のモデルによれば，Ｐ（獣医師）対Ｃ（飼育者）の関係であったといえよう．したがって，かつての獣医療は与える者から与えられる者へ，権威者から非権威者へ施す「恩恵的獣医療」であったといえよう．現代においても，救急獣医療などでは，Ｐ：Ｃという図式の成立することも少なくない．

3）成人対成人の獣医療

今日では，日常の獣医療においても慢性疾患などの治療は多く，これらの動物は治すことよりもコントロールすることを治療の目的とすることもあり，獣医師側からの一方的な治療行為のみならず，飼育者（所有者）が動物飼育のパターンを変えることも大切である．したがって，獣医療そのものにおける責任も，獣医療側から飼育者（所有者）側へ移行することも否定できない．

このような疾病構造に変化を無視して，何時も獣医師が親（P）としての態度をとり続けても，獣医療の実効は上がらない．また，飼育者（所有者）が子（C）としての態度にとどまる限り，行動変容は期待できないといえよう．

そこで，求められている獣医師と所有者の関係は，成人対成人の関係，すなわち，Ａ：Ａの関係である．したがって，飼育者（所有者）の自己決定権と飼育者（所有者）と獣医師の裁量権とのかかわりは，成人対成人の関係から考察されなければならない．このモデルにおける獣医師は，一方的な押付けや監督を行うものであってはならないし，また疾患動物の飼育者（所有者）は獣医療のかなりの部分を「自己の責任」において決定する権利および義務を持っていると考えられる.

6．クローン動物の生産と倫理

1）クローン技術の倫理論

1997年にロスリン研究所のWilmutらは，羊の乳腺細胞を用いたクローン羊“ドリー”を生産することに成功した.

以来，クローン技術に対する関心は世界中に広まり，日本でも肉用牛を主体にクローン牛は各地で生産されている．こうした生殖工学の発達とともに，その裏面では倫理上の疑念も生じ，畜産関係者と倫理学者，市民などとの間に乖離の生じていることも否めない.

クローン技術は，DNAを直接捜査するものではなく，遺伝子操作によって作られた食用植物などとは根本的に異なる．といっても，クローン技術によって生産された牛の肉が市販された際に消費者は拒否反応を示し社会問題となったこともある.

この拒否反応の根本には，獣医畜産業界において実用化された人工授精，受精卵移植，体外受精などが，その後必然的に人へ応用され，医療の前臨床実験となった経緯もある．クローン技術もやがて人へ応用される可能性を念頭においた議論が，生命倫理学の分野で台頭してきた.

こうした背景を考慮して，1995年にde Boarはクローン技術を応用した生物生産にかかわる倫理上の問題に対処する基準として，次の5点の基準を充足する必要があると述べている（広岡博之，龍谷大学).

①善行であること.

②悪意を持たないこと.

③正当であること.

④生物を傷つけず，生物の完全性を尊重すること.

⑤不可逆的な行為は避けること.

2）クローン技術の経済性と倫理

飼育動物の生産性，営利性を配慮したクローン技術と人のクローン問題は別次元であるが，科学の発展順序として，動物実験を経たのち人に内挿する方法は常識となっている．とすると，動物で成功したクローン技術は人へ応用する前段階とみる傾向もある．動物科学領域で育ったエンブリオロジストによる体外授精の臨床における協力などをみても肯ける．

次に，飼育動物自体の健康や福祉である．体細胞クローン動物の死亡率は高いといわれ，核移植による産子には過大子の出現率が高く，難産も心配されている．さらに，同一胚からの多数クローン産子による遺伝的多様性の喪失も憂慮され，特に，遺伝性疾患や遺伝的に負の因子が固定化することなども危惧される．これらの点は，現状ではクローン技術が倫理的側面を完全にクリアーしているとは認め難い理由となろう．

また，クローン技術と倫理を考えるうえで，獣医畜産領域における経済性と有効性との整合性を如何に配慮すればよいか迷いも少なくない．クローン技術によって，仮に良質な肉の生産は可能になったとしても，畜産の全般に普及するためには，技術のコストが高ければ先端的な畜産業者のみにとどまることもあり得る．一方では，消費と経済性の関係においては，消費者がクローン生産物に対して抵抗感を持ち，流通不全となれば，経済効果は半減するに違いない．

なお，クローン生産物による人の健康被害の有無を立証するには，催奇型と遺伝学的な調査なども必要であり，それには長時間を要する．これらを克服するには，クローン生産物を作出するプロセスの情報，商品表示などグローバルで公正な開示の継続が待たれる（広岡博之，龍谷大学）．

3）ヒトクローン法の制定

2000年1月30日，クローン人間の誕生を禁止する『ヒトに関するクローン技術等の規制に関する法律』が，参議院本会議で可決・成立，2001年6月から施行された．

本法の骨子は，未受精卵に体細胞の核を移植した人のクローン胚，人と動物の細胞を融合された胚（キメラ胚）などを，人および動物の胎内に移植することを禁ずるものである．クローン人間を作るには，胚を胎内で生育させることが必要であり，したがって，移植の禁止はクローン人間の作出を禁止することを意味している．違反者には 10 年以下の懲役か 1,000 万円以下の罰金を科すと定めている．

７．動物介在療法と倫理

１）動物介在療法の展開

動物に触れるだけで，脈拍や血圧が安定する効果がある．精神障害や知的障害の回復にも有効である．これらの効果を応用した医療法が，動物介在療法であり獣医師の関与は大きい．

動物介在療法は，従来，アニマル・セラピーやペット・セラピーなど，いろいろの呼び名があったが，欧米・日本ではアニマル・アシステッド・セラピーと呼称するよう統一された．

動物介在療法の歴史は古く，乗馬療法の起源は，古代ローマ時代にさかのぼるという説もある．近世では，1875 年フランスのパリで精神障害の治療補助効果のあることが示唆され，治療システムは体系化されたという．その後．北米に障害者乗馬協会が創設され，英国，ドイツ，オーストラリアなどにも乗馬療法協会は組織され，日本にも協会は誕生した．

医療施設に介在療法のための動物を持ち込んだのは，英国の精神病院で，1792 年クエーカー教徒の設立した病院の庭園に，ウサギ・鶏・アヒルなどを飼育して患者との交流を試み，効果をあげたらしい．これは，昨今における作業療法の原型といえよう．

日本では，独特な精神療法といわれている森田療法に，動物と患者の交流を導入している．治療段階の作業期に動物飼育や植物栽培に従事させることによって治療効果をあげ，その療法は普及している．現在，盲導犬・聴導犬・介助犬などの補助犬の活躍が注目されているが，広義には動物介在療法といえよう．すなわち，補助犬は人体器官代替動物といって過言ではなく，平成15年10月1日から『身体障害者補助犬法』が制定され，補助犬は市民権を得た．

組織化された動物介在療法は，1942年に米国のポーリング空軍療養病院（ニューヨーク州）で，回復期の患者が動物のいる農場での作業を通じ生命力を培うことを助けた．その他，1960年には心理学者ボリス・M・レビンソンによる子供の病気治療におけるペットの効果，ミシガン大学医療センターにおける児童精神病棟の動物介在療法の効果などが報告されている．1970年代には，オハイオ州のリマ州立病院精神科のソーシャルワーカーであるデイビット・リーは，犯罪性のある精神障害者に動物の世話や交流を勧めることにより，暴力行為の弱化や道徳心の高揚に効果があったと報告している．

また，1980年に発表された，フリードマンの研究によれば，心筋梗塞の発作後1年経過した患者の延命率は，ペットを飼育している患者の方が飼育していない患者よりも3倍も高かったと報告されている（横山章光，立川病院）．

（1）動物介在療法の国際性

動物介在療法の有効性の普及について，この活動を支援する組織は世界各国に誕生した．そして，人と動物との関係に関する研究は，心理学，医学，教育学，犯罪学，獣医学など各領域の研究者によって展開され，関係論文数は1987年当時でも1,000報を超えているという．

こうした学術研究・臨床応用をグローバルに検討する目的で，1980年に「第1回人と動物との相互作用国際学会（international association of human-animal interaction organization：IAHAIO)」がロンドンで開催され，その後，3年毎に続けられている．この学会では動物と人が一緒に会議場に入ることのできるユニークなことでも知られている．

特筆すべきことは，1995年ジュネーブで開催された第7回大会において，特別カンファレンス「人間と動物のQLO」が開催され，33カ国から参加者があり，同時にこの会議において《ジュネーブ宣言》（資料3，p.83）が採択された（IAHIO ジュネーブ宣言 1995）.

（2）日本の介在療法と倫理上の問題

日本では，厚生労働省所管の日本動物病院福祉協会が中心的役割を担っている．この協会は，獣医師が中心となって，動物と人間との関係を啓蒙するとともに医療施設，老人施設，保育施設などを訪問し，動物介在療法の支援や人と動物の触れ合い（アニマル・アシステッド・アクティビティともいう）などの活動を実施している．したがって，獣医師には，動物を対象とした倫理観と同時に，人に対しても高度の倫理観が要求されているといえよう．そこで，動物介在療法に関与する動物と獣医師との関係における倫理的側面について考えてみたい.

a．動物介在療法に関与する動物の絶対要件

まず，動物が健康であること，特に人獣共通感染症に罹患していないこと，人との融和が保持できる動物であること，絶対に人を攻撃しないこと，などは絶対的必要要件といえよう．これについて日本動物病院福祉協会は，次のような認定基準を定めている.

①正しい健康管理が行われている.

②見知らぬ人に出会っても落ち着いていられる.

③他の動物に対しても落ち着いて接することができる.

④人混みの中でも落ち着いて歩行できる.

⑤移動中のキャリーバッグや車内でも静かしていられる.

⑥オスワリ，フセ，マテができる.

⑦介在療法などに参加中に情緒不安定にならない.

⑧みだりに排泄しない.

⑨飼育者と一緒に楽しく活動できる.

b．動物介在療法に関与する獣医師の要件

獣医師のみならず，動物介在療法に関与する当事者として具備すべき要件と

して，動物病院福祉協会は次のようなことをあげている．

①医療側の関係者と協調できること．医療を実施する主体は医師であり，それら医療職種の権利義務を理解し協調できること．

②患者の人権を守り，守秘義務を忘れないこと．

③動物介在療法の有効性・安全性について十分理解できていること．

④動物行動学・動物心理学などを理解していること．

⑤人獣共通感染症について理解できていること．

⑥動物による人の被害について応急処置のできること．

⑦動物介在療法によって惹起された医療事故に対して分担責任の持てること．

2）動物介在療法における医療側の要件

動物介在療法に関与する動物やそれを支援する獣医師側が万全の注意を払ったとしても，動物介在療法を実施する医療側に過失があれば介在療法は成功しない．

動物介在療法の受け入れ側は「感染症防止対策委員会」などを組織して，病院内の諸部門，施設などに対しても動物介在療法の意義や実践活動を周知させておくことが必要であろう．

もちろん，担当医師は，患者の精神状態や健康状態など動物介在療法が適切か否かを患者個々について十分に把握しておかねばならない．

また，この種の療法にはボランティアやコーディネーターの関与も必要となる．医師および獣医師とともにコーディネーターの支援と調整を強調する識者もいる．コーディネーターの作業は，動物介在療法の理念や目的の周知および調整の他に，宗教活動や政治活動の極端な介入にも対応が必要であろう．動物介在療法における関係図は図 3-2 のように示されている．

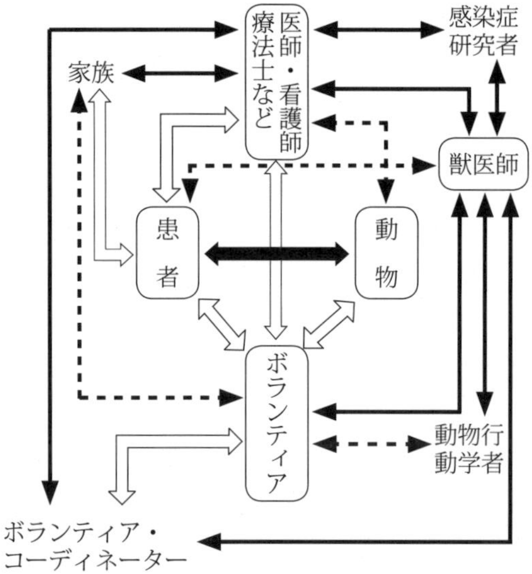

図 3-2　アニマル・セラピーにおける関係図（横山章光：アニマル・セラピーとは何か，日本放送出版協会，東京，1996 年を一部改変して転載）

8．異種臓器移植と倫理

1）異種臓器移植の安全性

スイス保健省は，動物から人間への移植を条件つきで許可した．その条件とは，次の 2 点である．

①ウイルスによる汚染のないこと．

②将来的に医学の進歩に貢献すること．

これらの点を条件とした試験的移植であり，3 年後に成果を検討して正式に法制化するか否かを決めるという．

スイスのドライフス大統領は「異種動物移植は基本的には反対だが，一定の条件下で例外を認めるべきだ」と勧告を議会に提出した．

異種移植の追跡調査を実施したイムトラン社（ノバルティスファーマ社の 100％子会社で英国にある）の発表によれば，①豚内在性レトロウイルス（PERV）の感染はないか，②その他にも患者の身体に害はなかったか，などについて追跡調査した．その調査では，過去に豚組織などを用いて治療を行った医師を探し出して調査した．調査対象患者は重症の火傷のために豚の皮膚移植や，糖尿病治療のために豚の膵臓ランゲルハンス島細胞を移植したり，豚の脾臓・腎臓・肝臓を使った血液の体外灌流を受けた者である．患者のサンプルは複数の研究所で分析され，分析結果を確認するため，米国の疾病統御予防センターにもサンプルを送付した．その結果，160 人の患者に PERV が感染したという証拠は認められなかったという．この中には，免疫抑制剤を投与したため感染リスクが通常より高い 36 人が含まれ，23 人からは豚細胞が体内循環しているという証拠がみつかった．しかし，生きた豚組織などを用いた治療を 8 年以上受けていた患者でも感染していなかったという．

移植術は，当然のことながら，専門の医師が患者に対して移植する．しかし，移植に適合した臓器の提供には獣医師の関与を否定することはできない．

かつて，米国でヒヒの心臓を人に移植したと報道されたことがあった．そのとき，日系二世で組織適合性抗原（白血球型）の世界的権威者ポール寺崎博士は「ヒヒの心臓を人に移植するなどは悪魔の仕業である」とコメントしておられた．

なお，著者の関与した骨髄移植において，患者の血液系標識遺伝子は DNA 多型を含め，提供者型に変容したことを経験している．仮に，ヒヒの骨髄細胞を人に移植すると血液系遺伝標識はヒヒ型に変化すると推定される．人がヒヒを永久に受け入れる寛容性を獲得するとは信じ難いし，倫理的にも寺崎博士のコメントは至言と思う．

安全性に不安のある証拠としては，米国のスクリップス研究所（カリフォルニア州）のダニエル・サロモン博士らは，臓器提供用動物として期待されている豚の組織をマウスや人に移植したところ，豚特有のウイルス感染を惹起したと報告している.

9．動物医薬品の臨床試験と倫理

1）新 GCP に基づく医薬品の臨床試験

薬事法の定める臨床試験の実施基準に関し，特に動物用医薬品の臨床試験実施基準を農林水産省は省令として 1997 年に定めている.

人の医薬品と動物薬の開発における，臨床試験は，一般に《治験》と称して，新しい GCP（good clinical practice）すなわち『医薬品の臨床試験の実施基準』に基づいて実施される．しかし人の医薬品と動物の医薬品の臨床試験には際立った相違のあることに気づく．所管も異なり前者は厚生労働省令，後者は農林水産省令として定められている.

新 GCP は，従来の制度である治験総括医師制度を廃止し，治験審査委員会（IRB：institutional review board）の監視下で治験責任医師と治験分担医師のもとで実施するよう定めている．また，多施設で共同して臨床試験を実施する場合には，施設間の調整役として治験調整医師または治験調整委員会を置くことになっている.

特に，治験責任医師は，「治験に関連する医療上のすべての判断に責任を負う」ことになった．そして，治験に関連した臨床上問題となるすべての有害事象に関して，治験責任医師および治験分担医師は，十分な医療を被験者に提供し，説明しなければならない．つまり，被験者に対しては，インフォームド・コンセント（IC）の完全実施が義務づけられたといえる.

従来の治験体制では，被験者は医療の主人公としてではなく底辺に置かれ，人権は等閑視状態で治験は進められ，治験総括医師らの主要な関心事は，被験者の健康状態ではなく，むしろ治験に伴うデータの集積中心主義であった.

新 GCP では，被験者の人権保護について，治験施設長と治験責任医師は《治験を適正に行うことのできる十分な教育および訓練を受け，十分な臨床経験を有すること》と定められ，治験責任医師には，高度な人権意識を持つ者であることが強く求められている．これは，すべて《ヘルシンキ宣言》の遵守といえよう（ヘルシンキ宣言参照）．

また，被験者保護のため，治験責任医師は次の事項を遵守する責務がある．

①被験に対するインフォームド・コンセントの徹底．

② IRB の設置と資料提出義務．

③有害事象すなわち副作用などの被験者への報告と迅速な治療．

④被験者の権利放棄，実施医療施設・治験責任医師の免責などを疑わせる記載の禁止．

⑤治験参加への強制の禁止．

⑥治験からの離脱の自由．

なお，治験薬の管理は薬剤師の職務とされ，一般治療薬とは分別して管理しなければならない．特に治験薬の交付にあたっては，被験者の同意書を確認することは必須条件である．

もし医師に治験から逸脱した行為の認められる場合には，治験事務局は，これをチェックする役割も担っている．いずれにしても新 GCP に準拠した医薬品の臨床試験は，被験者の人権保護を最大の目的としているといってよいであろう．

2）動物用医薬品の臨床試験

動物用医薬品の臨床試験を，人の医薬品における臨床試験の新 GCP と比較し，倫理的な問題点について考えてみたい．

特徴的な相違は，動物用医薬品の治療には，治験委員会および効果安全評価委員会の設置を求めていないことである．また治験実施責任者や市販後臨床試験責任者も獣医師に限定されていない．医薬品の治験では，これらの責任者はすべて医師または歯科医師に特定されている．しかし，動物用医薬品の臨床試験の効果や副作用の判断などは，獣医師以外に誰に許されているのであろうか．治験実施は誰が適任者なのだろうか．治験実施にあたって，正確なインフォームド・コンセントは誰にできるのだろうか．動物用医薬品の臨床試験にかかわる治験にはまさに責任者不在といえよう．

なお，監視役である薬剤師の治療に関与する余地も見当たらない．治験のみならず「獣医師法」，「獣医療法」のいずれにおいても，薬物と獣医師との関係は等閑視されており，動物用医薬品にかかわる倫理観を稀薄にしている．

10．獣医療倫理と法律の関係

1）獣医療倫理に関連のある法規

倫理は，法以前の問題であることはいうまでもない．しかし，倫理に関する議論は，法律上の争点に含まれることもまれではない．

日本の動物医療に関する法律は，人的構成要素にかかわる法律として，「獣医師法」，「薬剤師法」，「人工授精師関係法（家畜改良増殖法に含まれる）」などがあり，物的構成要素にかかわる法律として，「獣医療法」，「薬事法」，「家畜伝染病予防法」，「農業災害補償法（家畜共済）」，「地域保健法」，「感染予防医療法」などが知られている．なお，獣医師の養成は「学校教育法」に従う．

動物の愛護等に関する法律としては，平成11年12月22日に改正公布されていた動物愛護および管理に関する法律の理念を補完する目的で，「実験動物の飼養及び保管等に関する基準」，「展示動物等の飼養及び保管に関する基準」，「家庭動物の飼養及び保管に関する基準」などがある．

2）獣医師法と倫理

「獣医師法」によれば，獣医師免許は，専門領域の技能や知識を充足するだけではなく，私的にも職業人としての意識が重要と考え，獣医師としての倫理観・道徳観の欠如している者に免許を付与しないと定めている．すなわち，「獣医師法」は，獣医師を専門家としてのみではなく，徳育に優れた市民として期待している．

また，獣医師は，専門的な倫理観なくして法律の求める行動規範を理解することはできない．例えば，動物の安楽死などを考える場合，倫理的配慮と獣医学的な配慮は常に連動して意思決定に関与するはずである．健康でしかも躾のよい家庭動物を，飼育者（所有者）の一方的な依頼によって殺処分を求められた場合に，獣医師はそれらを直ちに受け入れられるであろうか．新しい別の飼い主を探すこと，それが獣医療人の倫理ではなかろうか．飼育者（所有者）や動物愛護運動家と称する人たちの動物の生理機能を無視した身勝手な去勢の依頼なども，動物の QLO に配慮し倫理的考察の後に実施すべきであろう．

3）獣医療法と倫理

日本の「獣医療法」は，営利的獣医業を否定しているわけではない．すなわち,「獣医療法施行規則」第１条に,法人による診療施設の届出を許可している．とはいっても，獣医療は医療と同様に公益性のきわめて高い業務である．獣医業は営利だからとして，獣医療費の支払われる見込みのない病気や負傷した動物の診療を否定することは獣医倫理上許されるであろうか．また，自動車事故の犠牲となった動物，診療経費を持たない学校飼育動物などが，動物医療施設に運び込まれることも少なくない．その場合における対応は，獣医療倫理の立場からみれば獣医師は必ずその動物の診療にあたるのが当然である．

法律的にも「獣医師法」第 19 条は獣医師の応召義務すなわち，診療を求められた獣医師は正当な理由のない限り，その診療を拒むことは許されないと定めている．診療費の未払いは診察を拒否できる正当な理由にはならない．これが「獣医師法」の精神であり獣医師に倫理的理念として求めている．

「獣医療法」では獣医業に営利を認めているので，動物医療の診療施設には，有限会社や株式会社の診療所もあり,営利企業として診療所も経営されている．しかし，営利追求型診療施設だからといって，診療費が支払われる見込みのない動物の診療拒否は「獣医師法」に違反する．とすると，「獣医師法」と「獣医療法」は矛盾することになりかねない．いずれ法の整理が必要と考えられる．

かつて獣医療の対象は，牛や馬などの産業動物が中心であった．今日ではそれら産業動物に加え，犬や猫などは人との生活に重要な地位を占めるようになり，伴侶動物・家庭動物として，人間生活に不可欠な存在になりつつある．今後，少子・高齢化などにつれて，この傾向はますます強まると思われる．

しかし，動物に対する社会の理解はまだ十分とはいえず，無責任な飼育者による動物の遺棄や迷惑行為，一部の心ない者による動物の殺傷や虐待行為も後を絶たないのが現実といえよう．

4）家畜人工授精師と倫理

家畜人工授精業務も動物倫理との関係は深い．特に家畜人工授精師の資格を持ち，人の人工授精や胚移植の補助をするエンブリオロジストの場合は，動物にかかわる倫理とは別に，人の倫理に対して深い関係を持つ．なお，医療における看護師や臨床検査技師の臨床関与よりも，家畜人工授精師と獣医臨床とのかかわりは深いと思う．動物とはいえ生体内に精液の注入および受精卵を移植する人工授精師の行為は，獣医臨床に積極的にかかわることになる．

家畜人工授精師の意見には，人工授精は生産行為であり，獣医療行為ではないとする説もある．しかし，人工授精師は獣医療行為の一部を分担していると考えた方が妥当であろう．人工授精行為は広義には獣医療行為であり，家畜人工授精師は，広義には獣医療の側面を支える獣医療関係者といえよう．その立場で人工授精師も獣医療の倫理について関心を持っていただきたい．

5）動物愛管法における倫理

動物愛護関係者などが永年にわたり強く要望していた「動物の保護及び管理に関する法律」の一部を改正する法律案が，第146回国会衆参両院本会議で議員から提案され，全会一致で可決成立し，26年ぶりの大幅な改正となり「動物の愛護及び管理に関する法律」として衣替えをした．

この法律は，昭和48年に関係団体の要望と，外国からの日本の動物愛護の遅れに対する批判などに応えるため，日本における動物愛護に関する最初の法律として議員立法により制定された法律である．その内容は理念的かつ抽象的で，また努力目標を示すにとどまる条文が多く，実効性に欠けると関係者の批判が強く，見直しが望まれていた．

一方，その後の社会の変化や人と動物を取り巻く環境も大きく変化し，特に犬や猫に対する一般社会の認識は，法律の制定時とは大きく変化し，とりわけ核家族化や高齢化社会が進むなかで，これら動物の家庭内における存在意義は大きく変わり家族の一員とみなされるようになった．改正法にはその意図が汲み取れる．

11．倫理委員会

1967 年に世界で最初の心臓移植は南アフリカの外科医バーナード博士によって執刀され，日本でも札幌医大胸部外科の和田寿郎博士により心臓移植が試みられた．日本における心臓移植は，後に死の判定をめぐり訴訟問題にまで発展したが不起訴処分となった．心臓移植における心臓のドナー（提供者）およびレシピエント（患者）の人権と医療は，新しい生命倫理構築の原点となったといえよう．各地の大学病院および主要な医療施設に倫理委員会が設置され，医師のみならず神学者，倫理学者，哲学者，法律学者，医療経済学者など多様な領域の研究者および教育者などにより学際的に構成されている．

外国においても，1969 年ニューヨークに世界最初の研究所「ヘイスチングスセンター」が設立され，1971 年には，ジョージタウン大学に大学附属の「ケネディ倫理研究所」が設置され，これらの研究所が発信する新しい学際的な生命倫理にかかわる研究情報に影響されながら，世界各国で生命倫理や医療倫理学の体系化や倫理委員会の設立などが始まったといえよう．

1）日本獣医師会倫理委員会

日本獣医師会においては，1949 年に『獣医師倫理綱領』を公報し，1995 年には「獣医師の誓い」を，1996 年には「動物医療の基本姿勢」などを相次いで獣医師会会員に提示してきた．

しかし，永続的な倫理委員会を設置して，日本の獣医師の倫理問題を常に提起するシステムはまだ構築されていないという．それに代わる機関として，獣医事審議会（農林水産省所管）および獣医師道審議会（獣医師会所管）などを設置している．今後は日本獣医師会においても医師会の倫理委員会のような委員会の整備が必要であろう．

2）日本医師会生命倫理委員会

日本医師会では生命倫理懇談会を，会長の諮問機関として，1986年7月に設置した．これは，生命倫理をめぐる諸問題について混乱を避け，医師に求められる問題を整理するのが目的のようである．

委員は，医師や医学者のみならず，法律家，宗教家，哲学者，文学者など多分野の専門家によって構成されている．審議のテーマは「男女の産み分け問題，脳死と臓器移植，説明と同意，末期医療に臨む医師のあり方」などであったが，いずれも広い範囲からの意見を踏まえた見解が表明されている．その後，多様な問題解決にこの委員会は機能している．なお，国内の医療施設では，施設内に審査委員会を設置し，法律や基準ならびに社会一般の常識や習慣に違反や抵触をしていないか検討している．また，大学病院や主要な医療施設には，病院倫理委員会（HEC：hospital ethics committee）を設置し，倫理問題に対応している．

資料 1

獣医師の誓い－ 95 年宣言

人類は，地球の環境を保全し，他の生物と調和を図る責任をもっている．特に獣医師は，動物の健康に責任を有するとともに，人の健康についても密接に関わる役割を担っており，人と動物が共存できる環境を築く立場にある．

獣医師は，また，人々がうるおいのある豊かな生活を楽しむことができるよう，広範多岐にわたる専門領域において，社会の要請に積極的に応えていく必要がある．

獣医師は，このような重大な社会的使命を果たすことを誇りとし，自らの生活をも心豊かにすることができるよう，高い見識と厳正な態度で職務を遂行しなければならない．

以上の理念のもとに，私たち獣医師は，次のことを誓う．

1. 動物の生命を尊重し，その健康と福祉に指導的な役割を果たすとともに，人の健康と福祉の増進に努める．
2. 人と動物の絆（ヒューマン・アニマル・ボンド）を確立するとともに，平和な社会の発展と環境の保全に努める．
3. 良識ある社会人としての人格と教養を一層高めて，専門職としてふさわしい言動を心がける．
4. 獣医学の最新の知識の吸収と技術の研鑽，普及に励み，関連科学との交流を推進する．
5. 相互の連携と協調を密にし，国際交流を推進して世界の獣医界の発展に努める．

（1995 年 6 月 27 日　社団法人日本獣医師会・第 52 回通常総会において採択）

資料 2

動物医療の基本姿勢

まえがき

さきに，すべての職域における獣医師のありようとして「獣医師の誓い－95年宣言」が制定されたが，これは，その誓いを基本において，ひろく診療に従事する獣医師を対象に，動物の医療に関連する諸問題を検討し，「動物医療の基本姿勢」としてとりまとめたものである．

1．動物医療のあり方

動物が貴重な生物資源として，また家族の一員として重要な役割を担うようになった今日，動物においても人と同様に高度な医療の提供が期待されるようになった．

一方，人と動物の違いに対する社会の受け取り方は多様であって，われわれ獣医師の側の認識を含めて大きな幅が存在している．獣医師が診療業務に従事するにあたっては，常に飼い主の気持になって動物に接するという姿勢が求められ，安易な商業主義に走ることは，厳に慎まなければならない．

また，動物医療が社会の要請にいかに応えていくかという見地からすれば，獣医師は，たんに診療，予防業務にあたるだけではなく，広く保健衛生さらには正しい動物の飼い方等についても専門家として積極的に関与することが望まれる．

2．動物医療の目的

動物医療は，第一義的には疾病の診断と治療を意味するが，加えて疾病の予防，健康管理，飼い主に対する動物の保健衛生指導等の獣医行為が含まれ，また去勢，除角，安楽死等の行為も動物医療の包括的な概念に含まれる．

動物医療は，当然のことながら動物のためにあるが，一方，後段にあげた諸行為は，事例によっては必ずしも動物のために行われているわけではなく，人の側の理由や都合による場合があることも否定できないであろう．獣医師としては，動物の立場を尊重しつつ，飼い主の要請にどう応えてゆくべきか，それぞれに悩むところである．

動物医療の基本理念は，動物の保護，福祉の精神にあるが，「獣医師はこうあるべきだ」という具体的な答を得るのは容易ではない．要は，診療の出発点－診療に対する基本姿勢として，獣医師それぞれが納得できる理念を持つ必要があるということであろう．

3．診療報酬について

動物医療は，高い社会性と公益性，さらに深い専門性をもっている．

診療報酬は，診療にかかる物の消費（償却を含めて），時間と労力の消費，そして知識や技術の提供等に対する対価及びそれらの再生産に要する経費と位置付けられる．しかしながら一般には知識や技術の経済的評価は困難であり，また診療に際してどのような消費がなされたかを客観的に知ることは難しい．診療の内容について必ずしも専門知識を持たない飼い主と，診療の専門家である獣医師との間にある認識や立場の相違は大きいことが予想される．

家畜共済制度においては，診療料金（点数制）が公的に定められているが，犬猫等の小動物診療は，いわゆる自由診療制とされていることから，獣医師はこの点をよく心して，飼い主が十分に納得できるよう対応するとともに，診療費の明細を明らかにするなど，その透明性や客観性を確保しなければならない．

なお，自由診療制のもとでは，獣医師会や獣医師相互間で診療報酬の協定や標準料金の設定を行うことは許されないので，その妥当性の確保について，各人が十分に留意する必要がある．

4. 信頼の確保と信頼される診療の条件

動物医療は，獣医師と飼い主との信頼関係のうえに成り立つものである．飼い主の側は，提供されるであろう医療の内容，適否，妥当性，その他を判断したり，評価したりすることが一般に困難であり，獣医師を信頼し，すべてを委ねるという立場とならざるを得ず，飼い主に対するインフォームド・コンセントの重要性もひとえにこの点にある．このような両者の関係からみるとき，その前提として獣医師に対する信頼関係が欠落すれば，動物医療の目的を達成することはできないであろう．

診療をめぐる多くの問題は，医療過誤に由来する場合と，飼い主との間の信頼関係の欠如に起因する場合があるが，これらに対処していくためには，細心の注意と配慮をもって診療にあたり，万一，問題が発生した場合は，誠意をもってその解決に努力しなければならない．

獣医師は，良識ある社会人としての人格と見識を培うよう常に努力するとともに，その診療にあたっては，特に次の点に留意して対応することが求められる．

(1) 自己の持つ技術と知識の最善をつくすこと．

(2) 適正な検査と投薬を心がけること．

(3) 適切な治療を適正な料金で提供すること．

また，診療はつねに開かれたものとするよう心がけ，転院してきた動物の診療等にあたっては，お互いの立場を十分に尊重しつつ，診療に関する情報を交換する等配慮して円滑な診療に努め，かりにも獣医師同士がお互いを非難し合うようなことがあってはならない．

5. 動物の保護・福祉に関する配慮

獣医師は，動物の診療にあたる際もそれ以外の場合も，専門家としてそれにふさわしい言動を心がけ，さらに社会一般に対しても動物の保護，福祉に関して指導的な役割を果たすことが望まれる．

適正な飼養管理の指導には，世界獣医学協会（WVA）が定める次の動物福祉の原則が含まれる必要がある．

(1) 飢えと渇きからの解放

(2) 肉体的不快感及び苦痛からの解放

(3) 傷害及び疾病からの解放

(4) 恐怖及び精神的苦痛からの解放

(5) 本来の行動様式に従う自由

6. 診療をめぐるその他の諸問題

(1) 医薬品の処方と管理

獣医師は，診療の一環として，医薬品の処方や調剤を行うことができるが，学理的に十分な根拠がなければならず，かつ必要最小限度を心がけ，また，劇薬，毒薬，要指示薬等については，それぞれ必要な使用上及び管理上の規制に精通しておくことが求められる．

獣医師に与えられたこれらの権限は，一方において重大な社会的責任を伴うものであることを各自が十分に自覚しなければならない．

(2) 広　　告

広告は目につくものだけに，広告の方法，内容等をめぐるトラブルも少なくない．広告は，一般にはそれを必要とする者に対して適切な選択ないしは判断のよりどころを与えるものであるが，動物医療の持つ社会性及び公益性にかんがみ，法令上の規制を遵守するだけでなく，それにふさわしい良識と節度が求められる．

(3) 動物医療における勤務獣医師等の責任と権限

診療施設に雇用されているいわゆる勤務獣医師は，自分の行った診療行為等について当事者としての直接の責任と権限があることを十分に自覚し，専門職としての良心に基づいて，その責任と権限を正当に行使し，雇用者と勤務獣医師との間で常に良好な信頼関係を確保するよう努めなければならない．

(4) 診断書等の発行

獣医師はその職責として，診断書や証明書等を発行したり，鑑定を行ったり，相談を受けたりする場合が少なくない．これらの場合，専門職としての厳正な立場でこれにあたり，社会の批判を受けるようなことがあってはならない．

(5) 動物医療と関連業務

そもそも動物医療は，医療技術を提供するものであって，いわゆる商行為をあわせ行うのは品位に欠け，信頼を損なう恐れがあるとする見方がある．一方では，専門家である獣医師がトリミング，ペット・フードの販売，ペットの一時預かり（ペット・ホテル）等の動物関連業務に関与することは，飼い主にとってはむしろ好都合であり，有益だとする意見もある．

それらの業務に関与する場合には，専門的な知識に基づく診療及び保健衛生の指導の一環として位置づけ，動物医療に対する一般の信頼を損なうことがないよう十分に留意することが肝要である．

む す び

動物医療は，獣医師のみに課せられた重要な活動部門である．われわれは，「獣医師」という職業を社会から「より親しまれ，より信頼される」職業に発展させることについて，共同の責任と義務を持っている．獣医師一人ひとりが，その責任を自覚し，社会に対する責務を果たすことにより，広く獣医業全体の発展に貢献するよう努力することが求められる．

（平成8年5月7日，社団法人日本獣医師会・獣医師道委員会策定 / 平成8年6月4日，社団法人日本獣医師会・平成8年度第1回理事会承認）

資料 3

IAHAIO ジュネーブ宣言（1995）

序　　文

近年の「人と動物との相互作用の研究」で，コンパニオン・アニマル（仲間，伴侶としての動物）が，人間の健康，成長，生活の質，福祉にと，さまざまに役立っていることが証明されてきました．

人が動物を安心して飼うことができ，かつ人間と動物がお互いによい関係をもつためには，動物の飼い主と政府双方に責任と義務があります．

この活動を推進するために，人と動物との相互作用国際学会（IAHAI）は，1995 年 9 月 5 日に，ジュネーブで行われた大会で，5 つの基本的決議を行いました．

IAHAIO はすべての政府機関，関係団体に，この決議を促進することを要請します．

5 つの決議

①「コンパニオン・アニマルの飼い主が，他の住民の権利を侵さない適切な飼い方をする限り，人はあらゆる場所でコンパニオン・アニマルを飼うことができる」という世界共通の権利を認める．

②「人間の生活環境を，コンパニオン・アニマルとその飼い主の特性とニーズにあうよう，デザイン・設計する」ことを保証する．

③学校の授業にコンパニオン・アニマルに関する教育を取り入れ，正しい動物との触れ合い方を通じて，子供たちの心の成長に欠かすことのできない動物の大切さを児童教育に活かす．

④病院，老人ホーム，養護施設などの，動物との触れ合いが必要な人々のために，訪問動物として認められたコンパニオン・アニマルの出入りができるように保証する．

⑤身体障害を克服しようとする人々のために，動物による有益な「介助」や「動物介在療法」を公的に認知する．

また，健康や社会福祉に携わる専門家の養成プログラムに，このような動物による，介助や動物介在療法に関する教育を取り入れる．

（訳文：(社)日本動物病院福祉協会）

資料４

獣医師倫理関係規程・資料集

1　獣医師の倫理綱領

（1）獣医師の誓い－ 95 年宣言

（平成７年６月 27 日　社団法人日本獣医師会第 52 回通常総会採択）

（2）OATH OF VETERINARIANS-DECLARATION '95

（Adopted by the General Assembly of JVMA, June 1995）

（3）「獣医師の誓い－ 95 年宣言」について（説明）

2　動物臨床の行動規範

（1）小動物医療の指針

（平成 14 年 12 月 12 日　社団法人日本獣医師会獣医師道委員会制定）

（平成 16 年 11 月 12 日　社団法人日本獣医師会獣医師道委員会一部改正）

（2）産業動物医療の指針

（平成 16 年 11 月 12 日　社団法人日本獣医師会獣医師道委員会制定）

（3）「小動物医療の指針」と「産業動物医療の指針」の対比表

3　関係資料

日本獣医師会の「インフォームド・コンセント徹底」宣言

（平成 11 年９月 14 日　記者発表）

4　関係法令

（1）獣医師法（昭和 24 年６月１日法律第 186 号）

（2）獣医療法（平成４年５月 20 日法律第 46 号）

（日本獣医師会発行，2004 年）

第４章　動物実験と生命倫理

１．はじめに

すべての生き物に尊厳を（Albert Schweizer）．

動物実験は生物医学の研究，特に人や動物の健康や福祉の向上に必要かつ不可欠であり，それが果たしてきた役割や意義は計り知れない．しかし，動物に苦痛や犠牲を強いることから，動物実験に反対する意見も少なくない．また，動物保護，愛護，福祉の機運も高まっており，動物実験における倫理性が厳しく求められている．本章では，動物実験における倫理とはなにか，また動物実験が社会的に理解され合意を得るためには何が必要なのかを概説する．具体的には，動物実験の必要性，動物実験と生物医学の発展，動物実験と倫理規範（動物実験と 3R 原則），苦痛の制御・安楽死，法規制等について説明する．

２．動物実験の必要性

動物実験が医学，生物学等の研究におけるもっとも重要かつ有効な手段であり，これまでに動物実験を介して重要な医薬品や医学的手法が開発されてきた．人と動物（ここでは，マウス・ラット・犬・猫・サル等の実験動物）は生物学的に多くの共通点がある（もちろん相違点もある）．例えば，人の DNA には 31 億対の塩基配列があり，そのうち 33,000 個の蛋白合成遺伝子が確認されている．その蛋白合成遺伝子のうちチンパンジーでは 98%，マウスでは 70% が人のそれに似ているといわれている．また，動物の寿命が短いので（マウスは，1.5 ～ 2.5 年），生涯にわたって，あるいは数世代にわたってさまざまな研究が容易に行える．さらに，実験動物は遺伝学的，微生物学的にさらに環境（飼料，温度，照明，その他）も制御されているので，均一な遺伝背景を持ち，病気がなく，一定の環境下で飼育されることから実験データの個体差が少なくなり，再現性の高い結果が得られる．人ではこうした条件の設定は不可能である．また，医薬品・医療機器の開発および医学の研究に動物実験の結果を待たずに人を用いることは倫理的に許されない．医薬品等の開発のごく初期段階のスクリーニングテストでは代替法（後述）も有効な手段である．スクリーニングテストの後，その薬物が期待できるものであれば，それが安全で有効に思われるかどうかを知るために動物で試験される．動物実験で安全性や有効性が確認された時点で人のボランティアによる臨床試験に移行する．こうした手順は倫理的理由と同様に科学的理由によるものである．1975年の世界医師会で採択されたヘルシンキ宣言には，“人を対象とした医学研究は適切に実施された *in vitro* 試験および動物実験に基づいて行われなくてはならない”と述べられている．

生理機能，免疫，感染症，難病などの医学研究にも動物実験は欠かせない．遺伝学，免疫学，発生工学（クローン動物等）に関する技術，疾患モデル動物（癌，高血圧，糖尿病，肥満等）などの多くの情報はマウス・ラットで得られている．心臓血管系に関する研究や心臓手術の技術開発は主に犬を用いて行われて来ており，血圧降下剤の開発や心臓バイパス手術の完成に貢献した（図4-1）．1879年，Pasteurが家禽コレラワクチンの作成に成功して依頼，数多くの感染症のワクチンが開発されてきた．1955年にはSalkがポリオワクチンの開発に成功している．こうしたワクチンの開発に多くの動物が貢献した．20世紀における重大な医学的進歩のほとんどすべてが大きく動物実験に依存していた．現在,緊急に解決しなければならない疾患として,感染症〔AIDS（後天性免疫不全症候群），成人T細胞白血病，肝炎，BSE（狂牛病），SARS（新型肺炎），鳥インフルエンザ〕，成人病（脳梗塞，動脈硬化，糖尿病），神経疾患（アルツハイマー病，筋無力症，パーキンソン病，筋萎縮性側索症），臓器移植（免疫抑制，人工臓器），免疫疾患（アレルギー疾患，膠原病，喘息），先天異常（ダ

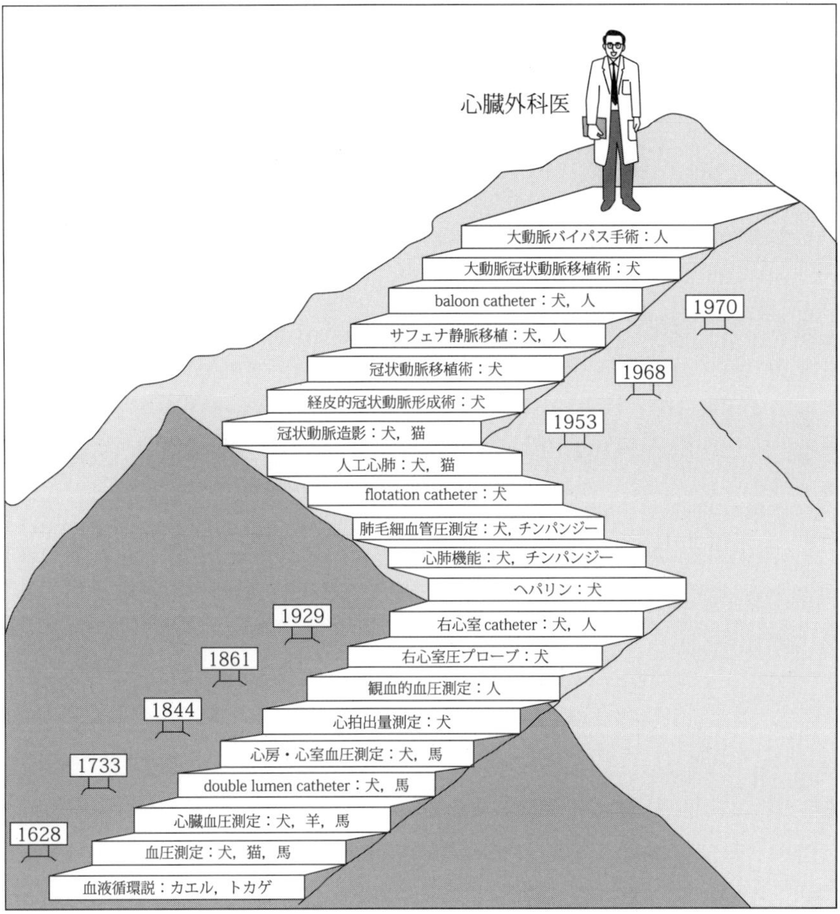

図 4-1　生物医学の研究と心臓バイパス手術成功への道のり

①日本では毎年約 1 万人，アメリカでは約 20 万人がこの手術の恩恵を受けている近年).

② 260 万～ 600 万人が高血圧コントロールで心臓発作が予防された（1968 ～ 1986 年，アメリカ).

③ 67 万人が血栓溶解剤投与と手術で冠状動脈疾患から救われた(1968 ～ 1986 年，アメリカ).

④ 45 万人が心臓発作による死を未然に防いだ（1968 ～ 1986 年，アメリカ).

ウン症，先天性心疾患）等がある．こうした疾患はすべて動物実験を通じて解明されていくはずである．

3．動物実験の分類および使用頭数

実験動物は次の分野で使用されている．

①研　究：特定の生命現象を，動物（主に脊椎動物）を使用して解明する．

②教　育：実験技術等の基本を，動物を使用して体験させる．

③試　験：医薬品等の開発の際，人に応用する前に動物を用いてその安全性や効果を確認する．

④診　断：病気の診断に使用される（狂犬病やボツリヌス中毒の診断にマウスが使用される）．

わが国では年間約420万頭（2001年度）使用されている．1970年以降，使用頭数が年々減少している．使用数の大半はマウス・ラットで占められている（図4-2）．

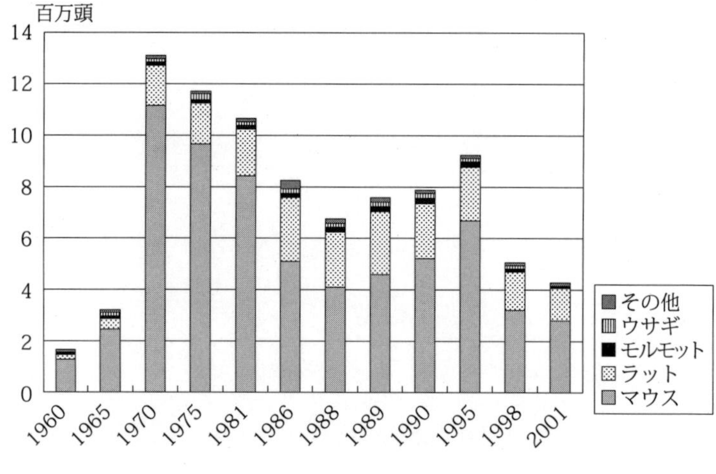

図4-2　わが国での実験動物使用頭数の推移

4．動物実験と獣医学

動物実験で得られた結果は，人と同様に動物の健康や福祉の向上に役立っている．獣医学における進歩の多くは動物実験から直接得られている．例えば，パルボウイルスワクチン，ジステンパーワクチン，ネコカリシウイルスワクチン等は多くの動物の生命を救ってきた．人と動物の両方のためのペースメーカーは，犬を用いて開発された．主にマウス・ラットから得られた繁殖生理学の研究によって，ある動物種を絶滅から救った．動物実験の場面でも獣医師の重要性がますます高まっており，以下の任務が課せられている．

①実験動物の適正な管理
②動物飼育計画の調整・監視
③実験動物の健康状態の観察
④病気や外傷のある動物に対する獣医学的治療
⑤各種実験動物の疾患に対する最新の治療と予防に関する知識の収集
⑥感染症の制御
⑦実験動物に対する苦痛や疼痛の排除のための麻酔剤，鎮静剤，鎮痛剤の使用
⑧適切な外科的処置と術後管理
⑨適切な安楽死の方法

5．倫理的動物実験

1）動物実験における3R原則

動物実験における動物への人道的配慮の論拠として「3R原則」がある．これはRussell, W. とBurch, R. が「人道的な動物実験技術の原則」（The Principles of Humane Experimental Techniques，1959）の中で提唱し，Smyth

がこの考えを代替法と称し動物実験における3R原則（削減：reduction，洗練：refinement，置き換え：replacement）と定義した（1978）．この「3R原則」は，国際的に普遍的な概念として定着しつつあり，多くの国で動物実験にかかわる法律やガイドラインの基本精神になっており，動物実験関係者に法的および道徳的な義務として課している．わが国では，「動物の愛護及び管理に関する法律」（後述）に，この概念が記載されている．

①代替法における削減（reduction）とは，使用する動物の数を減らし，従来と同等あるいはより多くの情報を得る方法である．近年，このreductionが普及し，動物の使用数が著しく減少してきている（図4-2）．

②代替法における洗練（refinement）とは，麻酔薬や鎮静剤を多用し実験技術の向上により使用する動物の痛みや苦痛およびストレスを軽減し，動物福祉を向上させる方法である．さらに，遺伝学的にも微生物学的に制御された動物を使用することでデータの個体差が少なくなり，統計処理が容易となり，使用頭数の減少にもつながるし，再現性のあるデータを得ることができる．

③代替法における置き換え（replacement）とは，動物実験を培養細胞等の *in vitro* 試験に代えて当初の目的を達成するものである．

2）もう2つの「R」

Rowan, A. と Goldberg, A.（1995）は上記の「3つのR」のほかに，責任（responsibility）と統合された研究（research integrated）の「2つのR」を加え，動物実験のあり方を提唱している．

a. 責任（responsibility）とは，①動物に対する道徳や倫理感を持つ責任，②動物の尊厳を忘れない責任，③新実験法を開発し啓蒙する責任，④一般社会への説明責任，⑤適正な動物の取り扱い責任，⑥科学への責任（データの改ざん等，嘘のない研究への責任）が含まれる．

b. 統合された研究（research integrated）とは，臨床試験，動物実験および *in vitro* 試験の3つの実験系を統合して，生物医学の研究や新薬の開発を行う．この三位一体の研究の成功例として，ポリオワクチンの開発研究があり，

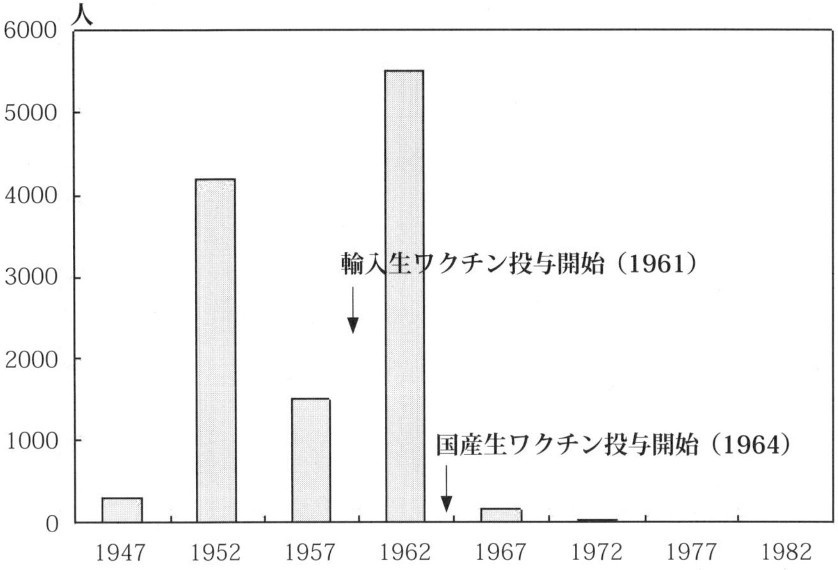

図 4-3　わが国のポリオ患者発生状況.
注：1977 年以降発生は激減.

ワクチンの完成により，先進国ではポリオはほぼ制御されている（図 4-3）.

3）動物実験と代替

動物を使用した実験は，培養細胞等の *in vitro* 試験などの代替（replacement）手段がない場合にのみ実施されるべきである．人への外挿のために必要な作用発現機序に関する研究や生理機能，神経生理，感染症，免疫，難病などの研究のように複合的な生命現象として観察しなければならない研究では，動物（whole animals）の使用は欠かせない．しかし，こうした研究においても，研究者は動物が被る痛みや苦痛を軽減させる配慮が必要である．近年，マウス・ラット・犬・猫・サルの代わりに非脊椎動物や魚を使用した研究も多くなっている．しかし，こうした高等動物から下級動物へ置き換えて得られた結果が，哺乳動物等を使用した実験結果と相関するのかどうか慎重な考察が必要である．また，こうした置き換え（replacement）が実験動物の使用頭数削減にも貢献することは事実である．

4）3R 原則に内在する矛盾

動物実験における 3R 原則は，普遍的な倫理基準だが，原則同士で矛盾が生じる場合もある．例えば，同一個体を複数の実験に使用しないことは確立されているが，1 匹の動物を数回利用することで，他の動物を使用せずにすみ reduction につながるが，その動物には数回の苦痛をあたえることになってしまう．また，獣医学では解剖学や病理学分野では死体を用いた研究・教育が行われており，欧米では死体を用いた外科実習（cadaver surgery）などに教育効果をあげている．こうした研究・教育に自治体に引き取られ安楽死された動物を使用できる．しかし，わが国では，動物実験反対運動家の意見もあり，多くの自治体は殺処分された犬の払い下げには今のところ応じていない．このため，実習用に生きた犬を購入せざるを得ない．また，animal donation（飼い主が動物を放棄する際，大学等にその動物を譲渡する制度）が普及していないので，使用頭数の減少（reduction）が実現しない分野もある．

5）実験動物の環境富化

実験動物を飼養する際は，その生理，生態，習性等に応じて適切な設備（十分な飼育スペース等）を用意し，研究目的を妨げない程度に，豊かな飼養環境（enrichment）に配慮しなければならない．具体的には，飼育ケージに木切れなどの自然物，体を隠す筒や仕切り，ボールなどの遊び道具を入れてやる．また，群居を好む動物（マウス，ラット，モルモット，ウサギ等）は群飼育を導入し，心理学的幸福（psychological well-being）も考えてみる．

6）動物実験委員会，第三者審査，情報公開

欧米諸国と同様に，わが国でも研究機関等に設置された動物実験委員会が，

その実験計画を審査し，承認するシステムを採用している．審査内容としては，実験の意義，苦痛の制御などの 3R の原則が配慮されているかどうか，得られる結果が，動物の苦痛や犠牲以上に，人の健康や福祉の向上に役立つものなのかどうか等である．動物実験計画の審査にあたっては，研究機関内部だけでなく第三者を交えた審査，実験計画の公開など研究者の社会的責任をどう果たしていくのかが今後の課題として残っている．

7）苦痛の制御・安楽死

（1）苦痛の制御

動物を科学上の利用に供するものは，動物の苦痛の徴候を熟知し，その苦痛を制御しなければならない．苦痛を被っている動物から得られたデータは信頼性や再現性にはほど遠い．また，倫理的にも苦痛を十分制御する必要がある．痛みはすべての人が感じるものである．動物においても，痛みは普遍的なものであり，闘争を避けるためのメカニズムの１つと考えられている．「人の苦痛は動物にとっても苦痛である」との認識のもとに，動物の痛みの程度も人の痛みの程度に基づいて，苦痛が５段階に規定されており，動物実験計画審査の際の判断材料に使われている．ひどい苦痛を与える実験は許可されない仕組みになっている．長時間にわたり激しい苦痛をもたらす実験では，しかるべき鎮痛・鎮静剤または麻酔剤を用いなければならない．

（2）安　楽　死

生命現象を確認するために，動物を安楽死させ，病理解剖や分析用に臓器や組織を採取することもある．安楽死とは，迅速な意識喪失および痛み（pain）または苦悩（distress）を伴わない方法で動物を殺す行為と定義されている．安楽死の際には，以下の項目に配慮する必要がある．

①意識喪失がすみやかであること．死に至るまでに痛みや苦痛がないこと．

②死に至るまでの時間（死戦期）が極力短いこと．

③実験中にひどい苦痛や長時間の痛みと不快にさらされ回復の見込みのない動物には，痛みや苦痛から解放する手段として，麻酔して安楽殺すべきである．

④安楽死は獣医師あるいは経験ある実験者によって実施され，確実でなければならない．

⑤意識喪失の経過中に悲鳴やフェロモンの放出が起きることがあるので，安楽死には他の動物が居合わせてはならない．

⑥安楽死は実験初心者，学生（実験実習の際）あるいは実験動物飼育者に嫌悪感や精神的動揺を引き起こすことがある．こうした人たちに配慮する．

⑦安楽死のための薬物や方法の選択は，実験内容により異なる．一般的には，バルビツール系麻酔剤の大量投与，非爆発性吸入剤および CO_2 あるいは物理的方法（頸椎脱臼，断頭等）が用いられる．

6．動物実験と法規

1）わが国の法規

わが国では，動物の虐待防止や適正な取り扱い方などの動物愛護を定めた法律として，「動物の愛護及び管理に関する法律」（動物愛管法），1973年制定，2000年改訂，2005年再改訂）がある．動物実験に関する条文（第41条）があり，この条文で3Rの原則が明記されており，適正な動物実験の実施が求められている．以下のように記載されている．

①動物を教育，試験研究又は生物学的製剤の製造の用その他の科学上の利用に供する場合には，科学上の利用の目的を達することができる範囲において，できる限り動物を供する方法に変わり得るものを利用すること（replacement），できる限りその利用に供される動物の数を少なくすること（reduction）等により動物を適切に利用することに配慮するものとする．

②動物を科学上の利用に供する場合には，その利用に必要な限度において，できる限りその動物に苦痛を与えない方法（refinement）によってしなければ

ならない．

③動物が科学上の利用に供された後において回復の見込みのない状態に陥っている場合には．その科学上の利用に供した者は，直ちに，できる限り苦痛を与えない方法によってその動物を処分しなければならない．さらに，「動物愛管法」の他に，「実験動物の飼養及び保管並びに苦痛の軽減に関する基準」が制定されており（1980年制定，2006年改訂），同様に冒頭に3Rの原則が明記されている．

2）動物実験の法規制がある国とない国

動物実験を人道的に行うことを明記した法律を持つ国として，EU諸国，イギリス，アメリカがある．動物実験の規制は，それぞれの国でおおいに異なっている．スイスでは全面禁止をしようとしているが，国民投票の結果，実現していない．ドイツでは，兵器の開発，タバコや洗剤や化粧品のための特定目的のために動物実験をすることが禁じられている．イギリスでは国（内務省）が動物実験施設，実験者の資格，実験プロトコールのそれぞれの内容を審査し，厳しい規制となっている．一方，アメリカでは国が定めた基準〔国立衛生研究所（NIH）ガイドライン〕に従い，各研究機関の動物実験委員会による審査が実施されている．わが国では，NIHガイドラインに相当する上記の「動物愛管法」と「実験動物の飼養及び保管並びに苦痛の軽減に関する基準」があり，これらの法規に基づいて各大学・研究機関が動物実験計画書を審査し，自主的に規制しており，アメリカのシステムに近い方法で動物実験が実施されている．欧米と比較するとわが国の規制は緩く，理解されにくいだけに，研究者の自主規制，研究者の動物福祉および高い倫理感が求められている．

7．動物実験の今後の課題

動物実験が社会に理解され合意を得るために，以下の項目を早急に検討し解決する必要がある．

①実験動物の福祉の向上

②動物実験にかかわる専門教育・訓練の充実

③実験動物や重要な研究に関する情報の集積

④動物実験代替法（alternatives）の開発促進

⑤医薬，食品添加物，ワクチン等の安全生試験基準の改正と国際化

⑥統一ガイドラインの制定

⑦ 実験プロトコールの第三者による審査

⑧大学，研究所等の情報公開

⑨ 実験結果のデータベース化（失敗例，ネガティブデータ等も含む）

⑩研究者と動物実験反対者との対話の拡大

8．ま　と　め

科学上の要請と倫理問題を調和させ，動物実験に対する社会の理解を得つつ研究を発展させていくためには，統一ガイドラインの制定，第三者による審査，情報公開等を確立して，動物実験の意義や目的が一般社会に説明され納得される仕組みが必要である．人間に対しても動物に対しても，科学的に必要で，3Rの原則が十分配慮され，一般社会が納得できる動物実験こそ最も倫理的といえよう．

第 5 章　動物の権利と福祉

1．はじめに

「動物権利と動物福祉」は現代における人間と動物関係論の中核をなすテーマである．有史以来人間は動物を利用してきた．長い歴史を経て，動物飼育は現在では役用動物，食用動物，実験動物，展示動物および家庭動物など種々の利用形態が定着してきた．そして動物の飼育環境・方法は利用者である人間の都合によって規定され，動物には行動の自由を制限し苦痛や恐怖に耐えることを半ば強制し，時に虐待が公然と行われてきた．それに対する反省として動物愛護思想が紀元前から現れ今日に至っている．その途上で 18 世紀末に動物を感受性のある存在として認め，正当に取り扱うべきであるという哲学が出現し，そのなかに動物権利および動物福祉思想が渾然と同居していた．

「動物権利」と「動物福祉」は多様に展開する環境運動の一環として，20 世紀後半以降急速な進展を見せたが，その実践を通して両者は異なった立場へと展開して行った．すなわち，動物権利は動物の道徳的地位を認めすべての動物に平等な配慮を与えるべきであるとの主張であり，極端な動物権論者は，肉食や動物実験はもとよりスポーツや娯楽など動物を人間が利用する資源とみなすシステムすべてに反対する．また，動物権を主張する人の間における運動の展開法も背景となる動物観のほか，その人の哲学，宗教，性格，人生経験等によりきわめて過激なものから穏健なものまで多様である．

対して動物福祉は人間による動物の利用を認めたうえでその取扱いに倫理的配慮を求めたものであり，極端な動物権利論に対しては，一般的には，人と動物の進化的歴史から見て否定的であるとされている．

2．動物の権利

1）道徳的地位と道徳的権利

動物の権利を論ずるに当たって，われわれはまず動物の道徳的地位について考察しなければならない．動物が道徳的地位を持っているとは，どのようなことであろうか．例えば犬が道徳的地位を持っているということは，犬が人間との関係においてではなく，それ自身の道徳的資格において道徳的な重要性を持っているということである．換言すると，そこでは犬の利益や福祉が第１に問題となされなければならない．*—犬の福祉が人間の利益にどのような影響をもたらすかとは一切関係なく—*．

それでは，道徳的権利についてはどうであろうか．デヴィッド・ドゥグラツィア（David DeGrazia）は動物の道徳的権利の意味を３種類に区分している．

第１は道徳的地位の意味における権利で，動物は少なくとも道徳的地位を持っている．動物は人間に利用されるためだけに存在するのでないから，彼ら自身の道徳的資格においてよい扱いを受けるべきであるというもの．

第２はより厳密な意味における権利で「平等な配慮の意味における権利」と呼ばれる．ある存在が権利を持つということはその存在が平等な配慮に値するということである．犬が人間と平等な配慮に値するということは，例えば苦しみを避ける犬の利益が，苦しみを避ける人間の利益と同じくらい道徳的に重要だということであり，動物の苦しみは人間の苦しみと同じくらい重大だということである．

第３の，さらに厳密な意味における権利は「功利性を乗り越える意味における権利」で，ある存在があるものに対する権利を持つということは，少なくとも一般的には，問題となっている重要な利益がたとえそれを保護することによって社会全体に不利益が生じるとしても，保護されねばならないことを意味する．これは人における基本的人権の概念に相当するものであり，トム・レーガンはこの意味における「動物の権利」を擁護する．一方，功利主義者は正しい行為とは功利性（危害に対する便益の割合）を最大化する行為であると信じており，動物と人間は権利を持っているが，功利性を乗り越える意味では権利を持っていないと主張している．功利性を乗り越える意味における権利は，個体の重要な利益の絶対的な，あるいは絶対的に近い保護を要求する．ピーター・シンガーのような功利主義者は，人間についてもそうした権利を否定する．

2）動物擁護思想の流れ（古代〜近代）とダーウィン

さて，動物権利思想はどのような歴史を経て今日の姿に到達したのであろうか．東洋ではインドに源を発するヒンドゥー教，ジャイナ教，仏教などの輪廻転生思想の影響もあって，動物を人間より低い地位に置きながらも道徳的配慮の対象と為してきた．一方，西洋ではギリシャ思想，ヘブライ思想の下，動物を人間が利用することが当然のこととみなされた．そこでは動物を正当に利用するにとどまらず，動物に対する道徳的配慮にもとる事態がしばしば進行することとなった．このような状況に異を唱える思想家は折々に輩出し，動物擁護の思想はマイノリティーではあったが，伏流水のごとく時折地表にその流れを現しつつ連綿として時代を流れ継いだのであった．また，19 世紀疾風の如く現れたダーウィンが動物観に与えた影響についても触れなければならない．

（１）古代から 18 世紀まで

思想的菜食主義者の祖といわれる古代ギリシャのピタゴラス（c.B.C.530）は動物も人間と同種の魂をもち，それは人間から動物へあるいは人間へと肉体を得て移り住むという輪廻思想を持ち，それゆえに菜食主義を貫いた．すべての動物種に対する親切心，慈悲心を唱え，動物の命に対する配慮から菜食主義を貫いたプルターク（c.46 〜 c.120），『肉食を絶つことについて』の著者ポーフィリィ（233 〜 304）が続く（田邉）が，中世に入ると『エッセイ』の著者モンテーニュ（1533 〜 1592）は，動物と人間の類似を示し，われわれ人間を引き戻して動物の仲間入りをさせることを意図した．17 世紀にはニコラス･フォンテーヌ（1625 ～ 1709）は自分の目で見た動物の生体解剖の様相を「彼らは哀れな動物の 4 つ足を板の上に釘付けにし，解剖し，血液の循環を調べた．云々」と記述し，ヴォルテール（1694 ～ 1778）は『哲学辞典』で「動物は感覚も心も持たない機械だ，と言うのは，何と情けなく心の貧しいことであろうか」とデカルトに真っ向から反論している．モンテスキュー（1689 ～ 1755）も『法の精神』で「動物は運動の能力のほか，なにか持っている．動物は機械ではない．動物は感じることができる」と述べ（田邉），イギリスの聖職者ハンフリー・プリマット（18 世紀）は『慈悲の義務と野生動物に対する残虐さ罪についての論文』（1776）で人間と動物の間に重要な相違を認める一方，苦痛という共通の悲しみのあることを主張した．このほか若干視点は異なるが，ルソー（1712 ～ 1778）も『人間不平等起源論』で人間も動物もともに感性的存在であるとしている．

（2）功利主義思想の出現

ベンサム（Jeremy Ben-tham，1748 ～ 1832）は『道徳および立法の諸原理序説』において功利主義を確立した．彼は個人の快楽を善，苦痛を悪として，個人の善の総計である社会の善が最大になる「最大多数の最大幸福」を実現することが道徳および法律の目的であるとした．また，快楽と苦痛は計算できるものと考え，その計算に当たり人間のみでなく快楽と苦痛を経験できる「感覚をもつ動物」をその対象に含めたのである．従来，人間と動物を区分する尺度として，理性，言語能力あるいは不滅の魂などが引き合いにされたが，功利主義ではそれらは一切関係なく，喜びや苦しむ能力が問題になる．苦しむことができれば，人間であれ動物であれ平等な道徳的配慮の配慮を受ける権利を有する．動物も感覚があり，苦しむことができるので，道徳的に扱われる権利がある．その権利を法律で守らなければならないとベンサムは主張した（田邉）．

殺生については，インドを源とする東洋の諸宗教では一切の生物を殺すことが禁じられているのに対し，ベンサムは「苦しみを受けない権利」を主張し，苦しみを与えなければ場合によっては殺すことを認めた．ここでわれわれはベンサムが安楽死を肯定し，人工的な手段による死は，自然の死よりも痛みを少なくできるであろうとして研究を奨励したことに注目しなければならない．

なお，功利主義が善悪判定の基準を苦しむ能力に置いたことは，道徳から神の姿が消えてしまったという点で革命的なことであった．

イギリスでは庶民を教育指導し，国を統治するのが上流階級の義務であるという伝統的考えがあるといわれている．この場合も知識階級から始まって一般民衆の間に新しい動物観が広まり，ついに1822年，西欧で最初の動物虐待防止法である「家畜の虐待と不当な取り扱い防止条例」（An Act to Prevent the Cruel and Improper Treatment of Cattle）いわゆる「マーチン法」の成立を見，2年後1824年には動物虐待防止協会（1834年に王立動物虐待防止協会）が結成され，1835年には動物虐待の象徴的存在であったブルベイティング（杭に繋いだ牡牛に数頭の犬をけしかけ，牛が噛まれるのをみて楽しむ見世物，ブルドックはこのために作出された犬の品種）が禁止されることとなった．

（3）ヘンリー・ソルト

ベンサム以降動物の地位向上に貢献した思想家としてヘンリー・ソルト（Henry S. Salt，1851～1939）をあげなければならない．ソルトは1892年に出版した『動物の権利』（Animals' Rights）において，「もしも人間が権利を持っているならば，動物も権利を持っている」と主張している．ソルトの言う権利とはハーバード・スペンサー（1820～1903）の説く権利のことである．ソルトによるとスペンサーは「人は誰でも，他人の同様な自由を侵害しなければ，自分の欲するままに生きる自由を持つ．誰でもこの制限された自由を持たなければならない．この制限された自由を持つことは正しいことである．そしてこの制限された自由は幾つかあり，その幾つかの制限された自由を権利と呼ぶ」と述べているが，この意味での権利を人間は確かに持っており，それはわれわれが道徳的感覚ではっきりと理解できた真理であると，ソルトは言っている．「動物は道徳的目的を持たないという伝統的な動物観は正しくない．自分の生を生きることと，真の自己を実現することは，人間にとっても動物にとっても最高の道徳的目的である．動物には個性も理性もある．動物が人間の人格に相当する独自の特性（distinctive individuality）を持っていることは疑い得ないことであり，この特性を持っているということは，周囲の状況が許す限りこの特性を実現する権利を有しているということである．動物も，人間よりはるかに制限されてはいるが，その種にふさわしい適度な，制限された自由をもって，自分の生を生きる権利がある．そのような権利とは，優しく，思いやりをもって扱われる権利である．－中略－　動物に対して漠然と同情を持つことと，動物の明確な権利を認めることとは別問題である．われわれは動物に慈悲を与えるのではなく，動物を公正に扱わなければならない.」というのがソルトの主張の要点である（田邉）．ソルトは「動物種本来の生を生きる自由も，その社会の恒久不変の必要や利益によって制限されると考え，必要ならば殺すことも認めた．ただし，本当に必要か否か見極めることの重要性を強調した．

ソルトは用語にも慎重であった．獣（brute，beast）とか家畜（livestock：生きている財産の意）などの用語は動物を「物」として扱う言葉であり，物言わぬ禽獣（dumb animals）という表現は人間と動物との間に越えられない障害があるという認識を助長すると述べ，動物（animal）という言葉も正確でないとした．この問題に関し，リチャード・ライダーは人間と動物をそれぞれ human animal および nonhuman animal とし，略して human および non-human を用いている（田邉）．

（4）チャールズ・ダーウィンと『人間の由来』

さて，われわれはここで立ち止まってチャールズ・ダーウィン（Charles Robert Darwin，1809 ～ 1882）に注意を喚起しなければならない．すでに，生物は長期にわたる進化を経て完成に向かうという進化論がラマルク（1744 ～ 1829）により発表され，その後，ダーウィンが『種の起源』（1859）で種の変化が自然淘汰によることを論証し大きな反響を呼んだ．さらにダーウィンは人間についての進化論ともいうべき『人間の由来』（1871）で人間についての起源を補足した．彼は「従来人間のみが持っているとされた理性をはじめ―中略―言語の使用，自意識等様々な能力は，ある種の動物はすでに有しているかその萌芽が見出せる」等と述べた．その第１義的意義は人間の動物的起源を明らかにし，人間と動物とがまったく異なる生物であることを否定し，人間と動物の違いは種の違いにあるのではなく，進化の程度の差にあるとしたことにある．

ダーウィンの学説が動物の地位向上に果たした役割の程度ならびにその真価が見出された時期については若干議論のあるところであるが，人間と動物との間に引かれた越えがたい一線を越えさせる方向に機能したことは想像に難くない．

3)イギリスにおける現代動物権思想の背景とその契機となった出版物

（１）現代動物権思想を生んだイギリスの社会状況

マーチン法の成立やRSPCA（王立動物虐待防止協会）の設立など1820年代に華々しくデビューしたイギリスの動物愛護運動も1920年～1960年ごろは停滞した．第１次，第２次世界大戦を経て，人間の生活が精一杯な時代であり，民衆の精神的，物質的なゆとりが動物愛護にまで及ばなかったというのが実情であろう．

一方，動物実験による新薬の開発，動物の生体解剖等による外科技術の進歩など医学の目覚しい発展は一般民衆の生物医学実験への支持を広め，その結果，医科学の犠牲になる動物はますます増加していった．また，農村の畜産は経済性を追求するあまり，飼育効率優先，動物本来の生理・生態を無視した飼育が主流となり，畜産農場は動物工場の様相を呈するようになってしまった．このような社会的背景の下で，伝統的動物観に対峙する新しい動物観（動物権利思想）が広がっていった．ここで新しい動物観と言ったが，この動物権利思想は後述するピーター・シンガーが指摘しているように，すでに200年前（ベンサム），あるいは100年前（ソルト）に存在し，現代の動物権理論の重要な論点はほとんどソルトの『動物権利』で言及されている．ただ，現代の動物権運動は単に思想の領域にとどまらず，哲学者，動物学者，弁護士さらにいわゆる活動家を含む大きな社会的勢力に発展してきた．その運動は理論闘争に留まるのではなく，具体的な問題を１つ１つ解決していこうとする傾向が強まっている．また，現代動物権運動に参加している人々の間には動物観あるいは運動への関与の度合いに大きな幅があり，とうてい統一的な理解があるとはいい難い．しかし，現代の動物権運動は，従来の動物愛護運動とは明確に異なる．すなわち，後者が動物に対する憐憫の情を基盤にしているのに対して，前者のよって立つところは哲学であり，最近ではこれに神学が参入してきた．そして種々の議論がなされているが，少なくとも動物はその種に固有の利益または関心事（interest）を有していることを認め，あるいは弱者の道徳的優先という観点も含め，道徳的主体である人間は，動物の利益に道徳的配慮を与える義務があるという点では一致している．

（２）ルース・ハリソンと『アニマル・マシーン』

1964年イギリスで，『アニマル・マシーン』が出版された．作者のルース・ハリソン（Ruth Harrison，1920～1980）はボランティア活動に専念していた主婦であったが，健全な食物とは何かというテーマへの関心からから農場動物の飼育実態に目を向けるようになった．彼女は統計資料を調べ，いくつかの農場を実地に訪問して食用動物たちがその種にふさわしい取り扱いを受けてはおらず，まさに食肉製造機械にされているのを知って，啓発と警告の書としてこの本を書いた．アニマル・マシーンは当時名の知れた作家であったブリジッド・ブロフィーの『動物の権利』とともに現代動物権思想の契機となった出版物である．

ハリスンは動物に何らかの権利があるとは言っていない．「人間の権利もないがしろにされている状況で，動物の権利を主張するのはナンセンスである．ただし，人々の良識と責任において正しく動物を取り扱うこと，動物の持つ習慣，生活様式を尊重することが最低限必要であろう」と述べている．

『アニマル・マシーン』が出版されてわずか６週間後に，工場畜産の下にある家畜の実態調査を行うため，イギリス政府の委嘱による科学者の諮問委員会（ブランベル委員会）が設置された．ブランベル委員会は翌年家畜飼育の基本となる理念を勧告した．すなわち「どのような条件下であろうと，家畜には少なくとも動作における5つの自由が与えられるべきである．その自由とは，楽に向きを変えることができ，自ら毛並みをそろえることができ，起き上がり，横たわり，四肢を伸ばすことのできる自由である.」ブランベル勧告の結果，イギリス農務省に家畜の福祉に関する審議会が設けられ，ハリスンもそのメンバーとなった.

（3）オックスフォード・グループと『動物と人間と道徳』

1969年ごろ動物と人間の関係を考える若い哲学者たちのインフォーマルなグループがあり，スタンリーとロズリンド・ゴドロヴィッチおよびジョン・ハリスが中心になっていた．そのころ後のオーストラリア，モナッシュ大学哲学科教授ピーター・シンガーはオックスフォード大学の大学院で倫理学と社会倫理学を学んでいた．シンガーは，1972年にニューヨークで出版されたゴドロビッチ夫妻とジョン・ハリス編集の『動物と人間と道徳』（Animals Men and Morals）の書評「動物の解放」（Animal Liberation）を書いたが大きな反響を受けた．これをきっかけにシンガーは1975年現代動物権運動のバイブルと称される『動物の解放』（Animal Liberation）を著した．なお，シンガーは『動物と人間と道徳』を動物解放運動の宣言書（Manifest）と呼んでいる．ロズリンド・ゴロヴィッチは，もしわれわれが動物についての道徳原理を持つとすれば，それは人間についての道徳原理と変わらないと述べ，権利の概念を吟味したうえで，動物にも束縛から自由になる権利があると結論付けている（田邉）.

4）アメリカにおける動物権運動の展開とその現代的意義

（1）ピーター・シンガー

ピーター・シンガー（Peter Singer，1946～）は『動物の解放』の執筆資料を基に，1974年ニューヨーク大学で生涯学習講座を担当した．その受講者の中から幾人かの動物権活動家が生まれた．ヘンリー・スピラ（Henry Spira）は高校教師であったが，プロの活動家になり，労働組合の活動家としての経験を活かし，しっかりした計画と綿密な戦略のもとに運動を進めた．彼は研究所に侵入して実験動物を檻から解放するような暴力は動物権運動にマイナスであると述べている．後にシンガーと『動物工場』（Animal Factory）の共著者となる弁護士でフリージャーナリストのジム・メイスン（Jim Mason）も聴講者の1人であった．

シンガーは「解放運動も女性解放で最後に来たと思ったが，まだ差別されているもの，動物があった．差別というものは，今まで当然のこととして行ってきたことをそれが差別と指摘されるまでは気づかない．解放運動は，道徳的地平線を広げる必要がある．われわれは動物を一方的に利用してきたが，それは道徳的に正しくない．われわれは動物に対する態度を完全に変えなければならない．」と，動物権運動を，公民権運動，女性解放運動に続くものと位置づけた．なお，シンガーはベンサムの功利主義に基づいている．功利主義の平等理論によれば，すべて生あるものの利益は，他のものの利益と同じように考慮されなければならない．シンガーは人間だけに権利を認めるのは種差別主義であるとして，苦痛を感じる動物を平等な道徳的配慮の対象とするよう主張した．

ただし，彼は人間による動物の利用を完全に否定しているわけではない．

（2）トム・レーガン

動物権運動には多くの哲学者が参加した．その中で最も有名なのはノースキャロライナ州立大学哲学科教授トム・レーガン（Tom Regan）であり，彼は現代アメリカにおける動物権運動の理論的指導者と目されている．1983年『動物の権利の根拠』を著し，動物の権利の哲学的基礎を詳細に述べている．レーガンは例えば採食主義の道徳的根拠，科学における動物の利用などで功利主義との違いを際立たせる．シンガーがいわば集合体としての動物に対する道徳的配慮を問題視するのに対し，レーガンは1個体への重大な害を重視する．彼は個体が殺されない権利は全ての動物に平等に認められるべきであるとする．その帰結として商業畜産，科学における動物の利用，スポーツや娯楽などを含め，動物を人間が利用するためのあらゆるシステムに反対する．彼は，動物は生まれながらにして固有の価値を持ち，その種にふさわしく生きる権利を有しているのでわれわれはたとえ痛みや苦しみを与えなくても動物を殺すことはできないと主張する．彼はピタゴラスを哲学的菜食主義者と呼び，マハトマ・ガンジーに私淑する厳格な菜食主義者である．また，本項で紹介する動物権思想の中でレーガンの主張が最も厳しい．

5）新しい聖書理解

さて，近年，新しい聖書理解が登場した．それは「動物の権利の神学」ならびに自然との共生をテーマとする一連の神学上の論争である．そこで行われている議論の詳細に言及することは，筆者の能力および紙面の制約を遥かに超えることであるが，その1，2を紹介することは必要かつ有益であると考える．

まず，リンゼイは動物権利の哲学（道徳主義）では十分でないと主張している．「現今の動物権利運動は，それ自身が道徳主義と自己正当化に陥ってしまわないように神学の助けを必要としている．人類の完全な罪深さについての徹底的な感覚から切り離された道徳規範主義は，必然的に道徳的勝利主義に袋小路に導く」と，現代動物権哲学の非常に深刻な自己正当化に警鐘を発している．

次に本稿のテーマである動物観についての議論であるが，それは自然との共生に関する神学的洞察から始まる．武田武長によると科学技術史家リン・ホワイト（Linn White）はその著書『機械と神－生態学的危機の歴史的根源』で，「いま進行しつつある地球の環境破壊は西欧の中世世界に始まる精力的な技術と科学の産物であり，その技術と科学の成長は，キリスト教の教義に深く根ざしている自然に対する特別な態度を度外視しては，歴史的に理解できないものである」とし，このキリスト教に深く根ざしている自然観こそ，創世記1章27節に由来する人間の“神の似像性”（人間が神の形に似せて造られたということ，筆者注）の教説に基づく人間優位の自然観であり，「地を従わせよ…生き物をすべて支配せよ」という創世記1章28節に由来する“地の支配”の教説に基づく人間中心の自然観であると，キリスト教への批判を突きつけた.

さて，この問題提起に対する回答はどこにあるか．筆者は武田，アンドリュウ・リンゼイ（Andrew Linzey）がともに，アルベルト・シュヴァイツァー（Albert Schweitzer）と彼に対するスイスの偉大な神学者カール・バルト（Karl Barth）の応答に焦点を当てていることに注目したい．シュヴァイツァーはこれまでの西欧の倫理学がただ人間とその社会にのみ関心を向けてきた，そのあまりにも人間中心的な狭量さ固陋さを批判し，人間も人間以外の生物を含めての「生きんとする生命に取り囲まれた生きんとする生命である」という事実から出発する「生命への畏敬」の倫理を提唱し，今や倫理とは「生きとしいけるものへの無限に拡大された責任である」と主張した（『文化哲学第2部，文化と倫理』，1923)．バルトはこれに対する詳細かつ批判的な注意を向けた唯一の神学者であった（リンゼイ)．バルトはその“キリスト論的集中”のゆえに，シュヴァイツァーの生命への畏敬の倫理の一般的基礎付けには一定の神学的批判を持ちながらも，シュヴァイツァーの生命への畏敬の命題の中に「この事柄におけるすべてあのような驚くべき人間的な無関心さと無思慮さの中に語りかけられ，本来あるべき姿に戻そうとする絶叫」を正しく聴き取り，シュヴァイツァーの提出した問題を「大切な」「まことの，無視されえない問題」として取りあげた（武田)．動物を殺すことは，バルトによれば，明らかに「やむをえない強制の圧力の下でなければ…起こり得ない.」

そもそも堕罪（著者注：アダムがイブの誘いにのって，禁断の木の実を食べたこと）後，（ノアの）洪水後の世界における神の大いなる譲歩による食物規定の変更（肉食の許可，創世記9章2～4節）が与えられているとはいえ，人間も動物もただ植物を食物として摂取することを前提とする被造世界（創世記1章29～30節）が「見よ，それはきわめてよかった」（創世記1章31節）と語られているゆえに，このような聖書の証言に照らしても「動物を殺すことは，あくまで神の本来的な創造の意思に対応していないということ，そこからしてむしろ留保の下に置かれている」（バルト)．肉食を含め動物の屠殺（否，動物殺害すら）が常態化している今日，人間こそが共なる被造物を虚無へと屈服させている（新約聖書，ローマ書８章20～22節）という認識が不可欠である（武田）.

以上神学者の間で行われている議論のほんの一端を紹介したが，彼らの具体的な問題についての見解としては，リンゼイは倫理的習慣に挑戦するとして「非神的犠牲としての動物実験」，「反福音的捕食としての狩猟」，「聖書的理想としての菜食主義」ならびに「動物の奴隷化としての遺伝子工学」を挙げているが，バルトは採食主義に異議唱え，動物実験については携わる人の心の内面を重視している.

３．動 物 福 祉

１）動物福祉の定義と諸問題

動物福祉（Animal Welfare）にかなった飼育とはどのようなことであろうか．言葉自体は難しくないので誰でもおおよそのイメージを描くことはできるであろう．しかし，定義となると，明確に記述されたものは少ない．包括的な定義としては「動物の生涯にわたって，健康と快適な生活を保全するもの」（池本），また，生物学的定義としては「行動的にも生理的にも環境と調和して生活している状態」（田中），さらに，「個体自らが置かれた環境に対し“うまく対処すること（coping)”が可能な状態に動物を置くこと」（上野）などがある.

また，動物権利と対峙する理念としての動物福祉のそれは，人による動物の利用を認めたうえで，その取り扱いについて倫理的な配慮を求めるものであり，そこでは，飼育される動物の「生活の質（Quality of Life：QOL)」の確保が最大の課題となる．ただし，まず，対象となる動物が愛玩動物，産業動物，実験動物あるいは展示動物であるか等々その飼養目的によって，その動物種本来の自己実現に要する自由に対する制限の度合い，福祉の充当水準は大きく異なっているのが実情である．また，同じ目的に飼養される場合でも，その動物種の特性により具体的対応は細かく分かれてくる．さらに，最近では野生動物との共生を実現して行く中で，野生動物の福祉という理念も提唱されてきている．

さて，ここで東西文化と動物観の相違について触れておかなければならない．西欧では動物を利用すること，そのために動物を殺すことについては基本的に罪悪とはみなされてこなかった．ただ，その過程において虐待やネグレクトに相当する行為が日常化し不問にされる時代が長く続いたが，今日に至るまで動物愛護〜動物権思想の基本理念すなわち動物を意識ある存在（sentient being）とみなす思想は伏流水のごとくマイノリティとして歴史の地下を流れ，時おり，歴史上にその氷山の一角を現してきたのであった．そして，ようやくヨーロッパを中心に動物福祉の法的擁護，飼養条件の改善が具現化しつつある．ちなみに，現在EU社会における家畜福祉の基本理念は1997年のアムステルダム条約（EU統合に際して加盟国間で取り交わされた条約，EUの憲法ともいえるもの）における家畜福祉に関する特別議定書に示された「家畜は単なる農産物ではなく，感受性のある生命存在」であるとの宣言であり，家畜福祉を具体化する際の基本原則としては1993年にイギリス政府の農用動物福祉審議会が提言した家畜飼養における5つの自由―①「飢えと渇きからの自由」，②「不快からの自由」，③「痛み，傷，病気からの自由」，④「通常行動への自由」，⑤「恐怖や悲しみからの自由」などが，EUの農業分野における動物福祉政策の基準となっている．

一方，わが国では仏教思想の下で，動物に対しては生命を絶つことが悪とみなされ，それに対する慰霊や供養がなされてきた．このような宗教観は生命を尊ぶとともに利用される動物への感謝を培い，その帰結として動物の福祉に繋がるよう機能している点でも，また，安楽死を含め動物の命を絶つことに関与している人々の精神的ケアの意味でもこれまでかなり有効に機能してきたことは事実であろう．しかし，一部に「供養をしている」ことに安心してしまい，実際の飼育管理に種々の不都合を生じている事態が進行していないとはいえない，と筆者は感じている．いずれにせよ，ここにきて動物福祉については理論的にも実態においても，ヨーロッパと日本の立場は逆転した．その辺の原因がどこにあるかは今後多角的視点より検証がなされなければならない．すなわち，近年，環境思想が多様な展開を遂げているが，その基盤となる環境倫理学の潮流に共通するのは動物を含む自然を人間の支配の対象とする西欧文明，特にキリスト教に対する批判である．しかし，その西欧文明，キリスト教の中から動物への配慮を求める思想と運動が現れ，単に思索の域にとどまらず実効的施策が展開されるに至っていることは注目に値する．そしてその思想的変化の軌跡を辿ることはきわめて重要であるが，それは別の機会に譲ることとしたい．

次に，動物福祉についてはそのレベルの客観的評価法が問題になる．まず，個々の動物の健康状態について考えなければならない．軽重を問わず疾病に罹患しているのは低福祉の状態にあるといわなければならない．あるいは損傷があるのも施設の不備や過密を反映することがしばしばであり，福祉にかなっているとは言い難い．それでは，精神的苦痛はどのようにして評価すればよいであろうか．動物が苦痛のもとにあるということは，生理学的にはストレス状態にあるということである．ただし，動物もたえずストレスの加わった状態に置かれており，その程度によっては高福祉のこともあり，ストレス＝低福祉ということではないが，ともかくストレスのレベルを客観的に測定する方法があればそれを指標にすることによって，低福祉の指標にはなるであろう．そういう意味での指標として血中の遊離副腎皮質ホルモンの測定や生体の免疫機能の測定などが考えられるが，前者については採血自体がストレスとなり測定値が変動する，後者については確実な測定方法が確立されておらず，ともに適した方法とは言い難い．

そこで，目に見える変化としての動物の行動を指標にしようという考えが注目されることになる．一般的に行動による長期的な環境の福祉レベルを判断する方法として，以下の３つがあげられる．

第１は動物を自然に近い状態に置き，そこでの行動と拘束（飼育）環境下の行動を比較することによって，福祉状態を判定しようというものである．一見明快に見えるこの方法も，野性の動物と，家畜として品種改良の進んだ動物の間における福祉の質の違い，あるいは自然状態における行動と拘束下におけるそれとの差が必ずしも快適さの差であるとは断定できないなど福祉レベルの判定法としては不十分である．

第2は動物自身に自らに適した環境を選択させようという試みもあるが，あらゆるケースを想定した膨大な種類のモデルを作ることは実質的に不可能に近い．

第3の方法としては不適切な環境下における動物の行動を指標にしようとするものである．葛藤や欲求不満が長く続くと通常では見られない特殊な行動が固定化して発現するようになる．ある行動が一定の方法で規則的に繰り返される常同行動，わずかな刺激に対しても過剰に反応する知覚過敏症やその逆の鈍感症，本来の行動とは異なる様式で起立や横臥を行う変則行動などを総称して異常行動と呼び，環境への一種の適応行動とも考えられる．現時点では第3の異常行動の発現を福祉レベルの指標にするのがとりあえず実際的であると考えられている．

また，動物の福祉状態の評価法を科学的に研究する方法として，1997年ダンカン（Duncan I.J.H.）とフレイザー（Fraser D.）は3つの視点からのアプローチを提案した．1つ目は動物の感覚（苦しみや痛み，喜びや快適さなど）に基づく視点，2つ目は動物の身体機能（健康状態，成長繁殖などの生物学的機能の状態）に基づく視点および3つ目は動物の態度（動物種本来の自然な状態にあるか，動物種がその行動のすべてのレパートリーを行っているかなど）に基づく視点である．

この他，動物福祉を病気・障害の有無，栄養状態，清潔度，発達状態などが基準となる「獣医学的指標」，どれだけの子孫を残すことができるか繁殖成功度を指標とする「生物学的指標」および動物の本来的，主体的行動ないし内的状態（心理的状態）に目を向け，それぞれの種の環境に対する要求を生態学的・行動学的な理解に基づいて本来の・正常な環境との関係を評価しようとする「行動学・生態学的指標」の3つの視点より評価しようとする試みも報告されている．

2）産業動物における福祉

産業動物とは，食用動物を筆頭に種々の資源として飼育されている動物である．ここで特に問題とされるのは集約畜産における動物の飼育方式である．

そこでは経済効率が優先されるために種々の非福祉的状況を生じている．現在の企業畜産において認められる問題は概ね以下のとおりであろう．①ケージ養鶏やケージ養豚のように動物の行動に大きな制限が加えられていることが，彼らの本来行動から遥かに隔たって人道的でない．②極度に行動の制限を加え，密集（密着）した状態で飼育することが，動物同士の闘争や異常行動を引き出す．③多くの飼育方式において寝床が快適でない．④経済効率を優先するため飼養環境の制御は不十分である．⑤多くの近代的飼育方式の下では，動物の異常の検査が困難．⑥多くの畜産システムでは家畜の健康維持のため，過度で持続的な薬剤の使用やワクチン接種を必要とする．これには費用がかかるうえ，皮肉にも結果的に健康破壊につながるかもしれず，その結果人の健康破壊をもたらすこともあり得る．⑦空調制御，給餌，給水の機械化は，システムがダウンしたとき家畜を大きな危険にさらすことになる．⑧強度の行動制御は家畜の毛繕い，羽繕いを妨げるが，これらはともに福祉および健康のための本来行動であり，それゆえ拒否されるべきでない．⑨どのような飼育法であっても家畜は排泄物や老廃物から引き離されて飼育されることは本来的要求である〔ディビッド・セインスベリー（David Sainsbury），1999 を一部改変〕．その具体的な事例として引き合いに出されるのは，Ⓐ動物を狭い畜舎に閉じ込める方式としては，採卵鶏のバタリーケージ飼育，繁殖豚のストール飼育，ヴィール子牛の単飼肥育などであり，Ⓑ動物が過密状態で飼育されるものとしては，ブロイラー鶏や七面鳥の飼育，集約的な豚の肥育，集約的および屋内式の肉牛肥育（barley beef システムや米国式の屋外フィードロット）など，Ⓒ生理的に集約的な飼育としては，例えばブロイラーの非常な速度での肥育，粗飼料不足・濃厚飼料多給による牛の高度肥育がある．採卵鶏の強制換羽もここに分類されるであろうか．また，Ⓓ生産に不都合な動作をさせないために身体の一部を除去するものとしては，採卵鶏の断嘴，乳牛の断尾などがある．

では，これらに対する具体的な改善策はどのようなものであろうか．改善策は動物の福祉レベルを少し上げるものから，有機畜産として自然に近い飼養環境を提供するものまで幅広い．採卵鶏についてはバタリーケージ容積の改善があげられるが，さらにEUでは2012年からバタリー飼育方式そのものを禁止することに合意した．また，エイビアリー鶏舎やエジンバラ大学で開発された改良ケージなど給餌給水はもとより巣箱や砂浴への配慮など鶏舎構造を大幅に変えるものから放飼型にするなどがある．ブロイラーでは単位当たり収容羽数の減少と肥育速度の遅延化，豚では豚の行動範囲を拡大したエジンバラ・ファミリーペン，繁殖豚用H-Mシステム，円形分娩柵などのほかフローリングの改善など，乳牛ではルーズバーン方式における牛床長，材質，傾斜角度などの改良がある．このほか各畜種ごとに換気，通風の改善などのほか種々の発案がなされている．上掲の事例についても，紙面の制約上具体的な説明は割愛せざるをえないが，産業動物における動物福祉の具体的展開とその方向性はご理解いただけるであろうか．

これらの改革が成功するためには動物飼育者のポリシーがきわめて重要であることはいうまでもないが，消費者からも食の安全・安心を含め市民レベルの意識改革が浸透し，動物の福祉にかなった飼育が広く社会の世論として形成されることがきわめて重要である．

これらの改善策は主にEUを中心に行われており，倫理から法への転換すなわち動物福祉基準の改善とその法規制が着々と進められているが，その背後には手厚い補助金政策を支える世論がある．最近EUにおいてアニマル・ウェルフェア遵守農家に対し，1農家当たりの上限はあるが，1家畜単位あたり最高500ユーロ（65,000円前後）を支給することが決定された．アニマル・ウェルフェアの推進には大きな経済的負担が必定であり，消費者である国民の支持が不可欠である．また，わが国でも有機畜産の先進事例が紹介されているが，税金の投入という形以外に高付加価値畜産物の消費を通じて有機畜産や動物福祉が支えられることも，また重要である．

3）実験動物の福祉

第２次世界大戦が 1945 年に終了したのち，科学研究が盛んになるにつれ動物実験もその数を増して行った．実験動物は外科手術の習熟，疾病治療の研究，ワクチンや抗体の製造，生物学教育，化粧品など種々の製品の安全性検査，有害物質の毒性試験，新薬の効果判定や副作用の検証，生物学の基礎研究などきわめて多岐にわたって利用され，その数は一口に 12,500 万匹 / 年 / 世界，2,000 万匹 / 年 /USA ともいわれている．特にアメリカでは 1940 年代に連邦政府が癌や心臓血管病の研究に資金を投入し，実験動物の需要が大幅に増大した．こうした研究や実験は人や動物の疾病防除や健康保持に貴重なデータの数々を提供してきわめて有益であることは事実である．しかし，その有益性ゆえに，そこで使用される実験動物の心身の苦痛，苦悩はしばしば忘れ去られがちであった．これに対して 1959 年にラッセルとバーチ（Russell & Burch）は動物実験における“3Rs”という理念を提唱した．すなわち，① replacement（置き換え）：生きた動物を用いずに実験を行う方法の利用や開発，② reduction（削減）：実験計画の十分な検討や推計学を駆使することによって動物の数を減らす，③ refinement（洗練）：実験技術の向上，麻酔法や鎮痛法の開発などにより動物に対する苦痛を減らす，の３点である．これらは非常に重要な理念であるが，これはあくまで実験を行う段階になっての配慮であり，実験動物の生産あるいは捕獲，供給（輸送）過程から実験施設に搬入されたあとの実験動物の飼育，保管さらに実験により殺処置を受けなかった場合のその後の生活がある．なお，この点最近では Refinement（洗練）のなかで飼育管理手法の洗練・向上という観点を含んで考える傾向にある．いずれにしても実験動物の誕生から安楽死に至るまでの全行程が福祉にかなったものであるかが問われることになる．これらについては，まず動物の愛護および管理に関する法律の理念および同法に規定された実験動物の飼養および保管に関する基準があり実質的にわが国の法体系の頂点にある．これについては，そこに記載された事項が遵守されていればそれでよいというものではなく，それらが作られた背景や精神に沿って行われているか，関係者自らの検証が求められている．さらに，これらは密室で行われることなく，公開あるいは第三者によって検証されることが必要と思われるが，実際には上述の法律と基準は動物実験の場には立ち入らないことを原則としているので，動物実験の実施に当たっての動物の取り扱いはあくまで科学者の良識に任されている．したがって研究者には厳しい倫理観が求められ，適正な動物実験を常に問い直す自主的な態度が求められる．

４）展示動物の福祉

展示動物とは動物園動物（動物園，水族館，植物園，公園などにおける常設または仮設の施設において飼養，保管される動物），ふれあい動物（人とのふれあい，興行または客寄せのために飼養，保管される動物），販売動物〔販売または販売を目的とした繁殖等を行う目的で飼養・保管される動物（畜産農業にかかわるものおよび試験研究，生物学的製剤の製造の用に供するものを除く）〕，撮影動物（商業的な撮影に使用し，または提供するために飼養・保管する動物）のことである．

ここでは，動物園動物の福祉を中心に述べてみたい．動物園についてはまずその存在意義が問われ，それが社会的に承認された段階においてそこにおける動物の福祉が問題となる．

現在動物園の存在意義として一般に唱道されているのは次の４点であろうか．①世界各地の動物を観て楽しむ憩いの場，②動物の生態や自然保護についての教育の場，③同じく研究の場および④希少動物の種の保全の場である．これに対して，ジャミーソン（Jamison, D.）のように「動物を自然の生息地から引き離し，長距離を輸送し，彼らの自由が厳しく制限されるような異質の環境で飼育すること」を正当化するにはそうすることによってのみ得られる重要な利益を証明しなければならないと主張し，上掲の存在意義をことごとく否定する極端な動物園反対論者も少なからず存在するが，現時点では動物園を存続すること自体については肯定的意見が多数を占め，とりあえず社会的合意が得られているものと筆者は考えている．勢い，問題は各動物園において飼育・保管されている動物の福祉に焦点が集まることになる．

今から10年ほど前のことわが国にズーチェック運動が入ってきた．この運動は動物園における動物の異常行動などを調査し，劣悪な環境を告発し改善を求める運動であるが，かなり厳しい評価を受けたところもあったと記憶している．動物園動物の多くは本質的には野生動物であり，人工的な飼育環境において彼らの本来行動がどれだけ発揮できるか，生理的な快適性の要求にどれだけ応えることができるか等々，野生の環境を対角においてまさに彼らのQOLが問われることになる．もとより，人工的飼育環境においては生命の保全などほんのわずかな事項を除けば自然環境に匹敵するレベルの環境を提供することはきわめて困難であり，動物園はそれを補うための種々の工夫が必要になる．具体的には飼育下における動物の生活環境を豊かにする，すなわち環境エンリッチメントを行うことになる．ヤング（Young R.G.）によると，展示動物におけるこの環境エンリッチメントは大きく2つに分けられる．その1は1907年にハーゲンベック（Hagenbeck C.）によりハンブルク動物園で進められた生態展示に端を発する流れである．生態展示はその動物の本来の生息地にできる限り近い生活環境で生活するのが最も良いという考え方である．もう1つは1925年に偉大な類人猿研究者ヤーキス（Yerkes R.）によって主張された「飼育環境においてその動物の本来行動を積極的に引き出す工夫を取り入れるというアイデア」である（上野）．生態展示は動物を本来の環境に近い環境に置くことによって適切で多様な外的刺激を与え，さまざまな本来行動を引き出し動物の福祉を向上しようとするものである．しかし，ただ生活環境の概観を自然に似せさえすれば，動物の福祉は向上するかというと必ずしもそうではない．現在この自然に似せる流れは野生の疑似体験など観客への効果に重点を置いた展示法として重要視されている．これに属するものとしては，北海道旭川市の旭山動物園の行動展示や動物が本来生息している環境に模した展示方式を行っている生態展示では上野動物園の“ゴリラの森”，天王寺動物園の“サバンナ”“アジアの森”，さらにはズーラシアの展示全体のコンセプトなどがある．なお，究極の生態展示にランドスケープ・イマジネーションがある．これは，観客がその動物本来の野生生息地に立っているかのように感じさせることを目的とした展示法である．このランドスケープ・イマジネーションの展示技法と環境エンリッチメントの管理技法が行き届いた展示の一例として，上野はアメリカ，シアトルのウッドランド動物園ヒグマ展示場を紹介している．一方，飼育環境において，動物の行動を引き出すアイデアはその後動物園動物以外の飼育環境の改善としても広く用いられ現在に至っている．その呼称は研究の進展に伴って行動工学から行動エンリッチメントさらに環境エンリッチメントと変わってきた（上野）．この環境エンリッチメントという言葉で意図されている環境の豊かさとは，環境に動物が必要とする環境の機能をできる限り持たせようということである．換言すると動物が環境に働きかける要求行動とそれに伴い動物が到達できる完了行動を結びつける環境の機能を増強するということを言い表したものである．例えば食べ物の場合，完了行動である食べ物を食べるという行為やそれによって栄養を摂取することのみが重要であるのではなく，食物を探し出して食べられるように処理するなど食物を得るまでのプロセス（要求行動）の必要性を認めて，それが表現できる環境を整えるのである．飼育環境のうちにこうした機能を増強しようという試みが，動物園動物ばかりでなく動物飼育におけるさまざまな分野で進められている．

いずれにせよ生態展示と飼育環境において，動物の行動を積極的に引き出す工夫を取り入れるアイデアは２つの大きな流れとして新しい発想で動物園の行く道を開くものとして注目されているが，その本質はかなり異なるものであることをご理解いただきたい．すなわち環境エンリッチメントは環境の機能を強化することによって，そこに飼育される動物の本来行動を引き出そうとするものである．対して生態展示は動物本来の生息地の環境に近い飼育環境を作り上げることができれば動物の福祉を充実することに役立つであろうが，生態展示は現状においては，観客側の視点にシフトした展示となっているのが実情である．

5）伴侶動物・愛玩動物の福祉

犬や猫は，愛玩動物あるいはペットと呼ばれており，近年ではコンパニオン・アニマルあるいは伴侶動物とも呼ばれている．これは飼育者と動物との関係が，一方的に可愛がるのではなく，互いに強い絆で結ばれているものとの理解の現れと考えられる．現在，日本全国で飼育されている愛玩動物は一口に犬1,100万頭，猫600万頭ともいわれ，犬・猫以外の愛玩動物を加えると，3,000万頭以上が愛玩動物として飼育されており，その数はますます増加の傾向にある．また，そこに飼育される動物は犬，猫以外にラット，マウス，ハムスターなどげっ歯類，爬虫類，両生類などなど多岐にわたっている．このように現在の日本では多くの人が愛玩動物を飼育しているが，コンパニオン・アニマルにおいては彼らは望まれて飼育されているのでありかつ飼い主との間に強い絆で結ばれているのであるから，一般的にはそのQOLに問題はないように考えられる．しかし実際には種々の問題が派生しているのが実情である．

1つ目は飼育者の知識の不足や過剰な愛情によって誘発される問題行動や管理失宜があげられる．管理失宜の中には，当該動物種の栄養・環境温度など生理的要求水準を満たさないといった稚拙なものもあるが，最近では餌の与えすぎによる肥満が大きな問題になっている．

2つ目は愛玩動物の遺棄である．つい最近も年間36万頭の犬，猫が殺処分されているという新聞報道があった．飼育途中での遺棄（動物愛護施設への引渡し），飼い犬・猫の不用意な繁殖も大きな問題になっている．さらに，爬虫類など輸入動物の遺棄もあとを絶たない．その理由もさまざまだがすべて人間側の都合である．

これらの対策については動物の生理，習性などに関する知識，動物愛護思想の普及，啓発が重要である．国，都道府県と日本獣医師会および各種動物愛護団体等の協力によりさまざまな運動が展開されているが，第一線でそれを担う人材として各団体公認の動物愛護資格者などの育成が組織的に行われ成果をあげている．また，地方自治体，獣医師会の協力で犬・猫の去勢，避妊手術の推進運動も行われている．また,不用になった動物については譲渡が理想である．この点，欧米では動物愛護団体を通しての譲渡が盛んであり，イギリスでは犬，猫の7～8割が譲渡されているという．日本では行政窓口を通じての譲渡犬の頭数が1万4千頭弱/年という数値があり，多くのボランティアも動物譲渡の働きかけをしているが必ずしも十分な成果が上がっているわけではなく，今後の課題である．

3つ目は動物虐待である．動物虐待とは動物に必要のない痛み，苦しみ，苦悩を非偶発的に与え，および/または死に至らしめる，社会的に受け入れがたい行為（Ascione，1993）である．これは厳密には身体的虐待と精神的虐待に分けられるが，山崎は動物虐待を能動的行為によって心身に傷害（外傷，恐怖など）を与える積極的・意図的虐待とその動物にとって必要なもの（ケアを含めて）を与えないネグレクトとに分けている．詳述するゆとりはないが，著者はこれら動物虐待が人間の精神的，道徳的崩壊の結果として生じていることに注意を喚起しておきたい．アシオーンは小児虐待，家庭内暴力および動物虐待は密接に関連しているとし，山崎は「人間に対する暴力と動物に対するそれとは，同じ次元におかれた社会的暴力である」と述べている．ちなみに，児童虐待のあるアメリカの家庭ではそこにペットが飼われていればその8割ではペットも虐待されているという．

第6章　獣医療公衆衛生学領域

1．獣医療公衆衛生学

公衆衛生学（public health）は，「社会を構成する人々の社会的および精神的に健康な生活を保持・増進するための科学である」と定義されている．人間社会の多様な生活環境における集団を対象として，疾病や種々の健康障害の発生要因にかかわる予防対策の構築とその実践活動，すなわち公衆衛生の論理的な根拠となる学科である．その対象となる領域は，食品保全，環境保全，人獣共通感染症，衛生行政など広範にわたり，社会状況の現状に対応した応用科学でもある．

獣医療と公衆衛生では，獣医療および動物保健看護学の基礎知識と実践を基にして，公衆衛生の発展に寄与する領域が「獣医療公衆衛生学」ということができる．現在では，多様化した動物と人との相互依存関係を対象とする重要な応用科学の一分野とされている．

1）健康障害の発生要因

健康とは，「肉体的，精神的および社会的に完全に良い状態にあることであり，単に疾病または虚弱でないということではない（WHO 憲章）」と定義されている．健康の水準は，①宿主（host），②病因（agent），③環境（environment）の3要因の相互作用により健康障害の発生が規定される（多要因原因説）．3要因は，経年時的な過程での生理的範囲内で徐々に変化を伴い，平衡状態が維持されながら次の過程に遷移して行く（動的平行，図6-1）．この遷移の過程において，3要因の変化が一定の限界を越えて平衡状態が崩れた場合，生理的

図 6-1　健康水準の 3 要因

表 6-1　人の健康と生命を脅かす諸要因

生物学的要因	感染症，人獣共通感染症 非感染病，外傷 有害動物（大型犬，猛獣，猛禽，有毒動物） 有毒植物
理化学的要因	環境汚染化学物質 環境汚染放射性物質 自然環境（温度，湿度，大気，土壌，水，太陽光線，気圧，気流） 人為的環境（衣服，建築物，上下水道，交通）
社会的要因	貧困，飢餓，風俗，習慣，災害，戦争，無知

恒常性を失い健康障害が発生して疾病状態に陥る．疾病状態が集団的に起きた場合を流行と規定している．

人の健康と生命を脅かす主な要因を表 6-1 に示した．①生物学的要因，②理化学的要因，③社会的要因があげられる．人間の生活環境における社会的構造のすべてが健康障害の発生要因となり得る可能性を秘めている．

2）獣医療と公衆衛生の活動

人の健康障害の発生要因に関する疫学的な解析から，その疾病の予防対策を究明して，実践活動で健康の増進と生命の延長を図ることが目的である．

獣医療公衆衛生の主な活動領域を表 6-2 に示した．人と動物の双方にかかわる領域として，①食品衛生の面から安全な食品の確保，②人獣共通感染症の予防対策，③環境衛生領域での人と動物の共存環境の維持，④人の精神衛生と動

表 6-2　獣医療公衆衛生学の領域

食品衛生	食中毒（自然毒，細菌，ウイルス） 食品の衛生管理（添加物，汚染，加工保蔵）
人獣共通感染症	細菌，ウイルス，真菌，寄生虫 発生要因，疫学，予防と対策
環境衛生	大気・水・土壌の汚染と環境問題 環境破壊と対策
動物と人の精神衛生	愛護動物と飼い主とのよりよい依存性 動物の愛護と福祉
衛生行政	公衆，環境衛生行政の関係法規と施策

物との相互依存関係，⑤衛生行政と関連法規があげられる．以上の領域は，視点を人に変えるとすべてが公衆衛生学であり，公衆衛生に寄与する領域ということができる．対象領域が非常に広範囲であることから，医学や獣医学などの自然科学と社会経済学や法学などの多くの専門分野における専門家との相互関係を深めて共同して活動することが重要である．

表 6-3　新しい感染症対策

1．伝染病予防法（明治 30 年施行），全面改正（平成 10 年 10 月公示，11 年 4 月 1 日施行）
　　【感染症の予防及び感染症の患者に対する医療に関する法律（感染症法）】
　1）患者・感染者の人権の尊重
　2）感染症類型の再整理
　3）感染症の発生・拡大の阻止管理（感染症新法第 13 条：獣医師の届出義務）
　　＊平成 15 年改正（10 月 10 日），11 月 1 日施行

2．検疫法（昭和 26 年制定，平成 10 年一部改正 ）
　1）検疫感染症（7 疾患）：①コレラ，②黄熱，一類感染症（③ペスト，④エボラ出血熱，⑤クリミア・コンゴ出血熱，⑥ラッサ熱，⑦マールブルグ病）
　2）疑似感染症等：一類感染症の疑似症を呈した者および無症状病原体保有者を患者とみなす
　　＊平成 15 年一部改正，11 月 1 日施行

3．狂犬病予防法（昭和 25 年制定，平成 10 年 10 月 一部改正，平成 12 年 1 月 1 日施行）
　1）検疫動物：犬，猫，キツネ，アライグマ，スカンク
　2）動物検疫法：基本的には，犬に準じる（繋留による臨床観察が主）

4．食品衛生法，家鶏・と畜場法，家畜伝染病予防法

3）基本的な活動分野

獣医療と動物保健看護領域の側面から，公衆衛生の発展に貢献できる基本的な専門分野は多岐にわたる．

（1）食品衛生管理

動物性の食品は，養殖魚介類の水産食品を含めて多様化している．動物性食品の衛生管理においては，それらに起因する感染症や食中毒の予防に関連して，病原体，有害化学物質および動物用医薬品残留の汚染などの制御管理も重要な活動領域である．

（2）人獣共通感染症

動物由来感染症の国内外での発生状況とその動態を疫学的に把握して予防対策を実践するのが主務である．近年，国際的に新興感染症や再興感染症が多発しており，愛玩動物の輸入に伴う輸入感染症の侵入の監視と防御が重要な活動領域である．

（3）環 境 衛 生

野生動物および愛玩動物が関与する生活環境衛生では，飼育施設からの糞尿などの排出物と排水の消毒および死体を含めた廃棄物の廃棄処理に関する飼育管理衛生が環境汚染と関連して重要な領域となる．これには，共同住宅などでの飼養環境も含まれる．また，自然環境保全では，野生動物の生息環境の破壊による新興感染症の発生や種々の化学物質の放出による自然環境破壊などに関しての対応策が今後の課題とされている．

（4）動物の保護と管理

動物と人の相互依存関係を保持するためには，動物の愛護と福祉に十分な配慮が必要である．疾病などの健康障害因子を制御して，適正な飼養管理のもとで動物の保護と健康増進をはかり，動物の虐待を防止し，動物の生命を尊重した友愛の情操で動物との相互依存関係を保つことが重要である．また，動物実験の領域では，動物の苦痛の軽減および利用価値評価に対する考慮と殺処分の方法などには特別の配慮が必要である．

4）衛生行政と関連法規

獣医療公衆衛生に関する主な法規は，①感染症の予防及び感染症の患者に対する医療に関する法律（感染症法），②検疫法，③動物検疫法，④狂犬病予防法，⑤食品安全基本法，⑥食品衛生法，⑦と畜場法，⑧環境基本法に，家畜伝染病予防法，動物の保護及び管理に関する法律などであり，これらによって行政対策が施行されている（表 6-4）．

2．食品保全と環境

1）食 品 衛生

食品衛生（food hygiene）とは，「生育，生産，製造から人に消費されるまでのすべての段階において，①安全性，②完全性，③健全性，を保証する手段（WHO)」と定義されている．食品の安全確保および水・食品に起因する食中毒など衛生上の健康障害発生要因にかかわる予防手段を，安全・完全・健全の３条件を基本に公衆衛生の観点で実践することを目的としている．生育・生産から消費に至るまでの食品の安全性に関する生態学的要因とその対策を図 6-2 に示した．

（1）安　全　性

飲食物の生産から消費に至るまでの生物学的および理化学的健康障害物質（表 6-1）の汚染に関する安全性（safty）である．食品・水の汚染要因は２つに大別することができる．原材料がもともと病原微生物（ウイルス，細菌，真

表6-4 主な食中毒起因物質

大区分	中区分	主な原因物質
微生物	感染型細菌（菌体内毒素）	腸炎ビブリオ，サルモネラ，病原大腸菌，カンピロバクター，エルシニア菌
	毒素型細菌（菌体外毒素）	ブドウ球菌，ボツリヌス菌，ウェルシュ菌，セレウス菌
	ウイルス	ノロ･サポウイルス，ロタウイルス，腸管アデノウイルス
自然毒性	植物性自然毒	キノコ類：神経毒…テングダケ類，ワライタケ，シビレタケ 消化管毒…イッポンシメジ，ツキヨタケ等 その他：神経毒…トリカブト，ドクゼリ，キツネノテブクロ（ジギタリス），キョウチクトウ
	動物性自然毒（ほとんど魚介類）	フグ（テトロドトキシン）：神経毒…卵巣，肝，腸，皮などが有毒 麻痺性貝毒：ホタテ貝，マガキ，ムラサキ貝，アカザラ貝，アサリ 下痢性貝毒：ホタテ貝，ムラサキ貝 シガテラ毒：ドクマカス，バラフエダイ，バラハタ，アカハタ
化学性	食品添加物	着色料（オーラミン，ローダミン），防腐剤（AF2），甘味料（チクロ），違反事例（ジエチレングリコール）
	生産過程の混入物質	カネミ油症事件（PCB），森永砒素ミルク事件（砒素）
	食品変質	アレルギー様食中毒：有毒アミン（魚介類の干し物など）
	環境汚染	水俣病（メチル水銀），イタイイタイ病（カドミウム），第五福竜丸・原子力発電所（放射能），洗剤（ABS）
	農　薬	臭素，銅，砒素，有機塩素剤，有機燐剤，残留農薬基準設定（2001）約8,300基準値
真菌性	真菌性毒素	黄変米事件（ペニシルム菌），赤カビ中毒（フサリウム菌），その他発ガン等（アスペルギルス菌）

菌，寄生虫）や有害化学物質（農薬，抗生物質，放射性物質，有害な重金属元素）に汚染していた場合の第一次汚染である．これには，水，土壌，大気などの環境汚染が関与することで，環境保全の重要な課題の1つでもある．一方，原材料の加工（輸送・貯蔵），流通（輸送・店舗），消費（保存・調理）の過程での健康障害物質（病原微生物，有害化学物質）の汚染が第二次汚染である．食中毒の大半はこの第二次汚染に起因している．これには，加工・流通・保存・

1．生産から食卓まで

	基質（栄養）短期貯蔵	加工・貯蔵	短期保存	調　理	
	第一次汚染源	第二次汚染源			
原料					食卓
	原料の由来・下処理	輸送・加工・貯蔵	輸送・店舗	保存・調理	
	生　産	加　工	流　通	消　費	
	第一次汚染	第二次汚染			

2．食品に関係する主な法律
①食品衛生法
②と畜場法
③食鳥検査法
④水道法
⑤薬事法
⑥不正競争防止法
⑦日本農林規格（JAS）法
⑧景品表示法

一般衛生管理プログラム
（pre-requisite program：PP）
① 施設設備の衛生管理
② 従事者の衛生教育
③ 施設設備，機械器具の保守点検
④ ネズミ族・昆虫の防除
⑤ 使用水の衛生管理
⑥ 排水および廃棄物の衛生管理
⑦ 従事者の衛生管理
⑧ 食品等の衛生的な取り扱い
⑨ 製品の回収プログラム
⑩ 製品等試験検査に用いる設備等の保守管理

3．危害分析重要管理点
（HACCP）システムの導入

「衛生標準作業手順書」
（sanitation standard operation procedure：SSOP）

図 6-2　食品の安全性に関する生態学的要因

調理のための施設や設備と調理者の衛生管理が重要な要因となっている．

（2）完　全　性

飲食物の原材料中に含まれる種特有の成分や栄養素の保持および加工・製造段階での正常な成分比率の保持などに関する完全性（wholesomeness）である．これには，食肉などの動物種・産地の偽り，飲食物とは異なる成分の添加と異物の混入や偽表示が重要な要因となっている．

（3）健　全　性

食品の栄養成分と水分活性（食物中の遊離水分含有量）などと関連して可食

性を保持する健全性（soundness）である．食品は種々の常在微生物で汚染されている．その汚染菌は，食品の成分，水分活性，温度および酸化還元電位などの要因により，特定菌種の交代と増殖が起こり食品特有のミクロフローラ（常在細菌叢：microflora）が形成される．この過程で食品成分に分解（腐敗・変敗）が起こり可食性が失われることになる．常在微生物による食品の変質（腐敗・変敗・酸敗・発酵）を図 6-3 に示した．健全性とは，種の特質を失うことなく，新鮮で活きの良い食物であることである．

2）食の安全確保と不安要因

食品は，人間の生命，健康の維持・増進のために必要不可欠なものである．その安全性の確保に関する問題は，日本に限らず食料事情と経済状態の異なる世界各国において 21 世紀の人類における重大な課題でもある．

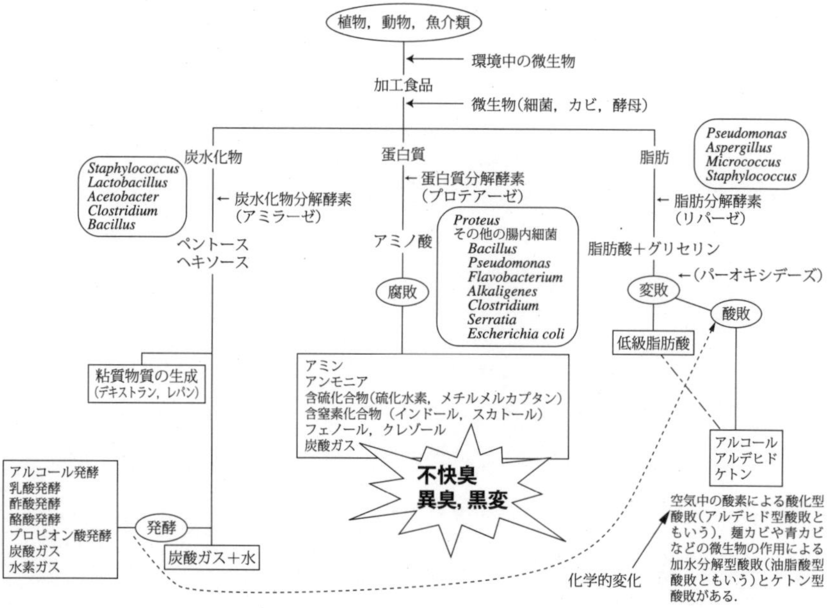

図 6-3 常在微生物による食品の変化

食品衛生対策に関しては，食品の生育・生産・製造から人々に消費される過程と対応して，図6-2に示した数多くの法律と危害分析重要管理点（hazard analysis and critical control point：HACCP）システムや製造・加工段階での衛生標準作業手順書（一般衛生管理プログラム）などの導入により対策がとられている．しかしながら，国内における食を介した健康障害事例は年間件数で1,500～2,000件，患者数で約20,000～30,000人ほどで推移しているのが現状である．

食品の安全性に関する主な不安要因は，①食品中の添加物と残留農薬の安全性，②輸入食品の安全性，③食品・水媒介疾病に関連した安全性，④遺伝子組み換え新食品の安全性，⑤食品生産・加工・販売者のモラルなどがあげられる．以上の不安要因は，食生活の多様化，輸入食品の増加および社会経済状態などに起因し，安全性も複雑化している．

（1）食品添加物と残留農薬・動物用医薬品の安全性

添加物には，食品の製造過程，加工，保存の段階での腐敗と変敗防止のための殺菌剤，抗カビ剤や酸化防止剤，甘味料，天然香料，着色料，漂白剤などがある．現在（2003年4月）使用されている食品添加物の品数では，指定添加物（厚生労働大臣指定）340品目，天然添加物1,173品目（既存添加物，天然香料を含）の計1,513品目と多種多様である．また，農薬と動物用医薬品では，241種の農薬と29物質の動物用医薬品に残留基準値が設定されている．

添加物と残留農薬・動物用医薬品の安全性の確認では，毒性試験と人が一生涯にわたり喫食し続けても健康に影響のない1日当たりの量（1日摂取許容量acceptable daily intake：ADI）をFAO-WHO（国連食糧農業機関と世界保健機構）方式で設定している（食品衛生法，薬事法）．これには，世界各国で表示基準が異なることと適正な表示の不確実性が問題である．

（2）輸入食品の安全性

日本における食料自給率は，現在カロリーベースで約40％を切っている．

60％以上は輸入食品に依存し，世界各国から多種品目の食物を輸入している．2004年度の主な食料需給の輸入量では，穀類（2,643万トン），豆類（476万トン），野菜（315万トン），果実（346万トン），肉類（253万トン），牛乳・乳製品（403万トン），魚介類（606万トン）などとなっており，その輸入量は年々増加している．食料の増産には変動と限界があり，輸入食物への依存性は将来の食料供給事情に不安が伴うことである．その不安要因は，①地球環境問題（異常気象・砂漠化）の深刻化による作物の不作の可能性，②国際情勢（石油・紛争など）の変化による輸送手段の不確実性，③世界人口の急激な増加による国内外の食糧の需要と供給の動態である．

輸入食品の安全確保に関する不安要因は，①添加物の指定制度と安全基準が各国で異なる不安，②日本での禁止農薬が輸出国では生産段階で使用されて残留する農薬（ブーメラン効果）の不安，③製造加工・保存と流通段階で農産物の腐敗と変敗を防止するために散布する化学物質（ポストハーベスト）の不安，④輸入農産物では病害虫の侵入防止のために水際の検疫で薫蒸消毒が行われるため臭化メチルの残留不安，⑤輸入食品の健康障害病原体物質による汚染の不安などである．これら不安要因に対する国際的な視野での行政対策として，2000年から日本の安全基準を基に，輸入食品においても国内基準と同等の衛生基準で見直しを実施している．また，輸入食品の監視指導では，横浜検疫所と神戸検疫所の2カ所の輸入食品検疫検査センターで検疫監視を実施している．

（3）食品・水媒介疾病の安全性

食品・水媒介性疾病の分類を図6-4に示した．①消化器系感染症には，感染症法の第三類感染症に指定された，コレラ，腸チフス，パラチフス，細菌性赤痢が分類されている．これらは，飲食物を介した集団発生があった場合には食中毒事件として食品衛生法が適用される感染症である．②食中毒には，起因物質としての細菌性（感染型，毒素型），ウイルス性，化学物質性，自然毒（植物性，動物性），アレルギー様性食中毒がある．③その他の疾病として，リステリア症，

- 食品・水媒介疾病
  - 消化器系感染症（感染症法）
    - 3類感染症：コレラ*，腸チフス*，パラチフス*，細菌性赤痢*，腸管出血性大腸菌感染症
    - 4類感染症：感染性胃腸炎，乳児ボツリヌス症，A型肝炎，アメーバ赤痢
    - 5類感染症：クリプトスポリジウム症，ジアルジア症
  - 食　中　毒（食品衛生法）
    - 細菌性
      - 感染型：飲食物とともに摂取した病原微生物が腸管内で定着・増殖することによって起こる食中毒（例：サルモネラ，腸炎ビブリオ，カンピロバクター，病原大腸菌等）
      - 毒素型：微生物が増殖する際生じた毒素を含んでいる飲食物を摂取することによって起こる食中毒（例：ボツリヌス菌，ブドウ球菌等）
    - ウイルス性食中毒（例：ノロ・サポウイルス，ロタウイルス，腸管アデノウイルス）
    - 化学性物質：有害化学物質を摂取することによって起こる中毒（例：メタノール，水銀，砒素，鉛，亜鉛等）
    - 自然毒
      - 植物性：植物固有の毒によるもの（例：毒キノコ，毒草等）
      - 動物性：動物固有の毒によるもの（例：フグ，毒貝等）
    - アレルギー様食中毒（例：ヒスタミン等）
  - その他の疾病――リステリア症*，サイクロスポーラ症*，トキソプラズマ症，旋毛虫症，アニサキス症*等

*飲食物を介した集団発生があった場合は食中毒事件として届出
（1999年12月28日，2003年8月29日：厚生省令第105号，食品衛生法施行規則一部改正）

図 6-4　食品・水媒介性疾病の分類

サイクロスポーラ症，トキソプラズマ症，アニサキス症がある．これらの疾病も，飲食物を介した集団発生があった場合には食中毒事件として食品衛生法が適用される感染症である．安全対策では，感染症法と食品衛生法を主とした行政対策が執られている．

主な食中毒の起因物質を表6-4に示した．①微生物による食中毒の発生状況（2004年）では，感染型細菌（菌体内毒素菌）の腸炎ビブリオ（件数：108，患者数：1342），サルモネラ（件数：350，患者数：6,517），カンピロバクター（件数：490，患者数：1,375），毒素型細菌（菌体外毒素菌）のブドウ球菌（件数：59，患者数：1,438），ウエルシュ菌（件数：34，患者数：2,824），セレウス菌（件数：12，患者数：118）で推移し，食中毒発生の主流を占めている．②ウイルス性（ノロとサポウイルス：小型球形ウイルス）では（件数：

278，患者数：10,604），③自然毒性（植物・動物）では（件数：112，患者数：308），④化学性では（件数：8，患者数：218）で推移し，年々増加の傾向を示している．

（4）遺伝子組換え新食品の安全性

現在，バイオテクノロジーなどの新しい技術が食品の生産・製造・加工に広く応用されている．遺伝子組換えDNA技術を応用した，いわゆる遺伝子組換え新食品も国内外で多種品目にわたり開発されてきている．これに輸入食品の著しい増加と国民の日常生活における栄養摂取状況の変化が伴い，輸入食品の安全性に関する問題も複雑多様化してきた．日本では2001年4月以降，遺伝子組換え新食品および誘発性のアレルギー物質を含む新食品について，食品の安全性評価に基づいた安全性審査を法的に義務化（食品衛生法）し，規格基準に合致しない食品は輸入販売ができないこととなった．また，食品衛生法に基づく表示の義務化による安全対策がとられている．安全性審査は，①アレルギーを起こさない，②有害物質を生じない，③意図しない変化を起こさない，の3点を基本としている．

安全性審査が行われた遺伝子組換え新食品は，2006年8月現在，76品種でその件数は年々増加している．主な新食品は，①ジャガイモ（8品種：害虫・ウイルス抵抗性遺伝子），②ダイズ（4品種：除草剤耐性・高オレイン酸形質遺伝子），③トウモロコシ（25品種：害虫抵抗性・除草剤耐性遺伝子），④ナタネ（15品種：除草剤耐性遺伝子）である．これらの遺伝子組換え食品の表示義務では，2001年4月施行の改正JASに基づき遺伝子組換え農産物とその加工品の表示を明記することになっている．

（5）食品生産・加工・販売者のモラル性

偽表示が消費者の不信感を高め食品の安全確保に関する不安要因となっている．食肉に関する偽表示だけでも，外国産食肉を国産食肉と偽表示で販売，食肉を産地の偽表示で販売，国産食肉の詰め合わせ商品に外国産食肉を混ぜての販売，料理店が偽産地表示で販売したなど数多くの事例がある．また，野菜類においても外国産を国産と偽表示で販売した事例などもある．これらは，食品の生産・加工・販売者のモラルの欠失が不安要因を拡大・増幅している．また，牛海綿状脳症（bovine spongiform encephalopathy：BSE）の発生のような不測の事態が出現した場合には，その科学的および行政的対応策などの不確実性が大きな社会的不安の要因となり，その社会的不安の拡大反応がパニック現象を引き起こすことになる．

3）将来における食の安全確保

食品の原材料および加工から食卓までの過程では，すべての食品が微少ではあるが内在性の有害物質や外来性の健康障害汚染物質を含有している．このような有害物質が問題にならないのは，微量であること，加工過程でその作用が減毒されること，また，われわれの体には有毒物質を解毒する機構が備わっていることによる．すなわち，食品には大なり小なりリスク（危険に陥る可能性）が伴うものであり，究極の安全性は保証できないものなのである．したがって，安全性を確保するには，そのリスク要因を許される限り，低減することを目的とした対策が必要である．将来の食の安全性を確保するために最も必要なことは，①食品関連企業のリスクマネージメント教育，②一般消費生活者の食生活スタイルの再点検，③食品衛生行政対策の確実性と行政に対する監視などである．

3．人獣共通感染症

1）人獣共通感染症の定義と概要

人獣共通感染症（zoonosis）とは，「人と脊椎動物との間に伝播し得るすべての疾病あるいは感染をさす（WHO）」と定義されている．現在，動物由来で人に感染を起こす病原体は約200種類ほど知られている．その内，公衆衛生領域で特に問題とされるのは約50種類で，その数は現在も増加の傾向にある.

（1）発生の3大要因

①病原体では，ウイルス，リケッチャ・クラミジア，細菌，原虫および寄生虫と広範にわたっている．②宿主面では，年齢，性別，体力・免疫状態および職業などが感染・発病との関連性で問題となる．③感染経路には，直接伝播（接触，咬傷，胎盤感染など）および間接伝播（媒介物，空気，水，動物媒介など）がある．これら3大要因の相互的な関連性が，感染から発病に至る条件要因となる.

（2）動物から人への伝播様式

人への感染様式では，①動物が病原体の自然宿主（その動物間で感染環を形成）で人へ感染を起こす．②動物が自然宿主と終宿主の中間型（節足動物の媒介で動物間で感染環を形成）で，節足動物の媒介で人へ感染を起こす．図6-5に示した，アルボウイルス感染症（節足動物媒介ウイルス感染症の総称）がその代表である．③動物が偶然の感染で終宿主になり，その感染動物から人へ伝播する．この場合，脊椎動物と無脊椎動物間で感染環を形成している．人獣共通感染症の伝播様式による種類と分類を表6-5に示した.

（3）発生要因と症状

発生要因の基本は，人と動物の数，その密度と接触機会の頻度および動物の移動性に関連している．また，発生の増長要因には，①家畜・畜産物の生産と流通の増加，②伴侶動物の増加，③野生動物の生息域への侵入，④自然環境の改変による動物の移動と生息分布の変化などが大きく関与している．発病動態は，①人と動物の両者で同程度の症状（狂犬病，結核，炭疽など），②人では軽症で動物では重症（ニューカッスル病など），③人では重篤で動物では軽症（腎症候性出血熱，Bウイルス感染症など）を呈する場合とで区別される．公衆衛生では人で重症な感染症が重要視されている.

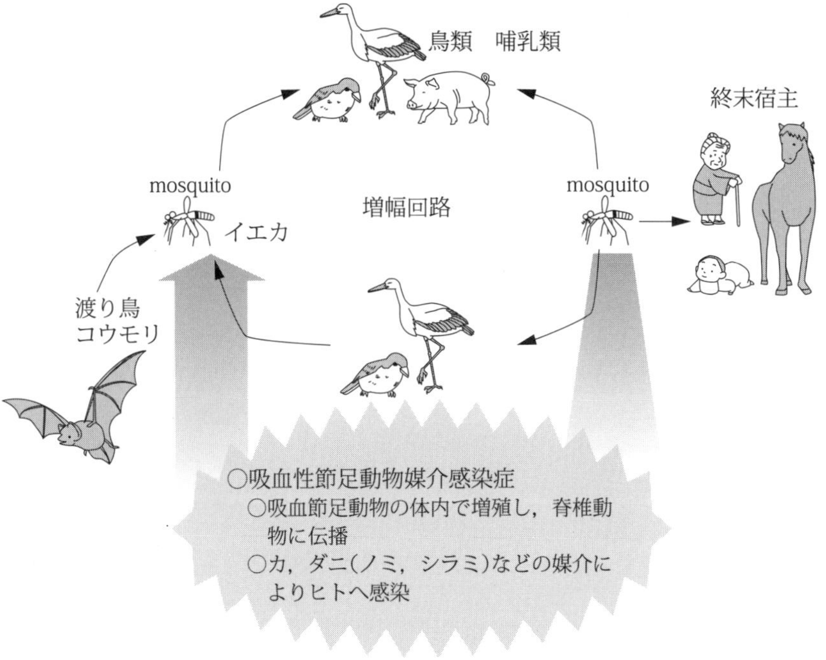
鳥類　哺乳類
終末宿主
mosquito
増幅回路
mosquito
イエカ
渡り鳥
コウモリ
○吸血性節足動物媒介感染症
○吸血節足動物の体内で増殖し，脊椎動物に伝播
○カ，ダニ（ノミ，シラミ）などの媒介によりヒトへ感染

図 6-5　アルボウイルス感染症の人への感染様式

表 6-5　人獣共通感染症の伝播様式による種類と分類

接触伝播	呼吸器，口腔，眼，皮膚からの侵入 〔例〕狂犬病，Ｂウイルス病，サルポックス，腎症候性出血熱，ラッサ熱，炭疽，ブルセラ症，サルモネラ症，結核，ペスト，細菌性赤痢，レプトスピラ症，トキソプラズマ症，アメーバ赤痢，トキソカラ症，など
節足動物伝播	ベクター体内で発育・増殖，刺咬時に侵入 〔例〕日本脳炎，テング熱，黄熱，ダニ脳炎，ロッキー山紅斑熱，リケッチア症，ライム病，野兎病，ペスト，マラリア，リーシュマニア症，トリパノゾーマ症，など
中間宿主伝播	経口的に侵入 〔例〕終宿主として感染：日本住血吸虫症，肺吸虫症，有鈎条虫症，裂頭条虫症，糸状虫症，など 中間宿主感染：包虫症，有鈎条虫症，など 幼虫移行：アニサキス症，など

2）新時代の感染症

（1）新興・再興感染症

公衆衛生水準の向上，医学・医療および獣医学・獣医療の進歩などにより，かつての急性伝染病も一応制圧の状態を迎えたかに思われた．しかしながら，社会経済の発展に伴う急速な都市化や熱帯雨林の開発などの自然環境破壊により，本来の自然宿主動物と共存病原体との生態系の破壊が起因となり，新たに動物を介して人類と遭遇し，人に重篤な危害をおよぼす新興感染症（emerging infectious diseases）が出現するに至った．主な新興感染症を表 6-6 に示した．近年約 30 年間に出現した感染症だけでもマールブルグ病やラッサ熱に始まり約 20 数種があげられる．この中には，病原体として以前から知られていた，カンピロバクター・ジェジュニ（腸炎），大腸菌 O157：H7（出血性大腸炎），バルトネラ・ヘンセレ（猫ひっかき病）なども含まれる．また，これまで制圧されたかに思われた急性伝染病，狂犬病，結核，マラリヤなどの再興感染症（re-emerging infectious diseases）の発生，あるいはそれらの可能性が問題視されている．重要なことは，これら新興・再興感染症の 70％以上が人獣共通感染症であることである．

（2）新興・再興感染症の発生要因

発生要因で重要なことは，交通機関の発達による国際交流の活発化および航空機による迅速大量輸送などにより，地球上のあらゆる地域から種々の感染症の病原体が短時間のうちに国内に持ち込まれることである．また，感染要因としては，野生動物および愛玩動物の関与があげられる．実験用あるいはペットブームによる多種多様な動物の輸入が増加の傾向にあり，これと感染症の同時輸入，いわゆる「輸入感染症」としての国内侵入が増加する懸念である．

新興・再興感染症の発生を契機に，動物の輸入感染症対策の重要性が認識され，人獣共通感染症に対する獣医学と獣医療領域での法的役割が感染症全体の

表 6-6　主な新興感染症

年	病原体	分　類	疾病名	人獣共通感染症
1967	マーブルグウイルス	ウイルス	マーブルグ病（出血熱）	○
1969	ラッサウイルス	ウイルス	ラッサ出血熱	○
1975	パルボウイルス B19	ウイルス	慢性溶血性貧血	
1976	クリプトスポリジウム	寄生虫	急性および慢性下痢症	○
1977	エボラウイルス	ウイルス	エボラ出血熱	○
1977	リフトバレー熱ウイルス	ウイルス	リフトバレー熱	○
1977	ハンタウイルス	ウイルス	腎症候性出血熱	○
1977	*Campylobacter jejuni*	細菌	腸炎，ギランバレー症候群	○
1980	HTLV-1	ウイルス	成人 T 細胞白血病	
1982	大腸菌 O157：H7	細菌	腸管出血性大腸菌	○
1982	*Borrelia burgdorferi*	細菌	ライム病	○
1983	人免疫不全ウイルス（HIV）	ウイルス	後天性免疫不全症候群（AIDS）	
1983	*Helicobacter pylori*	細菌	胃潰瘍	
1985	プリオン	プリオン	伝染性牛海綿状脳症	○
1988	人ヘルペスウイルス -6（HHV-6）	ウイルス	突発性発疹症	
1988	E 型肝炎ウイルス	ウイルス	肝炎	
1989	C 型肝炎ウイルス	ウイルス	肝炎	
1992	*Bartonella henselae*	細菌	猫ひっかき病	○
1993	ハンタウイルス	ウイルス	ハンタウイルス肺症候群	○
1994	Sabia virus	ウイルス	ブラジル出血熱	○
1994	ヘンドラウイルス（馬モルビリウイルス）	ウイルス	ヘンドラウイルス病	○
1995	HHV-8	ウイルス		
1997	インフルエンザ A ウイルス（A 型）	ウイルス	鳥インフルエンザ（H5N1：香港 1997.1）	○
1999	ニパウイルス	ウイルス	髄膜脳炎	○
2002	SARS コロナウイルス（SARS-CoV）	ウイルス	重症急性呼吸器症候群（SARS）	○

* 2002 年 11 月に中国広東省に SARS が発生したと推定．2003 年 3 月に世界保健機関（WHO）が SARS 出現を発表．

中で明確に位置付けられた．

3）犬類と猫類の主な人獣共通感染症

犬や猫由来の感染症は，狂犬病を始めとして，ブルセラ症，トキソプラズマ症，包虫症，トキソカラ症など10数種が古くから知られている（表6-7）．

この中で，現在最も重要視されているのが狂犬病である．日本では，1970年にネパールへ旅行中に犬に咬まれて帰国後に発症した事例および2006年にフィリピンで感染し，帰国後に発症した2事例の輸入感染症の発生がある．しかし，世界各国ではポピュラーな感染症で年間約3万5千人が死亡しており，その80%がアジア諸国で発生している．世界各国の発生国において，旅行者が犬に咬まれ，帰国後に発病して死亡する事例も増加しており，監視感染症として重要視されている．また，近年感染動物として，犬以外に猫，キツネ，スカンク，アライグマ，コウモリなどが知られており，これらの動物が愛玩動物として各国から輸入されていることから，動物検疫が見直され，繋留による検疫が2000年1月1日から義務づけられた（表6-14）．主な人獣共通感染症の病原体および発生と症状を表6-8に示した．

4）サル類の主な人獣共通感染症

現在，人獣共通感染症の感染源動物として最も重要視されているのはサル類である．その主な感染症を表6-9に示した．感染症法の第一類感染症に分類されている，エボラ出血熱やマールブルク病などはその代表で，サルが自然宿主ではなく，未知の野生動物からサル類に感染し，次にサルから人への感染経路で，両者に劇症の出血性熱性疾病を起こす．人の感染で致命率が高い感染症であるが，幸いにして日本での発生はみられていない．また，旧世界ザルが自然宿主で，サルでは軽症であるが人へ感染すると髄膜脳炎などの重い症状を呈し，致命率の高い，Bウイルス感染症がある．Bウイルスは，マカク属のアジア産のサル類に高頻度で感染しており，潜伏感染を起こす特性から，1つの感染環を形成している．ニホンザルも感染することから，近年になり問題視されてい

表 6-7　犬類と猫類の主な人獣共通感染症

感染症	病原体	感染宿主	国内発生
狂犬病	ウイルス	犬・猫	－
ブルセラ症	細菌	犬	＋
パスツレラ症	細菌	犬・猫	＋
レプトスピラ病	細菌	犬	＋
炭疽	細菌	犬・猫	＋
猫ひっかき病	細菌	猫	＋
カンピロバクター症	細菌	犬	＋
クリプトコッカス症	真菌	猫	＋
トキソプラズマ症	原虫	犬・猫	＋
包虫症（エキノコッカス）	寄生虫	犬・猫	＋
トキソカラ症	寄生虫	犬・猫	＋

表 6-8　主な人獣共通感染症の病原体と症状（犬・猫）

疾病名	病原体	症状	
		人	動物
狂犬病	狂犬病ウイルス	脳脊髄炎	犬，猫：脳脊髄炎
ブルセラ症	ブルセラ	悪寒，発熱，頭痛，関節痛，筋肉痛	犬：死流産，精巣炎
パスツレラ症	パスツレラ	呼吸器感染，皮膚化膿，敗血症	猫：皮膚化膿炎，肺炎
レプトスピラ症	レプトスピラ	発熱，貧血，黄疸	犬：黄疸，血色素尿
猫ひっかき病	バルトネラ・ヘンセレ	皮膚丘疹，紅斑，膿胞，リンパ節腫脹	犬，猫：菌血症，不顕性感染
クリプトコッカス症	クリプトコッカス	呼吸器感染	犬，猫：肉芽腫形成，不顕性感染
トキソプラスマ症	トキソプラズマ	網脈絡膜炎，流産，先天性疾患など	猫：不顕性感染
トキソカラ症	犬回虫，猫回虫	幼虫臓器移行症	犬，猫：不顕性感染

る感染症である．サル類は実験動物としてだけでなく，愛玩動物としてもかなりの頭数がアジア，アフリカなどから輸入されており，サル類の動物検疫義務体制が急務とされ，農林水産・厚生労働省の共官省令による指定動物で輸入検疫規制が施行されている．主な人獣共通感染症の病原体および発生と症状を表

表 6-9　サル類の主な人獣共通感染症

感染症	病原体	感染宿主	国内発生
Ｂウイルス	ウイルス	マカク属のサル	－
マールブルグ病	ウイルス	アフリカミドリザル	－
エボラ出血熱	ウイルス	カニクイザル	－
サル痘	ウイルス	サルーリス？	－
黄熱	ウイルス	サルー熱帯シマカ	－
デング熱	ウイルス	サルー熱帯シマカ	－
Ａ型肝炎	ウイルス	人ーサル	＋
細菌性赤痢	細菌	人ーサル	＋
結核（人型）	細菌	人ーサル	＋
アメーバ赤痢	原虫	サルー人	＋

表 6-10　主な人獣共通感染症の病原体と症状（サル）

疾病名	病原体	症　状	
		人	動物
エボラ出血熱	エボラウイルス	インフルエンザ様症状，出血熱	致死的疾患
マールブルグ病	マールブルグウイルス	出血熱，肝障害，多臓器不全，ショック	元気消失，沈うつ→死に至る
サル痘	サル痘ウイルス	発熱，発痘	発痘
Bウイルス感染症	Ｂウイルス	脳脊髄炎	口腔の水疱・潰瘍，不顕性感染
黄　熱	黄熱ウイルス	頭痛，嘔吐，発熱，肝障害，黄疸，循環障害	ウイルス血症，出血熱
細菌性赤痢	シゲラ	下痢，粘液便，粘血便	粘血性下痢，不顕性感染
結　核	マイコバクテリウム	咳，たん，発熱，体重減少，呼吸障害	発咳，リンパ節腫脹，下痢
アメーバ赤痢	エントアメーバ	粘血下痢便	粘血性下痢，不顕性感染

6-10に示した.

5）げっ歯類の主な人獣共通感染症

げっ歯類に分類されるネズミ類は，ウイルス，細菌，真菌，原虫，寄生虫と多種・多様な人獣共通感染症の病原体を保有している（表6-11）．マストミスによるラッサ熱，ハタネズミなどによるペストなどは感染症法の第一類感染症に分類されている．これらの感染症は，現在のところ国内発生はみられないが，船舶，航空の貨物などに感染動物が潜入して，汚染地域から国内に侵入してくる可能性を秘めている．また，ネズミ類が媒介する人獣共通感染症では，一般に人に感染すると重症な感染症が多く，その大半は国内での発生がみられていることが重要である．特に，感染宿主がドブネズミ，ラットである腎症候性出

表6-11　げっ歯類の主な人獣共通感染症

感染症	病原体	感染宿主	国内発生
ラッサ熱	ウルイス	マストミス	−
ハンタウイルス肺症候群	ウイルス	シカネズミ，シロアシネズミ	−
ロシア春夏脳炎	ウイルス	ノネズミ	＋
腎症候性出血熱	ウイルス	ドブネズミ，ラット	＋
リンパ球性脈絡髄膜炎	ウイルス	ハツカネズミ，マウス，ハムスター	＋
日本紅斑熱	リケッチア	西日本のアカネズミ	＋
つつが虫病	リケッチア	ハタネズミ，アカネズミ	＋
ペスト	細菌	ハタネズミ，マストミス	−
レプトスピラ症	細菌	ノネズミ	＋
ライム病	細菌	エゾアカネズミ	＋
仮性結核	細菌	ノネズミ，モグラ	＋
鼠咬病	細菌	ラット	＋
白癬菌症	真菌	ラット，ハムスター	＋
カリニ肺炎	原虫	マウス，ハムスター，ラット，モルモット	＋
広東住血線虫	寄生虫	ジャコウネズミ，ドブネズミ，クマネズミ	＋

表 6-12　主な人獣共通感染症の病原体と症状（げっ歯類）

疾病名	病原体	症状 人	症状 動物
ラッサ熱	ラッサウイルス	インフルエンザ様症状，粘膜出血，ショック	不顕性感染
ハンタウイルス肺症候群	ハンタウイルス	インフルエンザ様症状，肺浮腫，肺水腫	不顕性感染
腎症候性出血熱	ハンタウイルス	インフルエンザ様症状，低血圧，腎障害（乏尿→多尿）	不顕性感染
リンパ球性脈絡髄膜炎	リンパ球性脈絡髄膜炎ウイルス	インフルエンザ様症状，白血球減少，髄膜炎	不顕性感染
つつが虫病	オリエンチアツツガムシ	発疹，リンパ節炎	不顕性感染
ペスト	エルシニアペスティス	腺ペスト，肺ペスト，敗血症ペスト	致死的疾病
レプトスピラ症	レプトスピラ	黄疸，出血，眼結膜充血，腎障害	不顕性感染
鼠咬症	ストレプトバチルス，スピリルム	発熱，リンパ節腫脹	不顕性感染
広東住血線虫症	広東住血線虫	抗酸球増多，肉芽腫形成，神経症状	不顕性感染

血熱は，今後アジアにおいて流行する可能性があると，WHOからの通告がなされている．また，実験用あるいは愛玩用のげっ歯類として，成田空港だけでも年間で約百万匹ほどが輸入されているものと推定されている．主な人獣共通感染症の病原体と症状を表 6-12 に示した．

6）人獣共通感染症の予防と行政対策

感染症の変遷により，新しい感染症対策として，100 年間も施行された伝染病予防法（明治 30 年，公布）が全面改正となり，感染症の予防および感染症の患者に対する医療に関する法律として，平成 11 年 4 月 1 日付けで施行された．5 年ごとに見直しされることになっており，平成 15 年と平成 19 年に一部改正された．この法律は，国民に対する感染症の予防・治療に重点をおいたもので，①患者・感染者の人権の尊重，②感染症類型の再整理，③感染症の発生・拡大の阻止管理を重視する対策である．これには，人獣共通感染症に対応する獣医師・獣医療の役割も条文化されている．これと関連して，検疫法（昭和26年制定，平成15年一部改正）および狂犬病予防法（昭和25年制定）も平成11年に一部改正された．狂犬病指定動物の輸入検疫に関する繋留条件を表6-13に示した．また，食品衛生法，と畜場法，家畜伝染予防法とも連携を図り行政対策がとられている．各国における動物検疫の状況を表6-14に示した．

表6-13　狂犬病指定動物の輸入検疫対応
検疫に関する事項と係留条件

1）動物検疫は基本的に犬に準ずる
2）猫，キツネ，アライグマ，スカンクの輸入検疫：繋留による臨床観察．犬の係留期間分類に準ずる．
3）ワクチン接種：猫は犬と同様輸出国でのワクチン接種を要求．ワクチン接種を考慮した係留期間を設定．アライグマ，キツネ，スカンクでは輸出国にワクチン接種を要求 しない．
4）政府機関の監視下におかれている施設等で適切な管理下で一定期間隔離された猫等（SPF猫）：ワクチン接種がない場合でも係留期間を短縮することが可能．
5）輸出国で出生以後6カ月以上適切な施設で隔離，感染の恐れのないことを輸出国政府機関が証明した場合，輸入検疫は30日間の係留と臨床検査．

犬，猫の係留条件	狂犬病の予防注射 ①健康証明書付…係留14日間 ②健康証明書なし…係留30日間 狂犬病フリーの指定地域 ①健康証明書付…係留12時間以内 指定地域以外 ①指定施設で隔離等の証明書…係留30日間 ②以上に該当しない地域…係留180日間
アライグマ，キツネ，スカンク（ワクチン接種要求しない）	狂犬病フリーの指定地域 ①健康証明書付…係留12時間以内 指定地域以外 ①指定施設で隔離等の証明書…係留30日間 ②以上に該当しない地域…係留180日間

表6-14　各国の動物検疫

	犬・猫	鳥類	サル類	その他
日　本	健康証明書 狂犬病ワクチン接種証明書 2週間以上の係留（犬のみ）	輸入検疫	輸入検疫 ・エボラ出血熱 ・マールブルグ病	キツネ スカンク アライグマ （狂犬病予防法改正後）
中　国	健康証明書 狂犬病ワクチン接種証明書	輸入禁止	輸入検疫	
韓　国	健康証明書 狂犬病ワクチン接種証明書 特定国からの輸入を除き10日間係留	健康証明書 特定国からの輸入を除き10日間係留	輸入実績なし	
アメリカ	到着時検視，異常あれば検査 狂犬病ワクチン接種証明書（犬のみ）	営業用輸入禁止 個人用1人2羽まで 健康証明書 30日間係留	輸入者登録制 ペット用禁止	営業用輸入禁止 輸入者登録
カナダ	到着時検視 特定国からの輸入は30日間係留 狂犬病ワクチン接種証明書	米国以外は事前輸入許可必要		
フランス	狂犬病ワクチン接種証明書 2頭まで輸入可	原則輸入禁止	原則輸入禁止	
ドイツ	狂犬病ワクチン接種証明書 事前許可あれば3頭まで輸入可	輸入資格必要 小型インコ，オウムは3羽まで可 健康証明書	研究用，サーカス用以外輸入禁止	
イギリス	事前届出 健康証明書	原則輸入禁止 個人用ペット可	ペット用禁止	
オーストラリア	原則として生きた動物の輸入は禁止			

4．獣医療と畜産

1）畜産と伝達性海綿状脳症（プリオン病）

（1）プリオン病

病変が脳に限られスポンジ状の空胞の出現を特徴とする脳症である．その病像は，脳の神経細胞が萎縮・脱落し，行動異常，起立障害，痙攣などの神経症状を呈する．プリオン病を呈した脳などには伝達（感染）性があり，蛋白質のみの感染因子という特異な性質を持っている．主なプリオン病を表6-15に示した．①スクレイピー（Scrapie）は，1,700年代から羊を主としたプリオン病として，英国などの畜産国では古くから知られていた感染症である．日本では，1978年にカナダから輸入した羊で発生が確認されている．1984年に日本での発生羊がみられ，以後59頭の羊での発生が確認されている．②牛海綿状脳症（bovine spongiform encephalopathy：BSE）は，1986年に英国で最初に確認された牛のプリオン病である．

表6-15　プリオン病の種類と発病対象動物および発生地

病　名	動　物	発生地
スクレイピー	羊，山羊	全世界
クロイツフェルト・ヤコブ病	人	全世界
牛海綿状脳症（BSE）	牛	世界27カ国
伝達性ミンク脳症	ミンク	米国，カナダ，フィンランド
慢性消耗性疾患（CWD）	シカ，カモシカ	米国，カナダ，スエーデン等
猫海綿状脳症（FSE）	猫，チータ，トラ，ピューマ	米国，ノルウェー

（2）プリオン病の病原体

プリオン病を引き起こす病原因子，プリオン・感染性蛋白粒子（prionteinaceous infectious particle）は，1982年にPrusiner（米）によって発見された．そのプリオン蛋白質（prion protein：PrP）は核酸が存在しない蛋白質のみの感染因子である．PrP遺伝子の発現により産生され，種々の組織，特に脳組織に多く蓄積する．プリオン蛋白質には，プロテアーゼ（蛋白分解酵素）に感受性の 正常型プリオン蛋白質（cellular prion protein：PrPC）およびプロテアーゼに抵抗性の異常型プリオン蛋白質（scrapietype prion protein：PrPSc）の2つが知られている.この異常プリオン蛋白質がプリオン病の病原体と考えられ，人を含めた動物の体内に入ると，正常プリオン蛋白質の構成成分の立体構造が連鎖的，遅発性に異常プリオン蛋白質に変化し，伝達性の蛋白質となる．

2）牛海綿状脳症

（1）牛海綿状脳症の疫学

牛海綿状脳症（BSE）の病像は脳に限定され，神経細胞の壊死・脱落に伴うスポンジ状の空胞出現を特徴とし，行動異常，起立障害，痙攣などの神経症状を呈する脳症である．1986年に英国で最初にBSEの存在が確認され，1992年から1993年をピークとした流行を起こし，ほぼヨーロッパ全土を含めた世界26か国に被害が蔓延するに至っている．その起因は，BSE汚染・肉骨粉原因説が有力である．また，1996年には英国において，人の変異型クロイツフェルト・ヤコブ病（variant CreutzfeldtJakob disease：vCJD）患者10名とBSE牛との疫学的関連性が明らかとなり，人への感染が確認された．これにより，BSEの発生増大は，人へのリスクが拡大する可能性を秘めており，世界的に大きな社会問題にまで発展した．

（2）日本国内での BSE の発生状況

国内での BSE の発生は，2001 年 9 月に千葉県内での発生が初発例である．11 月には北海道，12 月には群馬県と 3 か月の短期間に 3 頭の発生が確認された．さらに，2002 年 5 月には北海道，8 月には神奈川県，2003 年 1 月には和歌山県と北海道で発生があり，以後の行政検査で 29 頭の陽性牛が確認されている（2006 年 8 月現在）．

初発例の 1 頭が及ぼした社会的波紋はあまりにも大きく拡大した．世界では 19 番目，東アジアでは最初の汚染国に指定された．また，酪農経営，食肉販売，乳肉加工食品，医薬・化粧品に飲食店などをも含めた各業界に多大な経済的損害をもたらし，一般消費者においては食品の安全性に関連した社会的不安感がパニック現象を引き起こした．不測の事態が出現し，その科学的および行政的対応策などの不確実性が社会的不安の要因となった．

（3）BSE の伝播様式

感染症の発生や流行は突然にして起こり得るものではなく，感染因子の潜在性とその動態期間があって発生・流行が起こり得る．BSE の発生起源はスクレイピー羊の肉骨粉を牛の飼料として用いたことによるとされている．その要因として，①羊を主としたスクレイピーが，1975 年以前から英国や他の各国で発生が続いていた．②スクレイピー羊や牛の肉骨粉を動物の飼料として利用していた．これにより，牛への感染と感染因子の増幅の可能性があり，牛が BSE 感染因子の増幅・宿主になった．③英国の肉骨粉の BSE 汚染は，1980 年頃より始まり，使用規制が制定された 1988 年までに高率に汚染されていた．などがあげられる．

（4）世界各国での BSE および vCJD の発生状況

1996 年に英国で新たな vCJD の発生が確認された．若い世代（平均 23.5 歳）での発症が特徴である．このプリオン蛋白の構造解析，遺伝子解析，実験動物

表 6-16 BSE および vCJD の発生状況

発生国	BSE	vCJD
イギリス	184,453	153
アイルランド	1,584	2
ポルトガル	996	0
フランス	719	9
スイス	420	0
ドイツ	404	0
スペイン	654	0
ベルギー	131	0
イタリア	134	1
オランダ	80	0
デンマーク	15	0
スロバキア	23	0
日本	29	1
リヒテンシュタイン	2	0
チェコ	24	0
ルクセンブルグ	3	0
スロベニア	7	0
ギリシャ	1	0
オーストリア	5	0
カナダ	10	1
オマーン	2	0
フォークランド	1	0
フィンランド	1	0
その他（香港）	0	1
ポーランド	49	0
イスラエル	1	0
アメリカ	2	1

1989 年以降 2006 年 8 月現在の累計

での症状・病像の結果から BSE と同一病原体と判断され，BSE から人へと感染することが明らかになった．

世界各国での BSE および vCJD の発生状況を表 6-16 に示した．英国における BSE の発生は 1986 年に始まり，これまでに約 184,453 頭の牛が罹患している．それに対比して，人での vCJD の発生があり，約 153 名の発症が報告されている（2006 年 8 月現在）．その感染経路は BSE 汚染の牛肉製品を介しての感染と考えられている．

（5）BSEの予防対策

予防対策の基本は，病原因子の動態の解明と疾病の疫学的解析による国内外での発生状況を把握し，BSEの原因物質に関する飼料などの製造・流通とその使用の禁止およびBSEの検査法とその体制を確立することである．日本での行政検査では，①生後21カ月齢以上の屠殺牛全頭の検査を実施している．検査法では，第一次検査としてのスクリーニング検査はELISA法によるPrPScの検出，および第二次確認検査ではウエスタンブロット法と免疫組織化学法によるPrPScの検出を実施している．

3）畜産と高病原性鳥インフルエンザ

2003年12月末から2004年3月にかけて，H5N1亜型の高病原性鳥インフルエンザの集団発生が日本を含むアジア8カ国で報告されている．この発生期間において，アジアでは1億羽以上の鳥が発症･病死あるいは殺処分され，大きな経済的損失を被った．さらに，終息されたかに思われた本疾病の再集団発生が2004年6月以降，ベトナム，中国，タイ，インドネシア，ロシア欧州部，中東，および欧州連合の諸外国で確認されるに至り，その特徴とする高病原性，地理的発生拡散，感染拡大の速度，人への感染および社会経済的損失，また，特に今後の人を含めた再集団発生の脅威は全世界的な重大問題として注目されている．

（1）インフルエンザウイルスの性状と病原性

インフルエンザウイルスはオルソミクソウイルス科に属し，膜のM1蛋白質およびヌクレオカプシドのNP蛋白質の抗原性によりA，B，Cの3群に分類される．A型インフルエンザウイルスの核酸は8分節RNAで，分節遺伝子4番目のHemagglutinin（HA：H1～15型）と6番目のNeuraminidase（NA：N1～9型）の組合せにより135の遺伝子亜型に細分類され，各亜型が哺乳動物において感染環を形成している．水禽類においてのみ全組合せ135の亜型が自然感染環を形成している．鶏では，H1～7,9,10とN1,2,4,7の亜型，人ではH1N1,H2N2,H3N2,H1N2亜型と鶏由来と考えられるH5N1,H7N7,H9N2亜型および豚ではH3N2,H1N1,H4N6亜型が低病原性の小規模流行を伴い感染環を形成している．

病原性と関連して，A型インフルエンザウイルスは自然界において容易に抗原変異を起こす．①抗原不連続変異（antigenic shift）により，鳥類および人の間で感染環を形成しているA型インフルエンザウイルスが人宿主に複合感染を起こした場合，各分節RNAのHA遺伝子およびNA遺伝子が組換わる遺伝子再集合（genetic reassortment）を起こし，新遺伝子亜型の「新型ウイルス」が複製される．この新型ウイルスは宿主間で感染循環を繰り返すことにより，感受性を獲得し，高病原性を伴った大流行を起こす可能性を秘めている．A型のみにみられる抗原変異である．②抗原連続変異（antigenic drift）では，自然宿主における感染循環を持続することで，分節RNA遺伝子（PB2,HA,NA）の塩基配列に塩基の置換（点変異：point mutation）が起きることがある．これにより，アミノ酸の配列構造が変異を起こす．A,B型にみられる抗原変異である．この抗原変異は低病原性の地域的な小規模流行の起因となっている．

（2）高病原性鳥インフルエンザの疫学

1959年以降の発生状況を表6-17に示した．産卵の減少や元気消失等の軽い症状を呈するいわゆる低病原性の鳥インフルエンザが例年のように小規模な集団発生として繰り返されているのが通常である．その様な状況のもと，鶏，七面鳥などが感染すると，呼吸器症状，下痢や食欲減退等の消化器症状や首曲がりの神経症状などの全身症状を起こして大量に死亡する高病原性鳥インフルエンザの集団発生が世界各地において報告されるようになってきた．1959年以降では21事例の集団発生が報告されている（2004年8月現在）．以後，現在までに，ロシア，中東，欧州連合での発生が報告され，全世界的に感染拡大の速度を速めている．

表 6-17　世界における高病原性鳥インフルエンザの集団発生

年	国・地域	家禽	ウイルス亜型	年	国・地域	家禽	ウイルス亜型
1959	スコットランド	鶏	H5N1	1994	オーストラリア・クィーンズランド	鶏	H7N3
1963	イギリス	七面鳥	H7N3	1994〜1995	メキシコ	鶏	H5N2
1966	カナダ・オンタリオ	七面鳥	H5N9	1994	パキスタン	鶏	H7N3
1976	オーストラリア・ビクトリア	鶏	H7N7	1997	オーストラリア・ニューサウスウェルズ	鶏	H7N4
1979	ドイツ	鶏	H7N7	1997	中国・香港	鶏	H5N1
1979	イギリス	七面鳥	H7N7	1997	イタリア	鶏	H5N2
1983〜1985	アメリカ・ペンシルバニア	鶏 七面鳥	H5N2	1999〜2000	イタリア	七面鳥	H7N1
1983	アイルランド	七面鳥	H5N8	2002	中国・香港	鶏	H5N1
1985	オーストラリア・ビクトリア	鶏	H7N7	2002	チリ	鶏	H7N3
1991	イギリス	七面鳥	H5N1	2003	オランダ	鶏	H7N7
1992	オーストラリア・ビクトリア	鶏	H7N3	2004〜	ロシア・中東・欧州連合	鶏	H5N1

これまでの集団発生事例で重要なことは，①高病原性の遺伝子型が H5 亜型（H5N1,H5N2,H5N8）および H7 亜型（H7N1,H7N3,H7N7,H7N4）であることである．② 1983 〜 1985 年にアメリカ（ペンシルバニア州）で集団発生した H5N2 型の鳥インフルエンザウイルスは，最初は低病原性であったものが感染循環を繰り返している間に高病原性に変異を起こしたという事例がある．この事実は，低病原性鳥インフルエンザウイルスが鶏間での感染循環により高病原性に変異を起こすことを示唆することで重要である．また，③ 1997 年の香港特別行政区における鶏での H5N1 型の集団発生事例では人への感染がみられた事である．感染者数 18 名中 6 名の死亡者を出している．この事実は，高病

原性鳥インフルエンザウイルスが人へも感染を起こし，人でも高病原性であることを示唆する重要な知見である．現在では，人と人の間での感染速度および感染環の形成が懸念され，全世界的に監視体制の強化対策が検討されている．

2004年1月～3月の短期間に，日本を含むアジア11カ国にH5N1型を主とする高病原性鳥インフルエンザの集団発生が報告されている．日本では，アジアにおける高病原性鳥インフルエンザの集団発生とほぼ同時期に，H5N1型ウイルスを起因とした4事例（山口県，大分県，京都府・2事例）およびH5N2亜型ウイルスによる茨城・埼玉県における集団発生が確認された．日本における79年ぶりの集団発生である．この集団発生事例では，①本ウイルスの伝播様式の点で，地理的発生拡散および感染拡大の速度の急速性が示唆されることが重要である．② H5N1型高病原性鳥インフルエンザウイルスは，アヒル，ウズラ，野生鳥および人への感染がみられることから，すでに種の壁を越えた感染が始まっている可能性を示唆することで重要な知見である．

（3）高病原性鳥インフルエンザの人への感染

人への感染状況を表6-18に示した．1997年の香港特別行政区における鶏でのH5N1型の集団発生事例が最初である．現在まで，香港，中国，オランダ，ベトナム，タイ，カンボジア，インドネシア，イラク，トルコ，カナダ，の諸

表6-18　高病原性鳥インフルエンザウイルスの人への感染

発生年月日	発生国	ウイルス亜型	感染者数	死亡者数
1997年	香港特別行政区	H5N1	18	6
2003年2月	香港特別行政区	H5N1	2	1
2003年2～5月	オランダ	H7N7	86	1
2004年	カナダ	H7	2	
2004年～	ベトナム	H5N1	93	42
	タイ	H5N1	22	14
	インドネシア	H5N1	23	16
	トルコ	H5N1	12	4
	イラク	H5N1	1	1

国での感染が報告され，88名が死亡している．H5N1型が主であるが，カナダではH7N7型での感染が報告されている．症状は，多臓器不全，呼吸器症状，消化器症状を主徴とした全身症状である．ベトナムの症例では，15症例中の13症例が重篤の肺炎で死亡している．また，ベトナムの症例で第二次感染の報告があるが，いずれも介護による家族内の感染であり，流行には至っていない．今後，本新型ウイルスが人宿主間で感染循環を繰り返すことにより，感受性と高病原性を獲得し，世界的大流行を起こす可能性を有することが脅威である．

（4）高病原性鳥インフルエンザの予防対策

A型インフルエンザウイルスには，自然界で遺伝子の再集合や遺伝子の点変異などにより病原性と関連した変異を起こし，大・小規模の流行を繰り返す特性がある．低病原性鳥インフルエンザウイルスが鶏を宿主として「感染循環」を形成することにより高病原性の「新型ウイルス」が発生し，大規模の集団発生を起こす．また，高病原性鳥インフルエンザウイルスが人へ感染を起こし，人宿主間で「感染循環」を形成することにより，高病原性の「新型ウイルス」が発生し，大規模の集団発生を起こす可能性が高くなる．したがって，感染循環のポジティブ回路を遮断し，感染の拡大と拡散を防止することが重要である．その主な行政予防対策として，「家畜伝染病予防法」（農林水産省）により，本疾病が発生した場合の鳥間での感染の拡大・拡散に関する防止および発生の届出，隔離，移動制限，殺処分，焼却，埋却および消毒などの防止処置がとられている．また，「感染症法」（厚生労働省）では第四類感染症（全数把握対象疾患）に指定し，診断後の届出，汚染場所や寝具等の消毒，移動制限および立ち入り検査による拡大・拡散などの防止処置がとられている．

第７章　獣医師の職域

近年，科学技術の発展に伴い獣医療や動物疾病の診断・予防技術の高度化と多様化が進んでいる．また，家畜，伴侶動物（コンパニオン・アニマル），野生動物等の診療対象動物の多様化，安全な食用産業動物の生産と供給，麻薬犬・救助犬・警察犬等の社会活動動物の必要性，盲導犬・聴導犬や介助犬など身体障害者補助犬の需要増，動物愛護および社会福祉運動の普遍化，学校飼育動物への獣医療の関与，等々獣医師の介在する職域が広がりつつある．

わが国の獣医師免許制度は，明治 18 年（1885 年）に太政官布告第 28 号により交付された獣医師免許規則に端を発しているが，現在は，獣医師となるためには，大学（獣医学科：6 年制）における獣医学教育を履修した後，獣医師法に基づく国自らが実施する獣医師国家試験に合格し，獣医師の登録をする必要がある．現在，獣医学科を設置している大学は，国立大学法人大学 10 校，公立大学法人大学 1 校，私立大学 5 校で，学生定員は全校で約 930 人である．昭和 53 年以前の獣医学教育制度は「学部 4 年制」であったが，獣医学領域の医療技術，診断・予防技術等の高度化ならびにその領域の拡大に伴い，獣医学教育の重点化が求められ，昭和 59 年 4 月から医学部や歯学部と同様に現在の「学部 6 年制」に改められた．獣医学教育は基礎獣医学，臨床獣医学，応用獣医学の 3 つの専門分野に大きく分かれるが，講義科目と実習科目を合わせると非常に多種にわたっている．

獣医師法の第 1 条には「獣医師は，飼育動物に関する診療及び保健衛生の指導その他の獣医事をつかさどることによって，動物に関する保健衛生の向上及び畜産業の発達を図り，あわせて公衆衛生の向上に寄与するものとする．」と規定されている．すなわち，動物の診療や保健衛生指導などを通して，動物の保健衛生，畜産業の発展，公衆衛生の向上等に寄与することが使命とされている．獣医師の活動分野（就業分野）を大きく分けると，農林水産分野，公衆衛生分野，小動物臨床分野（社会活動動物，身体障害者補助犬等も含む），医薬品，飼料等の開発製造に係る分野，野生動物関係分野の5つとなる．明治・大正時代は，獣医師の職域は軍馬を中心とした診療，健康管理，防疫を中心としたものであったが，第2次世界大戦後は，畜産振興政策のもと，牛，豚および鶏などの診療業務,防疫業務,衛生管理業務が獣医師の主な活動分野となった．最近では，犬や猫などの小動物を飼養する家庭が増え，しかも以前の単なる「ペット」から今や「家族の一員」として位置づけられるようになって，獣医師の活動分野も小動物臨床分野の比重が高まってきている．このことを背景として，小動物臨床分野を志向する者が年々増加してきていることが，最近の就業状況の特徴となっている．昭和59年には小動物臨床分野に従事する獣医師は約4,300人であったが，平成16年には約10,000人となり，この20年間に倍増している．この増加傾向は特に大都市地域において著しい．一方，産業動物臨床分野については，貿易自由化の波は畜産分野にも押し寄せ，畜産農家の減少，経営効率を求めた一部企業による大規模畜産経営化が進み，獣医師1人当たりの畜産農家数が著しく減少している．さらに，若い獣医師の大動物臨床志向も少なくなっており，産業動物獣医師の高齢化が進んでいる．他方，産業動物の国際重要伝染病の防疫，国内伝染病の衛生や公衆衛生の分野では，公務員として都道府県を中心に多くの獣医師が就業している．食肉や牛乳，卵などの畜産物の生産を振興し，安定的に食料を確保していくうえでも，獣医師の役割に今後とも大きな期待が寄せられている．最近,食の安全が重要視され,国民の関心が高まっている中で，公衆衛生分野に就業している獣医師の役割もますます大きくなっている．医薬品等の開発研究・製造に関する分野は，獣医師の幅広い専門知識を生かすことのできる分野（開発研究分野）でもあり，研究開発を志す獣医師の職場として魅力あるものとなっている．野生動物関係分野は，獣医師の活動分野として野生動物保護活動を行うNPO法人，動物園・水族館等があるが，それらに関連する職場はそう多くはない．

農林水産省の統計（獣医師法第22条による届出）によると，平成16年

12月31日現在で，わが国の獣医師登録総数は31,333人となっている（表7-1）．大きく分けて，獣医事に従事する者が27,498人（約88%），そのうち，国家公務員が502人（約2%），地方公務員が8,672人（28%）（都道府県職員：7,231人，市町村職員：1,441人），民間・団体職員が5,761人（18%），個人診療施設開設者が12,083人（約39%）であり，獣医事以外の獣医学的

表7-1　獣医師の勤務領域と就業者数一覧（獣医師法第22条の届出）

届出者総数				31,333
獣医事に従事するもの	獣医事に従事する総数			27,498
獣医事に従事するもの	国家公務員	計		502
獣医事に従事するもの	国家公務員	農林畜産	小計	273
獣医事に従事するもの	国家公務員	農林畜産	行政機関	251
獣医事に従事するもの	国家公務員	農林畜産	試験研究機関	22
獣医事に従事するもの	国家公務員	公衆衛生	小計	79
獣医事に従事するもの	国家公務員	公衆衛生	行政機関	51
獣医事に従事するもの	国家公務員	公衆衛生	試験研究機関	28
獣医事に従事するもの	国家公務員	教育公務員		75
獣医事に従事するもの	国家公務員	その他		75
獣医事に従事するもの	都道府県職員	計		7,231
獣医事に従事するもの	都道府県職員	農林畜産	小計	3,345
獣医事に従事するもの	都道府県職員	農林畜産	行政機関	557
獣医事に従事するもの	都道府県職員	農林畜産	家畜保健衛生所等	2,277
獣医事に従事するもの	都道府県職員	農林畜産	試験研究機関	511
獣医事に従事するもの	都道府県職員	公衆衛生	小計	3,649
獣医事に従事するもの	都道府県職員	公衆衛生	行政機関	490
獣医事に従事するもの	都道府県職員	公衆衛生	保健所等	2,977
獣医事に従事するもの	都道府県職員	公衆衛生	試験研究機関	182
獣医事に従事するもの	都道府県職員	教育公務員		110
獣医事に従事するもの	都道府県職員	その他		127
獣医事に従事するもの	市町村職員	計		1,441
獣医事に従事するもの	市町村職員	農林畜産	小計	174
獣医事に従事するもの	市町村職員	農林畜産	行政機関	62
獣医事に従事するもの	市町村職員	農林畜産	家畜診療所等	112
獣医事に従事するもの	市町村職員	公衆衛生	小計	1,074
獣医事に従事するもの	市町村職員	公衆衛生	行政機関	106
獣医事に従事するもの	市町村職員	公衆衛生	保健所等	968
獣医事に従事するもの	市町村職員	教育公務員		17
獣医事に従事するもの	市町村職員	その他		176
獣医事に従事するもの	民間団体職員	計		5,761
獣医事に従事するもの	民間団体職員	農業協同組合	小計	390
獣医事に従事するもの	民間団体職員	農業協同組合	診療	225
獣医事に従事するもの	民間団体職員	農業協同組合	その他	165
獣医事に従事するもの	民間団体職員	農業共済団体	小計	1,888
獣医事に従事するもの	民間団体職員	農業共済団体	診療	1,702
獣医事に従事するもの	民間団体職員	農業共済団体	その他	186
獣医事に従事するもの	民間団体職員	会社	小計	1,687
獣医事に従事するもの	民間団体職員	会社	診療	251
獣医事に従事するもの	民間団体職員	会社	その他	1,436
獣医事に従事するもの	民間団体職員	独立行政法人		498
獣医事に従事するもの	民間団体職員	競馬関係団体		252
獣医事に従事するもの	民間団体職員	私立学校職員		411
獣医事に従事するもの	民間団体職員	その他		635
獣医事に従事するもの	個人診療施設	計		12,083
獣医事に従事するもの	個人診療施設	産業動物	開設者	1,661
獣医事に従事するもの	個人診療施設	産業動物	被雇用者	300
獣医事に従事するもの	個人診療施設	犬猫	開設者	6,789
獣医事に従事するもの	個人診療施設	犬猫	被雇用者	3,257
獣医事に従事するもの	個人診療施設	その他	開設者	42
獣医事に従事するもの	個人診療施設	その他	被雇用者	34
獣医事に従事するもの	その他			480
獣医事に従事しないもの				3,835

（単位：人）

注：平成16年12月31日現在
（平成18年農林水産統計データから引用）

知識や技術と無関係の分野に就業している者が 3,835 人（12%）となっている．診療等の臨床獣医として働く者が，産業動物で，約 4,139 人（約 13%），犬・猫等の小動物では 10,122 人（約 32%）となっている．最近，小動物臨床分野での獣医師として働く者が増加している．また，公務員（国と地方を含めて．）の割合が全体の 30%と比較的多いのが現状である．なお，国家公務員，地方公務員になる場合には，獣医師国家試験とは別に国家公務員および地方公務員試験（多くは獣医師採用試験）に合格する必要がある．

1．獣医師の任用・資格

任用制度は法律に基づき，国家公務員の場合は各省庁の大臣，地方公務員の場合は都道府県知事が発令する職務制度である．この職務は法律に基づく権限を有しており，権威あるものである．獣医師の場合は，任用・資格一覧（表 7-2）に示すとおり，各分野での多くの任用される職務がある．例えば，と畜検査員や狂犬病予防員等は獣医師に限って任用される．薬事関係では，国または都道府県の職員が任用される薬事監視員がある．また，民間会社，特に製造関係で管理者としての資格，例えば医薬品製造会社で最も責任ある管理者である総括製造販売責任者になるための資格を有している．その他，医薬品製造管理者，食品衛生管理者，飼料製造管理者等がある．

このように家畜衛生，薬事，公衆衛生等の分野で獣医師としての資格は重用されている．

表 7-2　獣医師の任用・資格一覧

分　野	任用資格等	根拠法規
家畜防疫関係	家畜防疫官（国）	家畜伝染病予防法第 53 条
	家畜防疫員（都道府県）	家畜伝染病予防法第 53 条
薬事関係	薬事監視員	薬事法施行令第 68 条
	総括製造販売責任者	薬事法第 17 条，同施行規則第 63 条，（経験が 3 年必要）
	製造責任技術者	薬事法第 17 条，同施行規則第 63 条，（経験が 3 年必要）
	医薬品製造管理者	薬事法第 17 条，動物用医薬品の製造管理および品質管理に関する省令第 3 条
	品質管理責任者	薬事法第 17 条，動物用医薬品の製造管理および品質管理に関する省令第 3 条
	医薬品の処方・指示	薬事法第 49 条
	麻薬取扱者（麻薬施用者，麻薬管理者，麻薬研究者）	麻薬及び向精神薬取締法
公衆衛生関係（食肉・食品・衛生）	と畜検査員	と畜場法第 19 条，同施行令第 10 条
	食鳥検査員	食鳥検査法第 25 条
	食鳥処理衛生管理者	食鳥検査法第 12 条
	食品衛生監視員	食品衛生法第 30 条，同施行令第 4 条
	食品衛生管理者	食品衛生法第 48 条
	狂犬病予防員	狂犬病予防法第 3 条
	環境衛生監視員	興行場・公衆浴場法等に基づく都道府県条例
	環境衛生指導員	興行場・公衆浴場法等に基づく都道府県条例
畜産関係	家畜人工授精に係る検査等	家畜改良増殖法第 13 条
	飼料製造管理者	飼料安全法第 25 条，同施行規則第 32 条
動物愛護関係	動物愛護担当職員	動物愛管法第 34 条
	身体障害者補助犬の取り扱い	身体障害者補助犬法第 21 条
その他	医療用放射線装置の取り扱いおよび管理	獣医療法施行規則
	都道府県職員による立ち入り検査	動物の愛護及び管理に関する法律第 24 条

２．獣医師の職域

１）産業動物分野

（１）産業動物の臨床

畜産農家の多い地域等で自ら診療施設を開設し診療に携わる場合や各都道府県にある農業共済組合に勤務し，獣医療に従事する場合がある．企業形態の大規模農場では管理獣医師として雇用される場合もある．対象動物としては牛が主体である．

競走馬の育成牧場，日本中央競馬会（JRA）など馬の関連施設で臨床に携わる獣医師も多い．人工授精や受精卵移植なども獣医師の仕事の範疇である．また，豚や鶏では，ワクチン接種や消毒など伝染病予防の衛生指導といった動物個体単位ではなく動物群単位の予防衛生業務を行うケースが多い．地方では診療施設を開設した獣医師が，産業動物のみならず，犬，猫，野生動物の臨床を並行して行う場合も多い．

最近では「食の安全」が重要視されるようになり，食品衛生法のポジティブリスト制の導入等により，動物用医薬品，特に抗生物質等の使用規制が強化され，獣医師の指示の元にその適正使用が義務づけられている．

（２）産業動物の防疫

わが国の畜産振興を図るため，産業動物の防疫は家畜伝染病予防法に基づいて実施されており，乳牛をはじめ肉牛，馬，豚，鶏など家畜・家禽の感染症対策が行われている．国には農林水産省消費・安全局に動物衛生課，畜水産安全管理課の２つの課があり，前者では，国内防疫，国際防疫，保健衛生等，後者では動物用医薬品の審査指導，薬事監視，飼料の安全性確保，獣医事（獣医師国家試験等），水産物の安全性確保等の業務が行われている．都道府県では，

表 7-3　獣医師の職場

区　分	仕　事	所轄・分野等	機関・名称等
国	研　究	厚生労働省	国立感染症研究所，国立医薬品食品衛生研究所等
	行　政	農林水産省	本省，動物検疫所，動物医薬品検査所等
都道府県	研　究	畜産・衛生	畜産研究所，農業総合研究所，家畜衛生研究所等
		公衆衛生	衛生研究所等
	行　政	畜産・衛生	本庁，家畜保健衛生所等
		公衆衛生	本庁，食肉衛生検査所，保健所，動物愛護センター，動物園，水族館等
市町村	行　政	公衆衛生	町村役場，市役所
独立行政法人	研　究	農林水産省管轄	動物衛生研究所，畜産総合研究所等
	行　政	農林水産省管轄	肥飼料検査所，家畜改良センター等
団　体	研　究	農林水産省管轄	農林水産先端技術研究所，動物遺伝研究所，日本中央競馬会（JRA）総合研究所等
	行　政	農林水産省管轄	畜産技術協会，畜産安全科学研究所等
民間会社	医薬品	製造・販売	動物用および人体用医薬品(ワクチン，抗生物質，一般薬等)の製造・販売各社等
	研　究	生命科学	民間会社付属研究所等
	飼　料	製造・販売	飼料メーカー各社等
	畜　産	製造・販売	畜産メーカー各社等
	乳製品	製造・販売	乳製品メーカー各社等
	ペット関連	製造・販売	ペット関連企業等
	水　産	製造・販売	水産加工メーカー各社等
	その他		
大動物臨床	臨　床	診療	個人経営の診療施設，農業共済・家畜診療所（牛・豚），JRA診療所（馬）等
小動物臨床	臨　床	診療	個人動物病院，企業動物病院等
野生動物	臨床・管理	診療・保護	個人動物病院，NPO法人等
大学等教育機関	教　育	国立・私立	獣医系大学，動物関連専門学校，医学系大学等
海　外	技術協力	外務省(各省庁)	国際協力機構（JICA）等
	国際機関	外務省(各省庁)	国際食料機関（FAO）等

農林部畜産課（都道府県により名称が異なる）において，都道府県レベルでの防疫体制の確保，防疫施策立案等を行っている．実際の野外での家畜防疫を担当するのは各都道府県にある家畜保健衛生所である．そこでは，獣医師は，主として家畜伝染性疾病の防疫(衛生指導・診断等・着地検疫)，畜産農家の指導(飼養管理・経営指導等)，家畜の改良・増殖（人工授精・受精卵移植等)，家畜疾病に関する調査・研究，動物用医薬品の検査（一般薬)，薬事監視（動物用医薬品の適正使用，畜産物の安全性の確保等）等の業務に携わっている．

防疫技術（診断・予防）の技術開発研究は，独立行政法人農業・食品産業技術総合研究機構 動物衛生研究所を中心として行われており，また，ワクチン製造メーカーおいては，より安全かつ有効性の高いワクチンの開発研究が精力的に行われている．

口蹄疫，高病原性鳥インフルエンザ等の国際重要伝染病が国内侵入した際には，これらの国，都道府県，民間，団体の関係組織が総力をあげて協力し，診断，摘発淘汰，疫学調査等の防疫対策が徹底して実施される．

この他，魚病の診断や防疫の仕事も，水産分野の機関と連携・協力して行われており，魚類も含めた広範な領域が獣医師の職域となっている．

産業動物分野では，平成16年度において，国家公務員（農林水産省の本省・動物検疫所・動物医薬品検査所，厚生労働省の国立感染症研究所等に勤務）の獣医師が約502人で獣医師総数の約2%を占めている．また，独立行政法人(国の外郭団体で主として動物衛生研究所，家畜改良センター等の試験研究・検査機関）で働く獣医師が498人で，獣医師総数の約1.6%を占めている．都道府県の本庁・家畜保健衛生所・人工授精所・種畜牧場・試験研究機関（畜産試験場など）に勤務する都道府県職員の獣医師が約7,200人（約30%），市町村の行政機関・家畜診療所・人工授精所などに勤務する市町村職員の獣医師が約1441人（約4.6%）となっている．最近10年間で地方公共団体に勤務する獣医師が増加している．この他に農業協同組合，農業共済組合および企業などの民間団体で産業動物の診療業務に従事している獣医師が約5,700人（約18%），牛や豚，馬などを対象とした個人診療施設で診療を行っている獣医師が約1,900人（約6%）となっている．産業動物を対象とした個人診療施設は減少の傾向にある．

2）小動物臨床分野

犬や猫などのコンパニオン・アニマルを診療対象とした動物病院を開設している獣医師およびそこに勤務する獣医師は約10,000人で，獣医師総数の約30%を占めている．特に都市部での診療施設が増加し，小動物に携わる獣医師の数が10年前と比較して40%も増加している．最近，小動物診療施設では獣医療の多様化，高度化に伴い，多くの獣医療補助専門職（いわゆる動物看護師）が獣医師の協力専門技術者として従事しており，獣医師は従来の煩雑な業務から解放され，本来の獣医療を遂行できるようになってきている．また，動物看護師の業務（資格）の法制化が早期に望まれる．最近は犬や猫のみならず，小鳥，外来性動物，野生動物の病気の予防や診療も対象となっている．その他，動物園や水族館に勤務し，そこの展示動物を対象とする臨床獣医師の存在もある．しかし，他の分野に比べると動物園や水族館等の関係施設は多くはない．

3）公衆衛生分野

公衆衛生分野における平成16年12月現在の獣医師の就業状況をみると，厚生労働省の本省・検疫所等（行政機関），国立医薬品食品衛生研究所，国立保健医療科学院，国立感染症研究所等（試験研究機関）などに勤務する獣医師（国家公務員）が79人（0.3%），都道府県の本庁・保健所・動物管理センター・食肉衛生検査所・試験研究機関（衛生研究所など）に勤務する獣医師（地方公務員）が3,649人（約11.6%），市町村の行政機関・保健所などに勤務する獣医師（地方公務員）が約1,074人（約3.4%）となっている．公衆衛生分野の主な仕事は，と畜検査および食鳥検査（食肉等の安全性の確保），人獣共通感染症（狂犬病等）の予防，食品衛生監視・指導（食品の安全性の確保），環境衛生監視・指導（生活環境の保全），人獣共通感染症に関する試験・研究等である．

（1）食品衛生・環境衛生

食品衛生および環境衛生に係る業務は都道府県の保健所で行われている．保健所に勤務する獣医師（食品衛生監視委員，環境衛生監視委員，狂犬病予防員）は，食品衛生・環境衛生のみならず，狂犬病予防・動物愛護・企画調整・検査等の業務に従事している．狂犬病は昭和32年の最後の発生以来49年間野外での発生はないが，狂犬病の予防も公衆衛生分野で活動する獣医師の重要な仕事である．動物関係の業務としては，犬・猫等の動物の飼い主等に対する適正飼養の指導，ペットショップ等の動物取扱業者の指導，危険な動物の施設・飼養・保管状況の立入検査，動物由来感染症に関する指導等がある．動物関係以外の業務としては，飲食店や食料品販売等の食品関係業者および旅館，理・美容所，公衆浴場等の環境営業施設の許認可事務・監視指導や営業者に対する衛生教育や啓発等がある．その他にも，食中毒の予防や食品衛生指導，食品や飲料水に関する検査および危機管理対応などを調整する等，獣医師の職域は広範囲にわたっている．

（2）食肉検査（食鳥検査）

「と畜場法」に基づき，と畜検査員（獣医師）が食用家畜の検査するとともに，抗生物質やその他の有害物質等の残留の有無等について検査し，安全な食肉の供給に貢献している．と畜検査は，「と畜場」において食用として処理される牛，馬，豚，めん羊，山羊について，生きている状態での検査（生体検査），と殺時の放血状態等の検査（解体前検査），と殺された後の内臓・枝肉等の検査（解体後検査）を肉眼で行う．さらに，獣医師は，牛や豚が処理される過程で，食中毒の原因となる細菌等で汚染されないよう衛生的な処理の指導や，食肉の抗生物質や農薬等の検査も実施する．これらの検査により，食用不適な肉は廃棄され，食用に適した安全な肉が市場へ流通することになる．肉眼所見で異常があった場合は，さらに細菌学的検査や病理学的検査等を行う．

「食鳥処理の事業の規制及び食鳥検査に関する法律」（いわゆる「食鳥検査法」：

平成２年６月29日公布，平成４年４月１日施行）に基づく食鳥検査は，「食鳥処理場」で食用として処理される鶏などについて，食鳥検査員（獣医師）がと畜検査と同様の検査を行う．従来，食鳥検査制度はなく，家禽の食肉処理は何の規制もなかったが，平成４年４月１日に施行され，安全な鶏肉が流通する用になった．これらの検査に従事する獣医師は各都道府県の食肉衛生検査所の職員である．

（３）人獣共通感染症

国立予防衛生研究所や都道府県の衛生研究所等では，人の感染症の研究・調査活動を通じて，人獣共通感染症の対策がなされている．さらに，厚生労働省検疫所では，海外からエボラ出血熱，マールブルグ病，コレラ，ペストなどの人に対して危険度の高い感染症が国内に侵入するのを防ぐために，獣医師が検疫官として検疫業務に従事している．また，狂犬病予防法に基づいて人等への危害防止のため，係留されていない犬等を保護収容している動物愛護センター等がある．これらセンターでは，動物愛護精神の普及・啓発活動を行うとともに，負傷した動物の保護や，やむを得ない理由で飼えなくなった犬および猫の引取り，収容した動物の譲渡等が行われている．

このように，獣医師は，公衆衛生のあらゆる分野で人の健康にかかわる仕事に携わっている．

４）医薬品，飼料等の開発研究・製造

製薬（ワクチン，抗生物質，一般薬等），食品加工，家畜飼料，ペットフード等を開発・製造する民間会社や関連研究所では，生物学，生化学，免疫学，遺伝子工学，蛋白質工学等の基礎学問から，獣医学，医学などの応用学問をベースに医薬品，食品，飼料等の開発研究や各種安全性，有効性の試験などが実験動物を使って行われている．獣医師はそれらの研究開発や安全性に係る実験動物を用いた試験および管理などに携わっている．新薬の開発には，製剤本体の開発はもちろんのこと，その有効性（効能効果），毒性・副作用を含めた安全

性を評価する必要があり，その1つとして動物実験を用いた評価方法が必要不可欠である．実験動物を動物愛護・福祉の観点から適正な飼養，管理を指導することも獣医師の大きな役割となっている．

5）教育分野

教育分野で働く獣医師も意外に多い．現在,獣医学科を設置している大学は，国立大学法人大学10校，公立大学法人大学1校，私立大学5校で，各獣医学科の講座数や教員数は各大学により異なっているが，国立大学法人の教員数は全体で約290人，公立大学法人では約50人，私立大学では全体で約250人である．獣医学科の教員は教育活動のほか，基礎から臨床に至る獣医領域の先端的研究を行っている．その他，大学医学部，高等学校，動物看護専門学校等に勤務する獣医師も多い．国立・公立・私立大学，高校などで教員をしている獣医師数は平成16年12月現在で約600人である．

6）実験動物分野

動物実験は医学系，獣医系大学等で教育・研究に，また製薬メーカーや検査センター等での医薬品の有効性の確認のみならず，副作用，毒性，残留性等の安全確保のために欠かせないものである．「動物の愛護及び管理に関する法律」（昭和48年10月1日法律第105号）が平成17年6月22日に改正され，平成18年6月1日に施行された．この改正の中で，動物を科学上の利用に供する場合の配慮（第41条）が強化され，実験動物といえども生命の尊厳さが重要視され，実験動物代替法の利用の促進，必要以上に動物を実験に利用しないこと等，適切な配慮が求められている．実験動物の飼育・管理に関して，獣医師以外の技術者に対して（社)日本実験動物協会が実験動物技術者（一級,二級）の認定を行っているが，多くの獣医師が実験動物分野で貢献している．職場としては，製薬メーカー，大学医学部等の実験動物施設等がある．

7）野生動物分野

最近，野生動物の保護・管理や外来動物の野生化等が問題となっており，野生動物や外来動物の診療のほか，調査・保護管理活動に従事している獣医師も少なくない．これらの職域としては，NPO法人の野生動物保護センターや都道府県の施設等がある．また，希少動物等の人工繁殖，動物園や水族館等での診療，飼養管理，系統繁殖等に従事する獣医師もいるが数は多くない．

8）水 産 分 野

養殖の産業化により，蜜飼いによる環境問題，抗生物質の過剰投与，新興魚病の発生等，食の安全の問題から環境問題に至まで，魚の養殖にかかわる問題が取り上げられている．それらに対応するために，獣医学科に魚病学講座を設置している大学も増加している．水産用医薬品も動物用医薬品の範疇であり，ワクチンや抗生物質等の要指示医薬品は薬事法の規制により獣医師の指示・処方がなければ購入・使用することができないので，養殖業を営む水産会社等で獣医師として勤務する機会も多い．

また，水産用ワクチン等の医薬品の開発・製造に携わる獣医師も多くなっている．

9）海外協力分野

あらゆる分野で国際化への対応，国際協力の実践が行われている中で獣医師の活動領域も地球規模となっている．発展途上国への技術協力の窓口としては独立行政法人国際協力機構（外務省所轄の法人）による発展途上国への技術援助（専門家派遣，青年海外協力隊）やNPO法人による海外協力等がある．アジア，アフリカ，中南米などの発展途上国での牛，豚，羊，山羊，鶏などの感染症の診断・予防といった家畜防疫体制の整備や動物用医薬品の品質管理の制度整備，獣医学教育体制の整備に関する指導・援助など技術協力が行われている．

10）そ の 他

その他，学校飼育動物，社会活動動物（救助犬，警察犬，麻薬犬等），身体障害者補助犬（盲導犬，聴導犬，介助犬等）の医療および指導や老人ホーム等の施設で人と動物の絆を基にした社会福祉活動にかかわる獣医師もいる．

11）獣医師の社会的地位・待遇

獣医師の資格を得るためには，医師，歯科医師，薬剤師と同様に大学（6年一貫獣医学教育）を卒業して初めて獣医師国家試験の受験資格が得られる．この制度は，当初，昭和53年に獣医師法を改正して修士課程修了者に獣医師国家試験受験資格付与したことにはじまり，昭和59年に学校教育法（第55条）が改正され6年一貫獣医学教育制度が確立された．その後22年が経過しているのにもかかわらず，勤務獣医師の給与体系や社会的地位は医師・歯科医師のそれと比較し著しく低く評価されている．特に公務員獣医師の給与体系は他の4年制大学出身の技術者と同一となっている．動物医療の高度化，食の安全の重要性，動物愛護推進等，社会の要請が日増しに強くなっている現在，獣医師は生命を預かる重要な専門職ということから，その社会的地位，待遇面の改善があって当然である．医学や歯学領域では，医師，歯科医師と協力して働く看護師，保健師，助産師，臨床検査技師，放射線技師等の国家資格有する医療協力技術者（CoMedical）の業種は多くあるが，獣医学領域では皆無である．これが獣医師の社会的地位・待遇を昔のままにさせている要因の1つと思われる．この改善のためには，獣医学領域で獣医師を支援する高度な専門技術者（獣医療補助専門職等）の国家認定資格制度を導入し，獣医師を頂点とする高度獣医療システム（制度）を推進する必要がある．

第８章　獣医学の国際性

1．国際獣医学の発足

欧州における牛疫の発生が，獣医学活動の国際的展開に拍車をかけた．1924 年には獣医活動のセンターとして，フランスのパリに国際獣疫事務局（OIE）が設置された．発足当初は 28 カ国でスタートしたが，現在は 160 余カ国が加盟している．

業務内容は，貿易によって流通する動物や魚類の疾病，人獣共通感染症対策，国際基準の作成，輸出入食品の安全基準の作成等である．

獣医学教育についても，従来の鎖国的状況から脱皮し，獣医学者も世界レベルの知識の重要性を認識するようになり，それにつれて獣医学教育のグローバル化も進展した．特に北米の獣医系大学は早くからそれに着目し，1980 年代には新教育科目「国際獣医学」が登場した．

1）日本における国際獣医学の意味

日本の獣医学教育においては，今のところ「国際獣医学」は獣医師国家試験の対象になっていない．しかし，この領域の先達である小澤・佐々木らは，国際獣医学について，その定義と研究領域について以下のような見解を述べている（獣畜新報 Vol.57，No.1，2004 年）．

2）国際獣医学の定義

国際獣医学とは，「動物や魚類の疾病，人獣共通感染症，動物由来の食品による危害の国際的疫学調査やリスクの分析および防疫対策の国際的研究を行う学問である．対象となる病気には，国際的に問題となる感染症や寄生虫症のみならず，いわゆる新興病やその他（ストレス・薬品・毒物・気候等）の因子による人獣の健康障害も含まれる」と定義されている．

3）国際獣医学の主要な調査研究領域

①国際レベルにおける動物疾病の防疫・撲滅対策，経済的に重要な急性動物疾病：いわゆる越境性動物疾病症の研究．

②国際的に拡散する可能性の高い人獣共通感染症の研究．

③輸入食品による感染症・食中毒および毒物の研究．

④貿易によるリスク評価と管理の研究と対応策の研究．

⑤輸入獣医薬品の安全性の研究．

⑥関連する国際基準の作成．

⑦国際協力における獣医師の役割に関する研究．

地球規模で拡散する動物疾病の侵入を未然に防衛するには，行政機関のみならず獣医学・医学等大学の教育および研究者，さらに国際協力者，関係商社等の有機的な協力が不可欠である．それには，各分野別・国別の情報データの集積・分析，その交換は絶対的必要条件といえよう．

交通網の急速発展や情報システムのオンライン化によって，国際的なバリアは著しく狭くなったとはいえ，国境や地域を限定した自由経済圏〔欧州連合（EU），東南アジア諸国連合（ASEAN），北米自由貿易協定（NAFTA）等〕が存在する限り，貿易や人的交流に規則や技術の基準化は必要である．それには，国際獣医学の知識の重要性は直近の課題に間違いはない（小澤義博・佐々木正雄・獣畜新報 Vol.57，No.1，2004 年）．

2．獣医学領域の国際活動

国連の統計によれば，世界の総人口は 65 億人を超えたと推定されている．一方，産業動物数は 2001 年の集計によると，牛は約 13 億 5,200 万頭，水牛は約1億6,600万頭，豚は約9億2,300万頭，山羊は約7億3,800万頭，羊は約10億5,900万頭，山羊は約7億4,000万頭，鶏は約148億5,900万羽と報告されている（小澤義博他，獣畜新報 Vol.57，No.1，2004年）.

家庭動物といわれている犬や猫その他動物園等の観賞用動物はあまりにも多数であり，その総数は把握できないという.

これらの動物の医療や公衆衛生および食品衛生等に関与している世界の獣医師総数は，約580,000人と推定されている．また，獣医療や公衆衛生等の補助職（技師・助手）は，登録されているだけでも約420,000人といわれている（国際獣疫事務局：OIE World Animal Health，2001年）.

ちなみに，日本で飼育されている牛は約460万頭，豚は約1,000万頭，馬は約3万頭，山羊は約2万9,000頭，緬羊は約2万頭，鶏は約3億羽と記録されている（日本国勢図会，2003～2004年）.

家庭動物である犬は約1,248万頭，猫は1,200万頭と激増傾向にある（ペットフード工業会ニュース）．なお，これらの獣医療や公衆衛生ならびに食品衛生等を担う日本の獣医師数は約39,000人と報告されている（家畜衛生週報：No.2873，2005年）.

1）国際活動組織

（1）主要な国際機関

多種類の動物を多目的な獣医療で対応する獣医師の国際活動もまた多様である．ここでは，獣医師の活動する主要な国際機関について列挙する.

①国連食糧農業機関（FAO：Food and Agriculture Organization of the United Nations）

②世界保健機構（WHO：World Health Organization）

③国際原子力機関（IAEA：International Atomic Energy Agency）

④国際獣疫事務局（OIE：Office International des Epizooties）

⑤世界貿易機関（WTO：World Trade Organization）

⑥世界銀行（WB：World Bank）
⑦国連開発計画（UNDP：United Nations Development Programme）
⑧世界食糧計画（WFP：World Food Programme）
⑨アジア開発銀行（ADB：Asian Development Bank） などがある.

（2）主要な地域機関

地域における主要な活動機関としては，次のような機関がある.
①アジア開発銀行（ADB：Asian Development Bank）
②東南アジア諸国連合（ASEAN：Association of South-East Asian Nations）
③アジア・太平洋地域経済協力会議（APEC：Asian Pacific Economic Cooperation）
④欧州連合（EU：European Union） などである.

（3）主要な先進国の機関

先進諸国における海外援助機関としては，次のような機関がある.
①オーストラリア援助庁（AusAID：Australian Agency for International Development）
②カナダ国際開発庁（CIDA：Canadian International Development Agency）
③日本国際協力機構（JICA：Japan International Cooperation Agency）
④アメリカ合衆国国際開発庁（USAID：U.S.Agency for International Development） などがある.

2）主要な国際機関の活動概要

（1）国際連合農業機関（FAO）

1945年創設され，国連本部の創立よりも早い．その役割は，食糧安全保障・貧困削減など世界の食糧・農業・林業問題等に対する指導である．FAOの本部はイタリアのローマに置かれている．本部には農業開発局の一部門として家畜生産衛生部があり，10名余の専門官（獣医官）が在籍している．主要な動物感染症である牛疫・口蹄疫・出血性敗血症・豚コレラ等の予防や撲滅対策を主な任務としている．

（2）世界保健機構（WHO）

1948年に創設され，その本部はスイスのジュネーブに置かれている．人の保健・公衆衛生を扱う国連機関であり，食品衛生・人獣共通感染症分野には専門官（獣医官）のポストがある．牛海綿状脳症（BSE：bovine spongiform encephalopaty）についてはFAOやEUと協力して世界的規模の疫学調査を実施した．近年，獣医分野では食品公衆衛生は強化されたが，獣医公衆衛生分野は縮小傾向にあり，活動範囲は狂犬病・BSE・耐性菌問題等が中心となった．

（3）国際獣疫事務局（OIE）

1924年に創設され，その本部はフランスのパリに置かれている．加盟国は164カ国である．民間ベースの国際機関であり，国連組織の機関ではない．業務は，水棲動物を含むすべての動物および動物由来製品の輸出入に関する国際規約の作成に当たる．委員会としては，①動物衛生規約委員会，②ラボラトリー基準委員会，③疾病科学委員会，④水棲動物衛生委員会等があり，国際規約の原案を作成し，各国の代表によって構成される総会において承認される．

（4）欧州連合（EU）

1956年，当時のフランス外相，Robert Schuwanが提唱して設置された．当初はフランス・ドイツ・イタリア・オランダ・ベルギー・ルクセンブルグの6カ国によって発足したが，2003年には加盟国は15カ国に増えた．UEは当初は貿易や経済問題を対象とした．しかし，近年は人権・環境・内戦調停等，広範に及ぶ．援助機関としての活動は，世界各地に拡大し，動物衛生関係プロジェクトもアフリカ・東欧諸国・アジア地域等，広範に及ぶ．また，ネパール・インド・パキスタン等における牛疫対策，ラオス・カンボジア・ベトナム等における獣医行政プロジェクトの支援活動も行っている.

（5）その他の国際機関

世界貿易機関（WTO）：近年，日本が動物疾病侵入阻止のため，永年にわたり実施してきた完璧主義（No-risre Management）は受け入れられなくなってきている.

世界食糧計画（WFP）：紛争や内戦による国の緊急食糧支援が目立っている.また，カンボジアで口蹄疫の接種を緊急支援した実績もある.

世界銀行（WB）：動物の衛生分野に関与している．例えば，カンボジアにおける動物衛生基本計画に当たっては，資金援助のみならずコンサルタントを通じて技術面も支援した.

前記以外にも，アジア・太平洋協力会議（APEC），東南アジア諸国連合（ASEAN）・アジア開発銀行（ADB）等も，獣医畜産関係の発展に関与し側面から支援している.

3．獣医学領域における国際協力の動向

1）国際獣医研究組織

獣医学教育や研究の先進国における国際的な研究共同体制を示すと，表 8-1 のような組織が知られている.

2）国際家畜研究所

国際家畜研究所（International Livestock Research Institute：ILRI）はケニアのナイロビに設立されていた国際獣医学研究所（International Laboratory for Research on Animal Diseases：ILRAD）と，エチオピアのアディスアベバにあったアフリカ家畜研究センター（International Livestock Center for Africa：ILCA）との2組織が 1995 年に統合した国際獣医畜産研究組織である．この

表 8-1　主要な先進国における獣医・農林分野国際共同研究体制の組織

	機関名	組織形態	特　徴
オーストラリア	AUSAID/ACIAR	外務省国際協力・開発総局　オーストラリア国際農業研究センター	研究支援，国内機関・大学研究者の活用，他の国内農業研究機関との共同プロジェクトの強化
アメリカ合衆国	USAID/USDA	援助庁 / 農業省（独立政府機関）	農業開発支援の一環として研究支援業務を実施．USDA 研究者と外国研究機関（途上国を含む）との共同研究を推進
カナダ	IDRC	独立政府機関	他の国際協力業務と連携して研究支援，研究資金の贈与あり．研究業務は自ら実施する他，国内機関，大学研究者を活用
ドイツ	GTZ	経済協力開発省傘下機関	国際協力業務の一環として研究支援業務を実施．直接研究にはかかわらず国内機関，大学研究者を活用
フランス	CIRAD	外務省国際協力・開発総局傘下機関	研究業務を実施．他の国内農業研究機関との共同プロジェクトも強化している
イギリス	DFID	国際開発省農村生活局	国際業務の一環として研究支援を実施，直接研究業務は行わず，国内機関，大学を活用
イタリア	IAO/ICGEB	外務省開発協力総局傘下	他の国際協力業務と連携，研究支援業務を実施，研究業務を自ら実施すると同時に国内機関，大学を活用
オランダ	Wageningen	農業系総合大学・研究所	政府から国際協力業務の一環として研究協力を受託
スイス	SIDA	外務省国際開発協力局傘下機関	国際業務の一環として研究支援を実施，直接研究業務は行わず，国内機関，大学を活用

（宮田　悟著「政府系研究機関による研究協力アプローチ」から）

研究所は国連傘下のCGIAR（Consultative Group for International Agricultural Research）に属する1機関である．統合後は従来のアフリカ一辺倒からアジアをも含めた全世界へと拡大した．運営予算は主に世銀，財団，それに各国政府の拠出金でまかなわれ，日本も毎年上位の出資国となっている．日本ではかつて，筑波にある国際農林水産業研究センター（Japan International Research Center for Agricultural Sciences：JIRCAS，元熱帯農業研究所）と深いかかわりがあり，主として原虫症，ツェツェバエが媒介するトリパノソーマ症の共同研究等が行われてきた．

ILRIで行われている研究は分子レベルの先端的研究だけではなく，途上国にすぐ役立つ実際的な課題が多い．これは途上国の産業動物生産者の生活向上のために直接有効な応用型研究が必要な課題となっているからである．

3）世界獣医学協会

世界獣医学協会（World Veterinary Association：WVA）は，1863年にドイツのハンブルグで開催された第1回世界獣医大会（World Veterinary Congress：WVC）に始まる．1959年，スペインのマドリッドでの第16回WVCでWVAの設立が宣言された．なお，第25回WVCは，日本の横浜で開催された．WVAのメンバーは各国の獣医団体，地域の獣医団体および専門家によって構成される国際協会等により構成されている．その運営は各獣医学協会代表からなるpresidents assembly（PA）により方針が決められる．PAは3年ごとのWVCと同時に開催されるが，WVAには現在，①獣医学教育，②動物愛護，③獣医公衆衛生，④緊急事態に対する支援，の4技術支援委員会によって構成されている．

日本獣医師会は日本を代表してWVAに加盟している．

世界大会（WVC）には獣医学関連のほとんどの分野の分科会が開かれ，論文発表やポスター・セッション等も開かれている．しかし，WVAは各国の政府代表者の集まりではないでの，WVCで出された勧告や決議には拘束力はない．そこが国連や政府代表者の国際機関会議とは異なる．

また，WVA 以外にも数多くの獣医専門分野の国際学会や地域学会があり，活発に活動を行っている団体は世界小動物獣医学会（World Small Animal Veterinary Association），世界牛病学会（World Association of Buiatrics），国際豚病学会（International Pig Veterinary Society）などであろう．

4）国際獣医学生協会

国際獣医学生協会（International Veterinary Students' Association：IVSA）は，1951 年に獣医系大学生および大学教員等の有志により結成された大学間の交流を目的とした国際協会である．主要な目的は，獣医学教育水準の向上と現在の獣医学教育科目にない分野，例えば環境問題，動物福祉，専門用語等の学習にある．IVSA や WVC 等の世界大会に積極的に参加し，世界各国の会員と交流を深めたり，留学先の選択や，グループ交流を促進している．IVSA のメンバーには国別，大学会員と個人会員制度がある（小澤・佐々木：獣畜新報 Vol.57, No.9，2004 年）．

文部科学省は外国人留学生 10 万人計画を提唱し，科学研究補助金や学術振興会等の支援もあり，獣医系留学生も少なくない．しかし，留学生の多くは分子生物学やバイオテクノロジー分野の志望者が多く，地球規模で問題となっている人獣共通感染症や動物の特殊な疾患にかかわる留学生は必ずしも多くはないといわれている．したがって，留学生の研究成果が直ちに自国の獣医学や獣医療に活用できないという指摘もある．今後は，ハイテク型の研究留学に加え，自国の獣医学や獣医療に直接活用できる実践型の留学生支援も必要と考えている．

付表 外国における獣医師教育制度

国	獣医学教育機関入学前の教育年数	獣医学教育年数	国家試験	臨床研修	専門医制度	獣医学教育機関数
日本	12年	6年	あり	任意，6カ月以上	学会による認定	16
イギリス	13年	5～6年	なし（英国王立獣医師協会；RCVS認定の獣医大学が資格を授与）	なし（EU内で統一された専門医教育制度のインターン制度として実施）	Certificate，Diploma, Recognized Specialist. 2007年より従来の制度に代わりModular certificates制度を導入	7
フランス	12年	6年	なし(veterinary thesisを執筆し合格する必要あり）		Certificat d'etudes superieures；CES	4
アメリカ	16年(一般の4年制大学卒業後に入学）	4年	各州の獣医事委員会（State Veterinary Board）が実施する試験（SBE）		インターンシップ(1年間），レジデンシー(2～4年間）を終了し，専門医資格試験を受験	28(AVMA*が認定し，AAVMC**の会員となっている獣医大学・学部）
ドイツ	13年	5～5年半	なし（卒業試験のみ）	なし（EU内で統一された専門医教育制度のインターン制度として実施）	FTA-specialist（州によって基準が異なる），Specialist（ドイツ全土で共通），Specialist（EU内で統一された制度）	5
オランダ	13年	6年〔学部(Bachelor)3年，大学院(Master)3年〕.	なし（大学院における試験Master-examを受験）	大学院のカリキュラムの一部としてのClinical Rotation，2年，必修	Specialist	1
スウェーデン	12年	5年半	なし	3年	Specialist. 研修獣医制度の第2段階として実施(3年間)	1
ベルギー	12年	6年			Licentiaat	2
カンボジア	12年	4年半				1
ミャンマー	11年	6年				1
ベトナム	12年	4年半				3
タイ	12年	6年	なし（学部卒業者に資格授与）			6

*AVMA＝米国獣医師会. **AAVMC＝米国獣医大学協会. （牧野ゆき・池本卯典 調査）

第９章　獣医療と法

1．はじめに

獣医事法（veterinary medical law）とは獣医事に関連する法の総称で，医療分野における医事法（medical law）に相当する．獣医事法は１つのまとまった法典のかたちで存在するのではなく，広く獣医事に関する数多くの法が相互に関連しあい，獣医事法という体系をかたちづくっているといえる．

また，獣医事法は，獣医療とこれを取り巻く社会との接点でもあり，獣医師の行動規範に関する側面と，獣医療の提供や制度等に関する側面とを有する．本章においては，獣医療に係る各種の法を概観することにより，現代社会における獣医師および獣医療に求められるあり方について考えてみたい．

2．獣医師の資格と業務－獣医師法および関連法規

ここでは獣医師の資格と業務内容について，基本法である獣医師法（昭和24年６月１日法律第186号，最終改正平成16年12月１日法律第150号）を中心に検討する．

1）獣医師免許

（1）免許の意義

獣医師による獣医療行為は，本来，動物の生命・身体に対する侵襲を伴うことが多い．獣医療行為とは，当該行為を行うにあたり，獣医師の獣医学的判断

および獣医療技術をもって実行しなければ動物の体に危害を及ぼす，または危害が生ずるおそれのある一切の行為をさす（最判昭和56年11月17日判タ459号55頁参照）．獣医療行為のこのような性質から，獣医師法は獣医師でない者が法に定める飼育動物の診療業務を行うことを禁じ，これを獣医師に独占させている（業務独占，獣医師法17条）．

（2）積極的要件と消極的要件

獣医師の資格を取得するためには農林水産大臣の免許を受けなければならない（獣医師法3条）．免許を受けるには一定の要件を満たす必要がある．これには積極的要件（免許の取得にあたって満たしているべき要件）と消極的要件（該当すると免許を受けることができない要件）とがある．

積極的要件は，所定の学業を修了し，獣医師国家試験に合格することである（獣医師法3条）．獣医師国家試験は，飼育動物の診療上必要な獣医学並びに獣医師として必要な公衆衛生に関する知識及び技能について行われ（獣医師法10条），受験資格（獣医師法12条）を満たした者が受験できる．

消極的要件とは，欠格事由に該当しないことである．欠格事由には，該当する者には免許が与えられない絶対的欠格事由（獣医師法4条）と，場合により免許を与えられないことがある相対的欠格事由（獣医師法5条）とがある．

（3）獣医師名簿と登録

獣医師免許は農林水産省に備えられた獣医師名簿に登録することによって与えられ（獣医師法7条），免許を与えられた者には獣医師免許証が交付される．獣医師の身分は獣医師名簿に登録された日から発生する．したがって獣医師は，現に免許証を所持していない場合でも，獣医師としての業務をなすことが可能である．

（4）免許取消・業務停止

農林水産大臣は，獣医師が絶対的欠格事由に該当するようになったとき，又は獣医師本人から申請があったときは，その免許を取り消さなければならない(獣医師法8条1項)．また，獣医師が相対的欠格事由に該当するようになったとき，及び応招義務違反（獣医師法19条1項），届出義務違反（獣医師22条），獣医師としての品位を損ずるような行為（獣医師法8条2項4号）があったときは，獣医事審議会の意見を聴いて，免許を取り消し，又は期間を定めて業務の停止を命じることができる(獣医師法8条2項)．ここで注目するべきは，罰金刑以上の刑に処せられると相対的欠格事由に該当するとして，免許取消や業務停止処分の対象となり得ることである．すなわち，獣医師の業務とは必ずしもかかわりのない，一市民として行った犯罪行為が獣医師としての資格に影響を及ぼすのである．ここでは獣医師という職業が高い精神性や倫理性を要求することを前提として，そのような反社会的な行為をなした者について獣医師の資格を否定するという，きわめて規範的な判断がなされているといえよう．「獣医師としての品位を損ずるような行為」が免許取消・業務停止事由の1つとしてあげられていることも，これと同様に考えることができる．なお，刑事事件等にかかわったことを理由として獣医師が免許停止等の処分を受ける事例は，年間5件程度生じている．

医療分野においては，近時，医師の行政処分のあり方について注目すべき動きがある．厚生労働省は従来，業務上過失致死傷事件などの刑事裁判で罰金刑以上の刑が確定した場合を医師免許の取消しや業務停止等の主たる処分対象としていたが，大きな医療事故が報道される機会が増加し，医療不信が高まっていることを背景に,「医師及び歯科医師に対する行政処分の考え方について」(平成14年12月13日）において，刑事事件にならなかった医療過誤について明白な注意義務違反が認められる者を処分対象にする方針を示した．また，患者の視点に立った医療提供体制の構築を目的として，「良質な医療を提供する体制の確立を図るための医療法等の一部を改正する法律」（平成18年6月21日法律第84号）により，医療法，医師法等計7本の法律が改正された．近時，医療事故を繰り返すいわゆるリピーター医師の問題が指摘されていることと関連して，改正医師法においては行政処分を受けた医師に対する再教育が義務づけられ，資質と能力の向上が図られることになった．同時に行政処分の類型が見直され，従来の「業務停止」と「免許取消」に加えて，業務停止等を伴わない「戒告」が新たに設けられた．

2）獣医師の職務の内容

（1）獣医師の任務

獣医師の定義について獣医師法には明文上の規定はない．しかし，その職責は，獣医師法の諸規定のうちに見い出すことができる．すなわち，獣医師は，飼育動物に関する診療及び保健衛生の指導その他の獣医事をつかさどることによって，動物に関する保健衛生の向上及び畜産業の発達を図り，あわせて公衆衛生の向上に寄与することをその任務とする（獣医師法 1 条）．動物に関する保健衛生の向上とは，「飼育動物（一般に人が飼育する動物，獣医師法 1 条の 2）」のみならず広く動物一般の健康を保ち，その衛生の状態を向上させることである．また，その他の獣医事とは，飼育動物に関する診療および保健衛生指導以外の，獣医学的知識を持って処理するべき衛生上の事項一般をさす．これには狂犬病予防・と畜検査・食鳥検査・食品衛生監視等の公衆衛生業務，受精卵移植・家畜防疫・飼料製造管理等の畜産関係業務，動物用医薬品・動物疾病に関する研究，希少動物の人工繁殖等が含まれる．

（2）資格取得後の臨床研修

診療を業務とする獣医師は，免許を受けた後も臨床研修を行うように努めるものとされる（獣医師法 16 条の 2）．研修への参加はあくまで努力義務にとどまり，法律上は，臨床研修を受けた者と受けない者とで獣医師としての資格に差異はない．研修期間は 6 カ月以上である（獣医師法施行規則 10 条の 2）．

3）獣医師の業務に関する法的見解

（1）応 招 義 務

診療を業務とする獣医師は，診療を求められたときは正当な理由がなければこれを拒んではならない（獣医師法19条1項）．これを応招義務という．応招義務は本来獣医師の職業倫理上の義務であるが，法のしくみとしては，獣医業の公共性と，免許制による獣医師の業務独占に基づく．正当事由が認められる場合とは「医師の不在または病気等により事実上診療が不可能な場合」（昭和30年8月12日医収第755号）とされ，診療時間外，天候不良，診療報酬の不払い，軽度の疲労等の事情は正当な事由とは解されない（昭和24年9月10日医発第752号）．ただし，事由の正当性は個別具体的な場合において，動物の状態や獣医師の専門分野，その地域における夜間・休日救急医療体制の整備状況等も考慮し，社会通念に照らして判断される．反復的な診療拒否は獣医師の品位を損なう行為（獣医師法8条2項4号）に該当するとして，獣医師免許の取消しまたは停止の処分を受ける可能性がある（昭和30年8月12日医収第755号）．

（2）無診察治療等の禁止

獣医師は，自ら診察しないで診断書を交付し，若しくは劇毒薬，生物学的製剤その他農林水産省令で定める医薬品の投与や処方をしてはならない．同様に，獣医師自ら確認することなく出生証明書，死産証明書，検案書を交付してはならない（獣医師法18条）．ここでの「診察」とは，触診，聴診，打診，問診，望診その他手段の如何を問わず，現代獣医学の立場から，疾病に対して一定の診断を下し得る程度の行為をさす．本条は，獣医師自ら疾病を確認することなくこれらの行為を行うことは動物の生命・身体・健康に不測の危害が及ぶおそれがあることと，獣医師の発行する各種の証明書の社会的重要性から，特に規定されたものである．

a．いわゆる遠隔診療について

近時，医療の地域差の解消や専門医の効率的活用の観点から大きな期待が寄せられているのが，テレビ電話等の情報通信機器を用いた，いわゆる遠隔診療である．ところで，医師と患者との間に物理的な距離がある状況で診療を行うことについては，医師法20条との関係が問題となる．厚生労働省は遠隔診療を対面診療の補完的役割を果たすものと位置づけ，遠隔診療により対面診療に代替し得る程度の診療が可能である場合は，直ちに医師法20条に抵触するものではないとの見解を示している（「情報通信機器を用いた診療〈いわゆる「遠隔診療」〉について」平成9年12月24日健政発第1075号，一部改正平成15年3月31日医政発第0331020号）．

（3）証明文書交付義務

飼育動物を診療し，出産に立ち会い，又は検案をした獣医師は，診断書，出生証明書，死産証明書又は検案書の交付を求められたときは，正当な理由がなければこれを拒んではならない（獣医師法19条2項）．

診断書とは，獣医師が診察の対象である動物の疾病について診察の結果，その獣医学的断定を証明するために作成する書類，死亡診断書とは，生前から診療に従事していた獣医師が，その動物が死亡したときに死亡の事実を確認して作成する書類である．また，検案書とは診察中でない動物の死体に対する獣医学的断定を証明するために作成する書類である．獣医療領域においては，これらの書類には特段決まった様式があるわけではない．

本条は獣医師の発行する各種の証明書の社会的必要性から，特に規定されたものである．「正当な理由」がある場合としては，①脅迫など不正の目的に悪用される疑いが強い場合，②獣医学上の判断を下しがたいために診断書を作成し得ない場合，③患者の秘密が不当に漏れるおそれがある場合等があげられる．

（4）保健衛生指導義務

獣医師は，飼育動物の診療をしたときは，その飼育者に対し，飼育に係る衛生管理の方法その他飼育動物に関する保健衛生の向上に必要な事項の指導をしなければならない（獣医師法 20 条）．本条は獣医師の説明義務の根拠規定の1つである．本条に規定する指導は診療の一部に位置づけられ，①診療した動物の適切な看護及び飼育管理，②多頭飼育施設における伝染病の予防，③一般家庭における人獣共通感染症の予防，④食品の安全性確保等の面から実施することが義務づけられているものである．

（5）診療簿および検案簿の作成・保存義務

獣医師は，診療をした場合は診療に関する事項を診療簿に，検案をした場合はこれに関する事項を検案簿に遅滞なく記載しなければならない（獣医師法 21 条1項）．診療簿及び検案簿は，3年以上で農林水産省令で定める期間保存する義務がある（獣医師法 21 条2項）．保存期間は，当該動物に対する診療が終了した時点から起算し，牛，水牛，シカ，めん羊および山羊については8年間，その他の動物については3年間と定められている（獣医師法施行規則 11 条の2）．牛等の診療簿等について8年間という長期の保存期間が設定されているのは，牛海綿状脳症（BSE）の潜伏期間を踏まえたものである．なお，本条の規定は診療を業務とする獣医師はもとより，すべての獣医師に対して適用される．

（6）届出義務

獣医師は獣医療を通して人の公衆衛生の向上に貢献することが求められており（獣医師法1条），動物衛生法規上および人の予防衛生法規上の各種の届出義務がある．獣医師は各種の家畜伝染病等を診断，検案したときは，遅滞なく，都道府県知事にその旨を届け出なければならない（家畜伝染病予防法4条，13 条，牛海綿状脳症対策特別措置法6条1項）．狂犬病にかかった犬等を診断・検案した場合は直ちに保健所長にその旨を届け出る必要がある（狂犬病予防法8条1項）．また，「感染症の予防及び感染症の患者に対する医療に関する法律」（平成 10 年 10 月2日法律第 114 号，最終改正平成 18 年 12 月8日法律第106号）には，法に定める動物の感染症を診断した場合の獣医師の届出義務についての規定がある（感染症予防法13条）．

このほかの届出義務には，獣医師の分布，就業状態，異動状況の把握のために行う2年ごとの届出義務（獣医師法22条），診療施設の開設・休止・廃止・登録事項変更の届出義務（獣医療法3条）等がある．

（7）処方せんの交付

処方せんとは，特定人や特定動物の特定疾患に対する薬剤投与に関する，医師等の作成する指示書のことである．医師は，患者に対し治療上薬剤を調剤して投与する必要があると認めた場合には，患者又は現にその看護に当たっている者に対して処方せんを交付しなければならない（医師法22条）．一方，薬剤師でない者は，販売又は授与の目的で調剤してはならない（薬剤師法19条）．この制度を医薬分業という．医薬分業は診断・治療と処方せんの交付を担当する医師と，処方せんに基づいた調剤，服薬指導，薬歴管理，医師の処方ミスや不適正投薬のチェックを担当する薬剤師とが，それぞれの専門性を発揮することを通じて医療の質の向上をはかることを目的としている．

ところで，獣医師法には獣医師の処方せん交付義務に関する規定はない．一方，薬剤師法には獣医師が処方せんを交付することを想定した規定がおかれている（「処方せんによる調剤」薬剤師法23条1項，「処方せんの無断変更の禁止」同23条2項，「処方せん中の疑義」同24条）．また，薬剤師でない者が販売または授与の目的で調剤することは原則としてできないが，獣医療の場で獣医師が自己の処方せんにより自ら調剤することは認められている（薬剤師法19条）．また，「薬事法関連事務に係る技術的な助言について」（平成12年3月31日付12畜A第728号，最終改正平成17年3月30日）では，産業動物，伴侶動物を初めとするすべての動物を対象に，要指示医薬品の処方せんまたは指示書（獣医師の指示のあったことおよびその内容を明らかにした文書）に関して獣医師が留意するべき事項があげられている．また，獣医師は，医薬品を投与する家畜の健康状態を常に熟知している等の場合を除き，診察を行ったうえで処方せんの交付または指示を行うこととされている．

（8）診療情報の保護と取り扱い

a．現行法における診療情報の保護

医師には診療の過程で知り得た患者の秘密を守る法的義務がある．医師は適切な医療の提供という目的のために患者に関するさまざまな情報を入手する必要があるが，その際自分の情報が漏れる危険があると，患者は医師に診療上必要な情報を提供しなくなるおそれがある．医師に秘密を打ち明けることで自分が不利益を受けることはないという患者の信頼がなければ適切な診療を行うことは期待できない．すなわち，医師に対する社会一般の信頼が確保されて初めて，社会は適正な医療を受けることができるのである．この意味で，秘密の保護は公共の利益のための要請であるといえる．

医療関係者が業務上知りえた患者の情報を正当な理由なく漏らした場合には刑事罰を課され，民法上および行政法上の責任を追及される可能性もある．

b．刑事責任

医師，薬剤師，医薬品販売業者，助産師，弁護士，弁護人，公証人又はこれらの職にあった者が，業務上知りえた人の秘密を正当な理由なく漏らしたときは，6月以下の懲役又は10万円以下の罰金に処せられる（刑法134条1項）．秘密とは一般に知られていない事実で他人に知られることが本人の不利益になるものを指し，医師が診療の過程で知り得たものに限定される．秘密を漏らすとはこうした事実をまだ知らない人に伝えることで，作為による場合と不作為による場合のいずれも含まれる．これらの行為が正当な理由なく行われたときに処罰の対象となるが，公衆衛生上の理由から届出等の法令上の義務がある場合等は，守秘義務は正当に解除されると解されている．

c．民事責任

医療関係者は診療契約上，当然に守秘義務を負担していると解される．これに反した場合は契約上の義務違反あるいはプライバシー侵害となり，患者に対する損害賠償責任が問われる可能性がある．

d．行政法上の責任

行政法上の責任としては，医師の守秘義務違反は「医師としての品位を損する行為」（医師法7条）として，免許取消または業務停止の処分を受ける可能性がある．

e．獣医師と守秘義務

獣医師と守秘義務については次のように考えることができる．刑法134条には文言上，獣医師は列挙されていないが，獣医師に守秘義務が課せられていることは，規定の趣旨から当然に肯定できるであろう．獣医療においては動物に関する情報だけではなく，動物の飼育者のライフスタイルや家族構成等の，個人の秘密やプライバシーに該当する情報が必要となる場合もあるが，獣医師がこれらの秘密を守ることは医療におけると同様，動物に対する適切な獣医療の提供と，公衆衛生の向上のために必要不可欠である．守秘義務が解除される正当な理由があると認められる場合としては，前述の届出義務がある場合の他，動物虐待の事例に接した場合もこれに含まれると考えられる．動物虐待は動物愛管法上処罰の対象であると同時に，児童虐待や高齢者虐待等とのかかわりが指摘されているからである．守秘義務違反をおかした場合に民事責任および行政法上の責任を追及されることについては，医療関係者の場合と同様である．

近時は電子カルテ等のコンピュータシステムによる診療情報の管理が急速に普及しつつあり，情報利用の効率性は劇的に向上している．利便性の向上は他方で情報漏えいの危険がより高まることを意味し，それが具体化した場合の被害は従来と比較して著しく甚大なものとなる．技術の進歩やインターネットの爆発的な普及により，適切なセキュリティ管理の必要性がよりいっそう増してきているといえよう．

f．診療情報の取り扱い

医療は個人情報に関して特に適正かつ慎重な取扱いが要求される分野である．このことから，診療情報の取り扱いに関する，いくつかのガイドラインが厚生労働省により策定されている．

「診療情報の提供等に関する指針」（平成15年9月12日）は，診療情報の提供，医療従事者の守秘義務，診療記録の開示等に関し，インフォームド・コンセントや個人情報保護の考え方を踏まえて策定された．本指針は医療従事者と患者間のよりよい信頼関係を構築することを目的とし，患者等からの求めにより個人情報である診療情報を開示する場合は同指針の内容に従うものとされる．

また，「医療・介護関係事業者における個人情報の適切な取り扱いのためのガイドライン」（平成 16 年 12 月 24 日，最終改正平成 18 年 4 月 21 日）は，「個人情報の保護に関する法律」（平成 15 年 5 月 30 日法律第 57 号，最終改正平成 15 年 7 月 16 日法律第 119 号）の実施に伴い，医療機関等が行う個人情報の適正な取り扱いの確保に関する活動を支援するために策定された．本ガイドラインは個人情報保護法を医療分野に適用する際の基準となる．医療機関等はその規模にかかわりなく，適切な医療等の提供に最善の努力を行う必要があることから，法令上，個人情報取扱事業者としての義務を負わない小規模の医療機関等も本ガイドラインを遵守する努力が求められている．

これらのガイドラインは厚生省所管に係る医療機関等を対象とするため，獣医療領域に直接適用されるものではない．しかし，現代社会において獣医学および獣医療への期待はますます高まってきており，人と動物の福祉における獣医学の重要性はもはや疑う余地はない．このような現状にかんがみて，獣医療において取り扱われる各種の情報については，各指針の趣旨を踏まえた適切な取り扱いを行うことが望ましいと考えられる．なお，農林水産分野における事業者については「個人情報の適正な取り扱いを確保するために農林水産分野における事業者が講ずべき措置に関するガイドライン」（平成 16 年 11 月 9 日農林水産省告示第 2013 号）が策定されている．

g．診療録の保存期間

獣医療領域で義務づけられている診療録の保存期間は 3 年間または 8 年間であり，医療領域においては 5 年間である．しかし，近時の薬害事件のように相当の期間を経てから被害が明らかになる可能性を考慮して，診療録は少なくとも損害賠償請求権の除斥期間である 20 年間（民 724 条）は保存すべきであるとの議論がある．動物は人間と比べて短命であることが多く，ただちに医療における同様の取り扱いをする要請は少ないであろうが，近年一般化しつつある医療記録の電子化と，これによるデータ保存の省スペース化は，診療録の保存期間について再検討を促すものとなる可能性がある．

3．獣医療提供体制—獣医療法と獣医療

ここでは獣医療法を取り上げ，獣医療提供体制の問題を概観する．獣医療法は獣医療施設に関して技術的な面から規制することにより，究極的には動物の飼育者の適切な獣医療を受ける権利を保障する法であるといえる．

1）獣医療法の目的

獣医療とは飼育動物に関する診療，保健衛生指導，健康相談の他，これらに付随する行為を含む幅広い概念である．獣医療法は適切な獣医療の確保をはかることを目的として，飼育動物の診療施設の開設および管理に関し必要な事項ならびに獣医療を提供する体制の整備のために必要な事項を定めている（獣医療法１条）．

2）対象動物・診療施設等の定義

獣医療法において「飼育動物」とは，獣医師法第１条の２に規定する飼育動物，すなわち「一般に人が飼育する動物」をいい（獣医療法２条１項），産業動物，伴侶動物，学校飼育動物，実験動物，動物園動物等，人が飼育し，または飼育し得る動物全般を指す．

また，「診療施設」とは，獣医師が飼育動物の診療の業務を行う施設をいう（獣医療法２条２項）．

3）診療施設の開設と管理・監督

（1）診療施設の開設

診療施設の開設者は開設の日から10日以内に，都道府県知事に農林水産省令で定める事項を届け出なければならない．診療施設の休止，廃止，届け出た事項の変更についても同様である（獣医療法3条，獣医療法施行規則1条）．医療の分野においては，営利を目的とした病院等を開設することは許可されないことがある（医療法7条5項）．一方，獣医療法では営利目的での診療施設の開設は制限されておらず，医療法における医療法人（医療法39条〜68条の3）に相当するものも存在しない．したがって獣医療領域においては，個人または株式会社等の営利法人による，営利を目的とした診療施設の開設も可能である（獣医療法施行規則1条参照）．

（2）診療施設の管理・使用制限命令等

診療施設を管理する者（管理者）は獣医師でなければならない（獣医療法5条1項）．診療施設の管理等に関して管理者が遵守するべき事項は農林水産省令で定められる（獣医療法5条2項，獣医療法施行規則3条）．都道府県知事は診療施設の構造設備や管理につき農林水産省令の規定に適合していない診療施設に対して使用制限等を命ずることができる（獣医療法6条）．往診のみによって診療業務を行う獣医師等についてはその住所が診療施設とみなされる（獣医療法7条）．農林水産大臣等は診療施設の開設者等から必要な報告を命じ，診療施設への立入り検査をさせることができる（獣医療法8条1項）．

4）獣医療提供体制の整備

農林水産大臣は獣医療提供体制の整備をはかるための基本方針を定める（獣医療法10条5項）．基本方針は同条の規定に基づき，平成12年12月14日に公表された．また，都道府県は当該都道府県における獣医療提供体制の整備を図るための計画(都道府県計画)を定めることができる(獣医療法11条1項).

5）獣医療に関する広告の適正の確保

（1）獣医療広告の制限

広告とは，不特定多数に知らせるべき方法により，患者誘引の目的をもって一定の事項を告知することをいう．獣医療に関する広告については限定的に認められた事項以外は原則として広告することが禁止されている．すなわち，何人も，獣医師又は診療施設の業務に関しては，法に定める事項を除いて，その技能，療法又は経歴に関する事項を広告してはならない（獣医療法17条，獣医療法施行規則24条）．広告することが許される項目は，①獣医師または診療施設の専門科名と，②獣医師の学位または称号である．具体的な専門科名について獣医療法には定めがないが,「大学の講座名として知られているなど，一般的に広く認められているもの（農林水産省衛生課獣医事班平成7年10月18日事務連絡）とされる．

獣医療広告規制は，獣医療提供側と飼育者との間の情報の量および質の格差を背景とする．すなわち，動物の飼育者の多くは獣医療について一般的知識を有するにとどまるため，獣医療というきわめて専門性の高いサービスを選択するに際し，実際のサービスの質を広告の文言からあらかじめ判断することが困難である．また，獣医療は動物の生命・身体のみならず人間の公衆衛生に関わるサービスであり，虚偽広告や誇大広告等によって動物の飼育者が不適切なサービスへと誘引された場合に受ける被害は，他の分野に比べて甚大なものとなり得るためである．

（2）医療広告規制緩和の動き

以上のように，医療広告規制の目的は利用者保護であるが，規制によって医療サービス利用者の利用可能な情報が限定されるという側面があることは否定できない．医療領域においては情報提供を求める国民のニーズの高まりに応え，患者の選択を通じて医療の質の向上を図ることを目的として，広告規制について大幅な見直しが進められている．平成19年4月に施行された改正医療法（平成18年6月21日法律第84号）においては，必要な医療情報を正確に提供することによって患者等による適切な医療機関の選択を支援する観点から，医療広告に関する制度について大幅な見直しが行われ，患者等に提供できる情報の範囲について相当程度規制が緩和された．具体的には，広告可能な事項の規定方法が，従来の医療法や告示のように各項目を個別に列挙する方式から，一定の性質を有する事項を包括的に規定する方式に改められ，客観性，正確性を確保できる事項が広告事項として幅広く認められることとなった．

医療機関が行う情報提供のうち，医療機関のホームページ等による情報提供は不特定多数を対象としない「広報」として，一般的に医療法上の広告規制の対象とされないが，近時のインターネットの普及に伴うトラブルの増加を背景として，東京都ではこれらの広報を対象としたガイドラインを策定している（「医療機関による医療情報の「広報」に関するガイドライン」医療情報提供推進件検討会，平成17年3月）．

翻って，獣医療においても，飼育者の獣医療に対する関心は高まりつつあり，その要望も多様化している．このような現状において，飼育者が獣医療に関してより多くの情報を求めるようになっていることは，動物や獣医療に関する各種報道の多様さからもうかがい知ることができる．今後，社会の要請に応えて適切な獣医療を提供していくためには，獣医療広告規制のあり方の再検討が必要不可欠であると考えられる．また，広告規制を緩和するにあたっては，医療広告規制緩和の動向と，獣医療に関する飼育者のニーズを踏まえ，規制緩和の弊害を防止する措置を講じたうえで，適切に実施していくことが必要となろう．

4．獣医療事故

獣医師と動物の飼育者との間のトラブルのことを，一般に獣医事紛争とよぶ．このうち予定外の不結果が生じた場合全般を獣医療事故といい，獣医療事故のうちで獣医療関係者に過誤があったものを獣医療過誤という．

近時，獣医師の診療上の過誤を理由とする訴訟が増加している．獣医療事故が発生した場合，従来の解決は当事者間での話し合いによることが多く，訴訟にまで至る例はまれであった．しかし，近時医療過誤訴訟が増加傾向にあることに加えて，伴侶動物に対する国民の意識の変化，獣医師・飼育者関係の変化や飼育者の権利意識の高まり，獣医療の高度化とこれに寄せる飼育者の期待の増大等の要因が相まって，獣医療をめぐるトラブルが法の場に持ち出される機会が増えていると考えられる．いい換えると，人間と動物との関係および動物をめぐる人間同士の関係の変化を背景とするがゆえに，獣医療過誤に関与したとして獣医師の法的責任が問われる事例が今後も増加するであろうことは想像に難くない．

1）獣医療事故の法的構成

（1）獣医師の法的責任

医療事故が発生した場合，医師の注意義務違反に対して複数の法的責任が問題となる．第 1 は民事上の責任，すなわち被害者に対する加害者の損害賠償責任である．第 2 は刑事上の過失責任で，刑法 211 条の業務上過失致死傷罪が適用され，5 年以下の懲役若しくは禁錮又は 100 万円以下の罰金に処せられる．第 3 は行政法上の責任で，刑事処分を受けた医師に対し，厚生労働省の医道審議会の審議を経て免許停止等の行政処分が課される．これらの責任のうち，多くの医療事故で問題の中心となるのは民事上の責任である．

獣医師が獣医療事故に関与した場合に発生する法的責任は，基本的枠組みとしては医療におけると同様である．獣医療の場合も問題の主体は民事責任であるが，これは獣医療の対象が動物すなわち法的には器物として取り扱われる存在であることに基づく．

（2）獣医師の刑事責任

動物を殺傷した場合に適用される罰条は器物損壊罪（刑法 261 条）である．ここで注意するべきは，刑法が刑罰を科すのは原則として故意犯であり，過失ある行為が処罰の対象となるのは，人の死亡等の重大な結果が発生する場合に限られる（刑法 38 条 1 項）ことである．動物の殺傷について器物損壊罪が成立するのは，原則通り，故意にこれを行った場合である．したがって，医師が診療に際して過失により患者を死亡させた場合は業務上過失致死罪が適用され，刑事罰の対象となる可能性があるが，獣医師が治療の過程で過失により動物を死亡させた場合は，獣医師は原則として刑事上の責任を問われないと解されている．しかし，狂犬病を獣医師が誤診し，それを信じて医師が治療を誤った医療過誤について，獣医師に業務上過失を問うた古い判例はある（大審院判例・刑録16 p.292）．

（3）獣医師と飼育者の関係－獣医療契約

獣医師による獣医療行為は通常，獣医診療施設または個人の獣医師と飼育者の間に存在する獣医療契約に基づいて行われる．診療契約の法的性格は準委任契約（民法 656 条）と解するのが一般的である．ところで，動物という生体においては未知の部分が今なお多く，同一の治療法に対してすべての個体が常に典型的な反応を示すとは限らない．すなわち，獣医療においては疾病の治癒や症状の改善といった期待通りの結果を達成することを常に保証することは不可能であるため，獣医療行為の結果が望ましくないものであったとしても，この事実のみをもって当該獣医師に過失があったとすることはできない．したがって獣医療契約において獣医師は，治癒という結果の達成に向けて最大限の努力をすることが義務づけられるにとどまり，結果の達成自体は診療義務には含まれない手段債務を負担すると解されている．なお，獣医師には公共の福祉の観点から，獣医師法上，診療契約の締結義務がある（応招義務，獣医師法 19 条 1 項）．

（4）獣医師の民事責任の法的構成

獣医療事故が発生した場合，獣医師の民事責任が認められるには，獣医師による不法行為または診療契約に基づく債務不履行があったことを立証する必要がある．不法行為責任については，被害者は①獣医療関係者の故意または過失，②権利侵害，③損害の発生，④因果関係の存在のすべてを証明する必要があり，消滅時効との関連で，加害者および損害を知ってから3年，行為時から20年以内に訴えを起こす必要がある（民法724条）．一方，獣医師の債務不履行責任を追及する場合，損害賠償請求権の消滅時効は10年である．なお，現在では，同一の事故について不法行為構成と債務不履行構成のいずれを採用しても大きな相違が生じることはないと解されている．訴訟の場においては不法行為責任と債務不履行責任とが同時に追求されることも多い．

医療過誤の損害賠償責任は，主として医療技術上の過誤と説明義務違反に基づくものが主体である．獣医療についてもこれに準じて考えることができる．

（5）技術過誤を理由とする損害賠償責任

a．獣医療水準の意義と機能

獣医療水準とは獣医師が負うべき注意義務の基準である．獣医療関係者は動物の生命及び健康を管理するべき獣医業の性質に照らして，危険防止のため実験上必要とされる最善の注意義務を尽くす必要がある（最判昭和36年2月16日民集15巻2号244頁参照）．ここでの最善の注意とは，診療当時のいわゆる臨床獣医学の実践における獣医療水準に照らして相当な診療を実施することである（最判昭和57年3月30日判時1039号66頁参照）．獣医療水準に応じた診療を実施しなかった場合は獣医師の注意義務違反すなわち過失であり，獣医師の損害賠償責任の根拠となる．

ある治療法の実施が獣医療水準として義務づけられるかどうかは，当該診療施設の性格，所在地域の獣医療環境の特性などの諸事情を考慮して判断される．ある知見が類似の特性を備えた獣医療機関に相当程度普及しており，当該獣医療機関において右知見を有することが相当と認められる場合には，特段の事情のない限りその知見は当該診療機施設にとっての獣医療水準である（最判平成7年6月9日民集49巻6号1499頁参照）．すなわち，大学病院のように高度の獣医療技術を有すると期待される診療施設はそれに応じた獣医療を提供する義務を負い，逆に，設備や規模等の関係で獣医療水準に応じた治療をなしえない診療施設は，それを実施することが可能な診療施設に動物を転送する義務を負担する（最判平成9年2月25日民集51巻2号502頁，最判平成15年11月11日民集57巻10号1466頁参照）．

b．獣医療水準と獣医療慣行

獣医療慣行とは臨床獣医療の現場で平均的獣医師が広く慣行的に行っている行為のことで，当該行為の科学的合理性の他に，獣医療を取り巻くさまざまな社会的経済的要因により決定されるものである．これに対し，獣医療水準は獣医師の注意義務の基準という規範的意義を有するもので，獣医療慣行とは必ずしも一致しない．したがって，獣医師が獣医療慣行に従って行動したからといって獣医療水準に従った注意義務を尽くしたと直ちにいうことはできない（最判昭和36年2月16日民集15巻2号244頁，最判平成8年1月23日民集50巻1号1頁参照）．

c．医薬品の添付文書

医薬品の添付文書は，医薬品の危険性や副作用等に関する情報提供の目的で作成され，獣医療関係者に提供されるものである．最高裁判決において，添付文書は情報提供の手段であるだけではなく規範的意味が付与された文書として，医療水準を決定する際の重要な資料とされている．獣医師が医薬品の添付文書に記載された使用上の注意事項に従わず，それによって獣医療事故が発生した場合にはその獣医師の過失が推定される（最判平成8年1月23日民集50巻1号1頁参照）．

d．獣医師の裁量

獣医師の裁量とは獣医師の自由な，かつ専門的な判断のことである．獣医療の専門的技術的性格から，具体的診療の場面では診断や治療法の選択等について，獣医師自身の経験や診療施設の設備等を前提とする獣医師の裁量が重要な役割を果たす．治療の結果が思わしくなかった場合，この裁量の当否が問題となることが多い．獣医師の判断の自律性はあくまでも獣医療水準の枠内で認められるものであって，獣医師が獣医療行為を無制限に行う自由を意味するものではない．裁量権の行使にあたっては，①獣医学的知見への準拠，②動物の所有者の診療への適切な参加，③医療水準の枠内での診療の実施，の諸点を確保することが必要である．

ところで,外国で有効性等が認められている先端的な治療法を日本に導入し,獣医診療施設で実施することがある．このような新療法は日本においてまだ獣医療水準に達していないが，獣医学上の適応性があり，当該獣医診療施設においてその治療法を実施することが可能であれば，当該先端的治療法は動物の所有者に対する十分な説明を前提として，獣医師の療法選択の裁量の範囲にあるといえる．場合によっては，そのような斬新な療法を実施することがむしろ義務とされる可能性もある．

（4）説明義務違反を理由とする損害賠償責任

a．説明義務の種類

獣医師のなすべき説明には主として，①療養指導としての説明と，②所有者の承諾を得るための説明の2類型がある．①は口頭で実施する獣医療行為で，その内容の適否は技術上の過誤と同様に，獣医療水準の問題として扱われる．②は獣医師が動物に対して獣医療行為を行うに際し，所有者の自己決定権を尊重するために実施する説明で，いわゆるインフォームド・コンセントの問題である．

動物の所有者は原則として，自己の所有する動物に獣医療行為を受けさせるか否か，受けさせる場合にいかなる治療法を選択するかについて最終的な決定権を有している．獣医師が適法に治療を実施するためには，動物の所有者が事前に説明を受けたうえで，治療に同意することが必要である．

ｂ．説明の範囲と基準

説明と同意の意義を前提とすると，獣医師が所有者に提供する情報は，所有者が自己決定権を適正に行使するために必要かつ十分な情報でなければならない．具体的には，現在の病状，検査結果や診断の内容，予定している治療の概要，治療の効果や危険性，放置した場合の転帰，治療期間，選択し得る代替手段との比較等があげられる．

緊急時においては提供すべき情報量は減少してもやむをえないが，動物の生命・身体の維持に必ずしも必要でない処置や，危険性の高い脳や心臓の手術，まだ研究段階にある治療方法については，通常よりも詳細な説明が必要となる．なお，医療過誤判例では，医師が患者に提供するべきとされる情報の範囲が拡大される傾向にある（最判平成 12 年 2 月 29 日民集 54 巻 2 号 582 頁，最判平成 13 年 11 月 27 日民集 55 巻 6 号 1154 頁，最判平成 17 年 9 月 8 日判時 1912 号 16 頁．地裁判決としては東京地裁平成 17 年 6 月 23 日判時 1930 号 108 頁）．また，所有者の自己決定権の尊重という趣旨からは，所有者の同意は獣医師が予定した検査や治療を実施する前に取得することが必要であり，実施にあたっては所有者が同意した範囲を限度とするのが原則である．

ｃ．セカンド・オピニオンの位置づけ

セカンド・オピニオンとは，動物の所有者が，当該動物が受ける獣医療等について自己決定するにあたり，主治医の診断等に関して他の獣医師の意見を求めることである．所有者が現在治療等を受けていない診療施設の獣医師からセカンド・オピニオンを受ける場合，法的位置づけとしては，診療施設と動物の所有者間に存在する診療契約とは別の情報提供契約を，セカンド・オピニオンを求める先の獣医師と締結すると考えられる．

ｄ．獣医療とインフォームド・コンセント

獣医師の説明義務の第一の目的は所有者の同意を得るためであるが，獣医師のなすべきことは所有者に対して単に治療の概略を説明するにとどまらない．

獣医療は動物の診療のみならず，所有者と動物とのよりよい関係の構築と，所有者自身の人生における自己実現に奉仕することをも目的とする．したがっ

て，所有者が獣医師の説明を受け，これに納得したうえで治療法等につき複数の選択肢のうちから自発的に選択を行い，獣医療上の決定に参加することが，獣医療における最低限の要請である．

インフォームド･コンセントの重要性が広く認識されるようになった一方で，これに関する懐疑的な議論があることも事実である．例えば，患者は提供された情報を適切に評価したうえで合理的な判断を下す能力が不十分なために，本来有している治癒可能性を無駄にする危険性があること，現在のインフォームド・コンセントは医師の情報提供と免責という点に重きが置かれ，患者の理解とそれによる自己決定の実現に必ずしも重点を置いていないこと，インフォームド・コンセントの名の下に自己決定したくない患者まで自己決定を強制されていること等の批判である．

これらを踏まえたうえで，あらためてインフォームド・コンセントのあり方を考えてみると，インフォームド・コンセントの実施に当たっては，治療についての同意を取得することだけではなく，その前提となる説明にも同程度の重きを置くべきであることは明らかである．個別具体的な所有者のライフスタイルに応じて，治療法の選択を初めとする獣医療上必要なさまざまな決定につき獣医師と所有者が協同することが，獣医療におけるインフォームド・コンセントの望ましいあり方といえよう．

（5）損害賠償責任の成立要件としての因果関係

治療の過程で動物に何らかの被害が発生した場合，獣医療側に対する賠償請求が認められるためには，獣医療関係者の過失と損害との間に因果関係が存在することを被害者側が立証しなければならない．

医療過誤訴訟における因果関係の立証については，被害者は一点の疑義もない自然科学的因果関係を明らかにする必要はなく，因果関係を認めることが経験則に照らして合理的と認められればよいとされる（最判昭和50年10月24日民集29巻9号1417頁）．医療事故においては，不適切な治療行為を実施したことよりもむしろ，実施すべきであった治療行為を症候の見落としなどの理由により実施しなかった不作為と悪しき結果との間の因果関係が問題となる場合が多いのが特徴である．

2）獣医療過誤が問題となった裁判例

獣医療過誤が問題となった裁判例のうち，公刊物に登載されたものおよびインターネット上で公開されているものを，参考までにあげておきたい．

①東京地判昭和 43 年 5 月 13 日判時 528 号 58 頁（帝王切開術における獣医師の過失により飼い犬が死亡したことを理由とする飼育者の損害賠償請求が認容された事例）．

②東京地判平成 3 年 11 月 28 日判タ 787 号 211 頁（フィラリア成虫の除去手術中に犬が心停止し死亡したことにつき，獣医師の過失が否定され，獣医師による債務不存在確認等請求および飼育者に対する診療報酬等の請求が認容された事例）．

③大阪地判平成 9 年 1 月 13 日判時 1606 号 65 頁（獣医師が人用の陣痛促進剤を過量投与したため飼猫が死亡したとして飼育者であるブリーダーが獣医師に対して求めた損害賠償請求が認容された事例）．

④宇都宮地判平成 14 年 3 月 28 日 LEX/DB インターネット（避妊手術における獣医師の過失により飼い猫が死亡したことを理由とする飼育者の損害賠償請求が認容された事例）．

⑤東京地裁平成 16 年 5 月 10 日判タ 1156 号 110 頁（犬の糖尿病治療について獣医師がインスリンの投与を怠ったとして，飼育者の損害賠償請求が認容された事例）．

⑥名古屋高金沢支判平成 17 年 5 月 30 日判タ 1217 号 294 頁（犬の治療法を選択するにあたっての飼育者らの自己決定権が侵害されたとして治療費，慰謝料および弁護士費用の支払い請求が認容された事例）．

⑦所有するペットが獣医師の診療を受けるなどし，その際又はその後に当該ペットが死亡した又は後遺障害を負ったことについて，飼育者らによる獣医師の詐欺行為，動物傷害行為，診療行為における注意義務違反等の主張が認めら

れ，不法行為等に基づく損害賠償請求が認容された事例（東京地判平成 19 年 3 月 22 日，裁判所ホームページ判例検索システム http://www.courts.go.jp/hanrei/pdf/20070411164648.pdf）.

5．動物の愛護と管理に関する法規

動物を飼養する者は，動物に対すると同時に社会に対しても飼育者としての責任を負っている．動物愛護の基本法である「動物の愛護及び管理に関する法律」は，適正な飼育を通じて動物の健康及び安全を保持し，動物による他者への危害を防止することを動物の所有者等の責任と位置づけている．動物を適正に飼育することは本来，法によって強制するべき性質のものではなく，飼育者の当然の義務として個人の自覚にまつべきものである．しかし，法は命ある動物を取り扱う者の責任の重大さを考慮して，これを罰則を伴う法的義務とした．また，動物が他人に被害を及ぼすような事態が発生するのは，飼育者が動物に対する責任を全うしていない場合がほとんどであるといっても過言ではない．以下においては，動物の取扱いを規律し，その愛護をはかる各種の法を概観する．

1）動物の愛護と管理に関する規制

（1）動物の愛護及び管理に関する法律（昭和 48 年 10 月 1 日法律第 105 号，最終改正平成 18 年 6 月 2 日法律第 50 号）

a．基 本 原 則

すべての人は「動物は命あるもの」であることを認識し，みだりに動物を虐待することのないようにするのみでなく，人間と動物が共に生きていける社会を目指し，動物の習性をよく知った上で適正に取り扱わなければならない（動物愛護管理法２条）.

b．動物愛護週間（9 月 20 日～ 26 日）を設けること（動物愛護管理法４条）

c．動物の所有者等の責任

動物の所有者等はその責任を十分に自覚して，動物をその種類，習性等に応じて適正に飼養することによって，動物の健康と安全を確保するように努めるとともに，動物が人の生命等に害を加え，又は迷惑を及ぼさないように努めること（動物愛護管理法７条１項），動物に起因する感染症について正しい知識を持ち，その予防のために必要な注意を払うよう努めること（動物愛護管理法７条２項），動物の所有者は動物が自分の所有であることを明らかにするための措置として環境大臣が定めるものを講ずるよう努めること（動物愛護管理法７条３項）とされている．なお，所有者の努力義務には犬または猫の繁殖制限も含まれる（動物愛護管理法 37 条）．

d．周辺の生活環境の保全に係る措置

都道府県知事は多数の動物の飼養又は保管によって周辺の生活環境が損なわれている場合，当該事態を生じさせている者に対して必要な措置をとるように勧告し（動物愛護管理法 25 条１項），措置を講じない場合はこれを命じることができる（動物愛護管理法 25 条２項）．

e．特定動物の飼養又は保管の許可

特定動物を飼養又は保管しようとする者は，特定飼養施設の所在地を管轄する都道府県知事の許可を受けなければならない（動物愛護管理法 26 条１項）．

f．動物愛護担当職員の配置（動物愛護管理法 34 条），動物愛護推進員の委嘱（動物愛護管理法 38 条），協議会の組織（動物愛護管理法 39 条）の規定

g．罰　　則

愛護動物をみだりに殺傷した者は１年以下の懲役又は 100 万円以下の罰金（動物愛護管理法 44 条１項），みだりに給餌又は給水をやめること等の虐待を行った者や，遺棄した者は，50 万円以下の罰金に処せられる（動物愛護管理法 44 条２項，３項）．愛護動物とは，牛，馬，豚，めん羊，やぎ，犬，ねこ，いえうさぎ，鶏，いえばと，あひる，およびこれら以外の人が占有している動物で，哺乳類，鳥類または爬虫類に属するものをいう（動物愛護管理法 44 条４項）．

なお，「動物の愛護及び管理に関する法律」の一部を改正する法律（平成 17

年6月22日法律第68号）では，主として動物取扱業者と特定動物の飼養に対する規制強化がはかられた．主な改正点は，①環境大臣による動物愛護に関する基本指針の策定及び都道府県による動物愛護推進計画の策定，②動物取扱業に対する規制の強化（従来の届出制から登録制への移行，動物取扱業の範囲の見直し等），③特定動物の飼養等について全国一律の許可制の導入および個体識別措置の義務づけ，④学校，地域，家庭等における動物の愛護管理の普及啓発の推進，⑤実験動物に対する配慮事項として国際的に受け入れられている，いわゆる3Rの原則（代替法の活用：Replacement，使用数の削減：Reduction，苦痛の軽減：Refinement）の明記，⑥罰則の強化（愛護動物を虐待または遺棄した場合の罰金の上限の30万円から50万円への引き上げ）である．

（2）動物の飼養と保管に関する諸基準

環境大臣は，関係行政機関の長と協議して，動物の飼養及び保管に関しよるべき基準を定めることができる（動物愛護管理法7条4項）．この規定に基づいて定められた基準は次のとおりである．

a．産業動物の飼養及び保管に関する基準（昭和62年10月9日総理府告示第22号）

b．家庭動物等の飼養及び保管に関する基準（平成14年5月28日環境省告示第37号，一部改正平成18年1月20日）

c．展示動物等の飼養及び保管に関する基準（平成16年4月30日総理府告示第33号，一部改正平成18年1月20日）

d．実験動物の飼養及び保管並び苦痛の軽減に関する基準（平成18年4月28日環境省告示第88号）

これらの基準は，動物の飼養者等が命ある動物の生態，習性，生理等に配慮し，愛情と責任の伴った適正な飼養を行うこと及び動物による人の生命，身体又は財産に対する侵害の防止，周囲の生活環境保全に努めることを一般原則とする．いずれも「共通基準」として動物の健康及び安全の保持，生活環境の保全，繁殖に関する配慮事項，輸送時の取り扱い，人と動物の共通感染症に係る知識の習得，逸走の防止，危害等の防止，非常時の緊急対策等について定めるほか，個々の基準に特有の「個別基準」をおいている．

2）動物実験に対する規制

動物実験に対しては，各省庁が管轄の研究機関を対象に策定したガイドラインによる規制が行われている（「研究機関等における動物実験等の実施に関する基本指針」平成18年6月1日文部科学省告示第71号，「厚生労働省の所管する実施機関における動物実験等の実施に関する基本指針」厚生労働省，平成18年6月1日，「農林水産省の所管する研究機関等における動物実験等の実施に関する基本指針」農林水産省，平成18年6月1日）．これらは科学的観点および動物愛護の観点に配慮した動物実験を実施するための基本指針で，動物実験が人の健康・安全・医療の向上と密接不可分のライフサイエンス研究の進展にとって必要であり，やむをえない手段であることを前提とし，動物実験をとりまく状況の変化を踏まえて策定されたものである．また，日本学術会議は，各研究機関が動物実験等に関する規程等を整備する際のモデルとなる共通ガイドラインとして「動物実験の適正な実施に向けたガイドライン」（2006年6月1日）を策定している．

3）そ　の　他

上記のほか，動物の取扱い等に関して次のような指針等がある．

a．動物の処分方法に関する指針（平成7年7月4日総理府告示第40号，一部改正平成12年12月1日）

b．動物が自己の所有に係るものであることを明らかにするための措置（平成18年1月20日環境省告示第23号）

c．犬及びねこの引取り並びに負傷動物等の収容に関する措置（平成18年1月20日環境省告示第26号）

6．感染症対策および保健・衛生関連法規

獣医師は飼育動物に関する診療及び保健衛生の指導その他の獣医事をつかさどることにより，動物に対する保健衛生の向上及び畜産業の発達を図り，あわせて公衆衛生の向上に寄与するものとされる（獣医師法1条）．感染症，特に人獣共通感染症の早期発見，まん延防止のためには獣医師のはたらきが必要不可欠である．ここでは感染症対策および保健・衛生関連法規を概観することにより，獣医師の法的責務を確認する．

（1）家畜伝染病予防法（昭和26年5月31日法律第166号，最終改正平成17年10月21日法律第102号）

この法律は，家畜の伝染性疾病（寄生虫病を含む）の発生を予防し，及びまん延を防止することにより，畜産の振興を図ることを目的とする（予防法1条）．本法では次のような事項に関する規定がおかれている．

a．家畜の伝染性疾病の発生の予防

届出伝染病や新疾病についての獣医師の届出義務（予防法4条，4条の2），監視伝染病の発生の状況等を把握するための検査等（予防法5条），特定疾病又は監視伝染病の発生を予防するために必要な注射，薬浴又は投薬（予防法6条），消毒方法等の実施（予防法9条）等．

b．家畜伝染病のまん延の防止

獣医師等による，患畜等の届出義務（予防法13条），隔離の義務（予防14条）．また，通行の制限又は遮断（予防法15条），患畜等のと殺の義務（予防法16条），殺処分（予防法17条），と殺の届出義務（予防法18条），死体（予防法21条）や汚染物品（予防法23条）の焼却等の義務，家畜等の移動の制限（予防法32条）等．

c．輸出入検疫

輸入禁止（予防法36条），輸入のための検査証明書の添付（予防法37条），輸入場所の制限（予防法38条），動物の輸入に関する届出等（予防法38条の

２），輸入検査（予防法 40 条），輸出検査（予防法 45 条）等．

（２）牛海綿状脳症対策特別措置法（平成 14 年６月 14 日法律第 70 号，最終改正平成 15 年７月 16 日法律第 119 号）

この法律は，牛海綿状脳症の発生を予防し，及びまん延を防止するための特別の措置を定めること等により，安全な牛肉を安定的に供給する体制を確立し，もって国民の健康の保護並びに肉用牛生産及び酪農，牛肉に係る製造，加工，流通及び販売の事業，飲食店営業等の健全な発展を図ることを目的とする（措置法１条）．牛の肉骨粉を原料等とする飼料の使用の禁止等（措置法５条），と畜場における検査等（措置法７条），牛に関する情報の記録等（措置法８条），牛の生産者等の経営の安定のための措置（措置法９条），正しい知識の普及等（措置法 11 条），調査研究体制の整備等（措置法 12 条）等について規定している．農林水産省令で定める月齢以上の牛の死体を検案した獣医師（獣医師による検案を受けていない牛の死体については，その所有者）は，遅滞なく，都道府県知事にその旨を届け出なければならない（措置法６条１項）．当該死亡牛は原則として，家畜伝染病予防法第５条１項の規定に基づき，家畜防疫員による BSE 検査を受けなければならない（措置法６条２項）．「農林水産省令で定める月齢」とは，満 24 月と定められている（牛海綿状脳症対策特別措置法施行規則１条）．牛の所有者は１頭ごとに固体識別のための耳標をつけ，生年月日，移動履歴等の情報を提供することが義務付けられている（牛の個体識別のための情報の管理及び伝達に関する特別措置法，平成 15 年６月 11 日法律第 72 号）．

（３）家畜保健衛生所法（昭和 25 年３月 18 日法律第 12 号，最終改正平成 11 年 12 月 22 日法律第 160 号）

家畜保健衛生所は，地方における家畜衛生の向上を図り，もって畜産の振興に資するため，都道府県知事が設置するものである（家保法１条１項）．家畜保健衛生所の事務の範囲は，①家畜衛生に関する思想の普及及び向上に関する事務，②家畜の伝染病の予防に関する事務，③家畜の繁殖障害の除去及び人工授精の実施に関する事務，④家畜の保健衛生上必要な試験及び検査に関する事務，⑤寄生虫病，骨軟症その他農林水産大臣の指定する疾病の予防のためにする家畜の診断に関する事務，⑥地方的特殊疾病の調査に関する事務，⑦その他地方における家畜衛生の向上に関する事務である（家保法3条1項）．家畜保健衛生所はその名称を独占する（家保法6条）．

（4）感染症の予防及び感染症の患者に対する医療に関する法律（平成10年10月2日法律第114号，最終改正平成18年12月8日法律第106号）

この法律は，感染症の予防及び感染症の患者に対する医療に関し必要な措置を定めることにより，感染症の発生を防止し，及びそのまん延の防止を図り，もって公衆衛生の向上及び増進を図ることを目的とする．

共通感染症対策のうち，獣医師との関係では，次の点が重要である．

a．獣医師等の責務

獣医師は感染症の予防に関し国及び地方公共団体の施策に協力するとともに，その予防に寄与するよう努めなければならない（感染症法5条の2）．

b．獣医師の届出義務

獣医師は，一～四類感染症のうちエボラ出血熱，マールブルグ病その他の政令で定める感染症ごとに当該感染症を人に感染させるおそれが高いものとして政令で定めるサルその他の動物について，当該動物が当該感染症にかかり，またはかかっている疑いがあると診断したときは，直ちに，当該動物の所有者等の氏名その他厚生労働省令で定める事項を最寄りの保健所長を経由して都道府県知事に届けなければならない（感染症法13条1項）．

（5）狂犬病予防法（昭和25年8月26日法律第247号，最終改正平成11年12月22日法律第160号）

この法律は，狂犬病の発生を予防し，そのまん延を防止し，及びこれを撲滅することにより，公衆衛生の向上及び公共の福祉の増進を図ることを目的とする（狂予法1条）．対象となる動物種は犬及び猫その他の動物（牛等を除く）で政令で定めるものである（狂予法2条1項）．

本法の規定には大きく分けて，通常措置に関するものと，狂犬病発生時の措置に関するものとがある．通常措置として犬の登録（狂予法4条），予防注射（狂予法5条），抑留（狂予法6条），輸出入検疫（狂予法7条）の諸規定があり，狂犬病発生時の措置として届出義務（狂予法８条），隔離義務（狂予法９条），殺害禁止（狂予法 11 条），死体の引き渡し（狂予法 12 条），検診及び予防注射（狂予法 13 条），移動制限（狂予法 15 条），交通の遮断または制限（狂予法 16 条），繋留されていない犬の抑留（狂予法 18 条）及び薬殺（狂予法 18 条の 2）等が定められている．さらに，これらの規定に違反した場合の罰則規定が設けられている（狂予法 26 条以下）．

（6）と畜場法（昭和 28 年 8 月 1 日法律第 114 号，最終改正平成 15 年 5 月 30 日法律第 55 号）

この法律は，と畜場の経営及び食用に供するために行う獣畜の処理の適正の確保のために公衆衛生の見地から必要な規制その他の措置を講じ，もって国民の健康の保護を図ることを目的に定められている（と畜法 1 条）．

本法が適用される「獣畜」とは牛，馬，豚，めん羊，山羊をさし，「と畜場」とは食用に供する目的で獣畜をとさつ又は解体するための施設のことで，その規模により「一般と畜場」と「簡易と畜場」とに分類される（と畜法 3 条）．

本法においては，と畜場の設置の許可（と畜法 4 条），と畜場の衛生管理（と畜法 6 条），衛生管理責任者（と畜法 7 条），獣畜のと殺又は解体（と畜法 13 条），獣畜のと殺又は解体の検査（と畜法 14 条），と殺解体の禁止等（と畜法 16 条），と畜検査員（と畜法 19 条）等についての規定がおかれている．

（7）食鳥処理の事業の規制及び食鳥検査に関する法律（平成 2 年 6 月 29 日法律第 70 号，最終改正平成 18 年 6 月 2 日法律第 50 号）

この法律は，食鳥処理の事業について公衆衛生の見地から必要な規制その他の措置を講ずるとともに，食鳥検査の制度を設けることにより，食鳥肉等に起因する衛生上の危害の発生を防止し，もって国民の健康の保護を図ることを目的とする（食鳥法 1 条）．食鳥処理の事業の許可等（食鳥法 3 条～ 10 条），食鳥処理業者の遵守事項（食鳥法 11 条～ 14 条），食鳥検査等（食鳥法 15 条～ 20 条），指定検査機関（食鳥法 21 条～ 35 条）等について規定している．

7．動物用医薬品等に対する規制

医薬品は人や動物の身体の構造または機能に一定の影響を及ぼすもので，通常，疾病のある人や動物に対して使用されるため，誤った取り扱いをすれば重大な事故を招来することになりかねない．獣医療において動物用医薬品等を有効に活用し，誤った取り扱いによる事故や薬害事件を未然に防ぐとともに，社会的必要性の高い医薬品等の開発を促進するために，定められているのが薬事法および関連法規である．ここでは獣医療に関する限りで，医薬品等に関する規制を概観する．

1）薬 事 法

薬事法（昭和35年8月10日法律第145号，最終改正平成18年6月21日法律第84号）は，医薬品，医薬部外品，化粧品及び医療機器の品質，有効性及び安全性の確保のために，必要な規制を行うとともに，医療上特にその必要性が高い医薬品及び医療機器の研究開発の促進のために必要な措置を講ずることにより，保健衛生の向上を図ることを目的とする（薬事法1条）．動物専用医薬品を所管するのは農林水産省である．

獣医療領域に関連する規定としては，次のものがあげられる．

①毒劇薬に関して，容器の表示法（薬事法44条），14歳未満の者その他安全な取扱いをすることについて不安があると認められる者に対する交付制限（薬事法47条），貯蔵及び陳列方法（薬事法48条）等の規定がある．

②動物用医薬品のうち，使用にあたって獣医師の専門的な知識と技術を必要とするもの，副作用の強いもの，病原菌に対して耐性を生じやすいもの等，獣医師の特別な指導を必要とするものについては，農林水産大臣が「要指示医薬品」として指定し，規制の対象とすることによって，これらの医薬品の適正使用の確保を図っている．抗生物質，合成抗菌剤，ホルモン剤，ワクチン等がこれに該当する．薬局開設者又は医薬品の販売業者は，獣医師から処方せんの交

付を受けた者以外の者に対して，正当な理由なく，要指示医薬品を販売し，又は授与してはならない．また，販売や授与を行ったときにはこれらに関する記録を作成，保存しなければならない（薬事法 49 条）．

③何人も未承認医薬品を食用動物に使用してはならない（薬事法 83 条の３）．農林水産大臣は食用動物に使用する医薬品の使用の制限を規定することができる（薬事法 83 条の４，83 条の５）．これと関連して，動物用医薬品の使用の規制に関する省令（昭和 55 年９月 30 日農林水産省令第 42 号，最終改正平成 18 年 12 月１日農林水産省令第 89 号）が，抗菌性物質製剤等を食用動物に投与する際の公衆衛生上の安全性確保の点から，医薬品ごとに使用対象動物，用法および用量，使用禁止期間について使用者が遵守するべき基準を定めている．

④獣医師は，医薬品又は医療機器について，当該品目の副作用等によるものと疑われる疾病，障害若しくは死亡の発生又は当該品目の使用によるものと疑われる感染症の発生に関する事項を知った場合において，保健衛生上の危害の発生又は拡大を防止するため必要があると認めるときは，その旨を農林水産大臣に報告しなければならない（薬事法 77 条の４の２）．

２）麻薬等の薬品の取締り

麻薬等を取締る法規としては，麻薬及び向精神薬取締法（昭和 28 年３月 17 日法律第 14 号，最終改正平成 18 年６月 14 日法律第 69 号），あへん法（昭和 29 年４月 22 日法律第 71 号，最終改正平成 13 年６月 29 日法律第 87 号），大麻取締法（昭和 23 年７月 10 日法律第 124 号，最終改正平成 11 年 12 月 22 日法律第 160 号），覚せい剤取締法（昭和 26 年６月 30 日法律第 252 号，最終改正平成 18 年６月 23 日法律第 94 号）等がある．

３）動物用医薬品の開発から市販後の評価までの薬事法に基づく諸規制

動物用医薬品の研究開発，製造，販売，使用の各段階で実施される各種の試験や調査等は，農林水産大臣の定める次のような基準に従って実施することが薬事法により義務づけられている.

①動物用医薬品の安全性に関する非臨床試験の実施の基準に関する省令(GLP 省令)(平成9年10月21日農林水産省令第74号, 最終改正平成17年3月29日農林水産省令第39号)

②動物用医薬品の臨床試験の実施の基準に関する省令(GCP 省令)(平成9年10月23日農林水産省令第75号, 最終改正平成17年3月29日農林水産省令第36号)

③動物用医薬品の製造管理及び品質管理に関する省令(GMP 省令)(平成6年3月29日農林水産省令第18号, 最終改正平成17年3月30日農林水産省令第43号)

④動物用医薬品の製造販売後の調査及び試験の実施の基準に関する省令(GPSP 省令)(平成17年3月29日農林水産省令第33号)

8. おわりに

人と動物との関係および動物を取り巻く人と人との関係は, 時代とともにその範囲と程度において複雑化かつ多様化している. このような現代社会にあって, 獣医学には, 獣医療という実践を通して人の福祉の向上に資することがいっそう強く求められている. ここにおいて, 獣医学と社会との接点にあるものとして法が果たすべき役割とは, 現代社会において獣医学および獣医療に求められるあり方やその果たすべき責務を明示することによって, 人と動物とに奉仕することであるといえよう.

第 10 章　獣医療の展開

1．東洋獣医学

1）はじめに

東洋獣医学はいわゆる古代中国思想に裏付けられた獣医療で中国を起源として日本で発展してきた獣医学と考えられる．すなわち近代西洋思想を背景とする現代科学とは異なり，科学の誕生以前に存在し，伝承されてきた伝統獣医学の１つである．世界各国各民族にはそれぞれ歴史があり，文化があり，医療が存在する．わが国においても例外ではないが，近代西洋科学が到来する以前には医学，獣医学は中国，韓国の影響を受けながら発展してきた経緯から東洋医学（外来医学に対して皇漢医学，蘭医学に対して漢方医学，現代医学に対して伝統医学）と呼称されている．なかでも湯薬処方を中心とするものを漢方，針や灸を中心とするものを鍼灸と称している．

このような前近代医学的な伝統医療が現在注目されている理由は現代科学に多くの問題が指摘されているためである．医療には東洋も西洋も，古代も近代もない．最良の医療のみが希求されているのである．明治以降途絶された伝統医学を蘇生させ，医療の現状を打開し発展させる必要がある．

2）特　　徴

（1）誕生の経緯

古代中国大陸において疾病に対し自然発生的に治療が行われていたと思われ

る．腫れ物を石器で切開する．内臓の異常に対して草根木皮を直接ないし煎じたりして与える．また，温熱寒冷を加えたり，運動を強いたり，針を刺したり圧したり，揉んだりして疼痛など各種異常に対応していた．その後黄河文化圏における鍼灸医学（黄帝内経，素問，霊枢），江南文化圏における湯液医学（傷寒論，金匱要略），揚子江文化圏における本草学（農本草経）が発達し体系化された．

（2）考 え 方

東洋医学の考え方は近代科学を基にした西洋医学が分析的で，実験と理論を重視しているのに対して総合的で経験と哲理に基づいている．そして，その生命観ないし疾病観は中国の古代思想によるものである（表 10-1）．身体の構成は気（エネルギー），血（気が液化した赤色の液体）および水（津液，気が液化した無色の液体）と考えられている．そして東洋医学の基本概念は気血水論，陰陽五行説，証などである（表 10-2）．

（3）対 処 法

疾病は陰陽失調，正気と邪気の対立であり，気，血，水の過不足，逆行，停滞である．また先天的および後天的要因が生命力を左右していると考えられている．

表 10-1 生命観・疾病観

Ⅰ．陰陽五行説
陰陽：不即不離の二面性（相互依存，消長転化）
五行：五種物質（木，火，土，金，水）の運行・変化（相生，相互）
Ⅱ．心身一如（精神・身体）
Ⅲ．臓象（五臓六腑と機能）
肝，心，脾，肺，腎；
胃，小腸，大腸，胆，膀胱，三焦
Ⅳ．身体：気，血，水（流動）

表 10-2 漢方医学の基本

1．気（元気，生気，正気，病気）
2．気血水論〈気→液体（血，津液）〉
3．心身一如
4．陰陽論（陰陽五行説）
5．六病位（病態流動）
6．方剤，生薬
7．証（症状，症候群），主証客証

表 10-3　病　因

外因(六淫，六気)	風，寒，暑，湿，燥，火
内因(内傷，七情)	怒，喜，思，憂，恐，悲，驚
不内外因	生活上の不摂生，外傷

表 10-4　医の三権

体位	体力（強弱・盛衰）
病位	病勢（軽重・緩急）
薬位	薬方（大小・多少）

表 10-5　陰陽，寒熱，虚実，表裏，内外の概略

陰陽（生体反応，病期）	陰：寒性，沈降性 陽：熱性，発揚性
寒熱（炎症反応）	寒：冷性 熱：温性
虚実（病勢 / 体力 / 正気）	虚：減弱 実：増強
表裏・内外（部位）	表：体表，頸項，背腰 裏：胃腸管，鼻口，咽喉，胸腰

病態の由来を説明するものは，正気（体力）と邪気（病毒）の対立で両者の強弱によるとする概念を病因と考えている（表 10-3）．そして体位，病位，薬位が医の三権とされている（表 10-4）．陰陽，寒熱，虚実，表裏，内外の説明の概略は表 10-5 に示すようである．また病位を図 10-1 に示す．

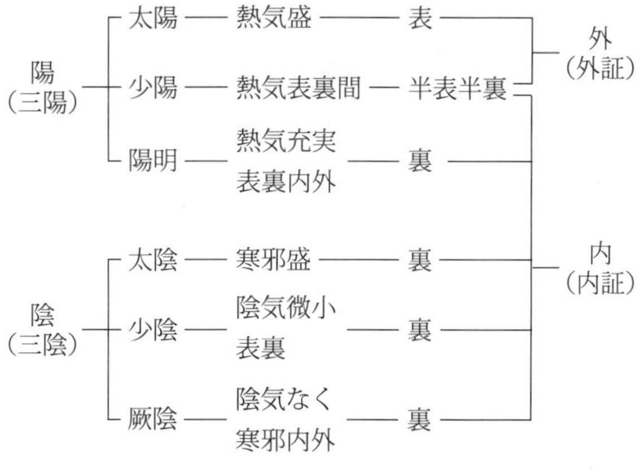

図 10-1　病位（病態）

a．証

治療は証（特異的な病態を呈する症状ないし症候群）を対象とするが，証とは漢方医学的病態認識法（弁証）を適応して得られた診断で，それに伴い適切な方剤を指示するものである．したがって病名（診断名）を示すと同時に治療法（方剤）を示すものである．すなわち診断名は薬剤名である．弁証には八綱弁証，臓腑弁証，経絡弁証，六経弁証，衛気営血弁証，三焦弁証，気血水弁証，病因弁証などがある．

証を知るための診療法として四診（表 10-6）がある．

b．弁証論治，方証相対，随証治療

本治と標治があり，前者は正気を補い，病の本源を治療するもので，後者は現在の急証を治療するもので邪気を除くことが主体である．治療の先後は先表後裏，救裏治表とされている．

現在日本で汎用されている代表的な生薬を表 10-7 に，また方剤を表 10-8 に示す．また小動物臨床で認可され常用されている方剤を表 10-9 に，また汎用される方剤を表 10-10 に示す．

3）科学的西洋獣医学との差異

医科学を基盤とする現在の西洋獣医学と東洋の伝統的な漢方による獣医学を対比すると表 10-11 の通りである．

（1）診断と治療

漢方治療の主眼は予防治療で，自然治癒力を重視するものである．全体論的

表 10-6　診察法（四診）

望　診	全体，眼，顔色，皮膚，爪毛，口唇，舌（舌質，舌苔）
聞　診	聴覚的所見，嗅覚的所見
問　診	主訴，現病歴，既往歴，家族歴
切　診	脈診，腹証

表 10-7　日本で頻用されている代表的生薬の中医学による分類

解表剤	麻黄，桂枝，菊花
清熱剤	石膏，知母，黄柏
瀉下剤	大黄，芒硝
去風湿薬	防已，独活，威霊仙
芳香化湿薬	厚朴，蒼朮，霍香
利水滲湿薬	茯苓，沢瀉，猪苓
温裏剤	附子，乾姜，細辛
理気剤	枳実，木香，橘皮
活血化薬	川弓，桃仁，紅花
止咳平喘薬	杏仁，桑白皮
安神薬	竜骨，琥珀，酸棗仁
補虚薬	人参，大棗
補血薬	当帰，熟地黄

日本東洋医学会学術教育委員会：入門漢方医学．南江堂，2002．より

表 10-8　日本で頻用されている代表的方剤の中医学による分類

解表剤	麻黄湯，桂枝湯，小青竜湯
瀉下剤	大承気湯，麻子仁丸，温脾湯
和解剤	小柴胡湯，逍遥散，半夏瀉心湯
清熱剤	白虎湯，黄蓮解毒湯
温裏剤	呉茱萸湯，四逆湯
表裏双解剤	大柴胡湯，防風通聖散，五積散
補益剤	四君子湯，補中益気湯，四物湯，帰脾湯
安心剤	酸棗仁湯，甘麦大棗湯
理気剤	半夏厚朴湯
理血剤	桃核承気湯，桂枝茯苓丸
去湿剤	平胃散，五苓湯，防已黄耆湯
去痰剤	二陳湯，半夏白朮天麻湯

日本東洋医学会学術教育委員会：入門漢方医学．南江堂，2002．より

表 10-9　常用される方剤

猪苓湯	犬・猪の尿路結石
木防己湯	犬の慢性心不全
小柴胡湯	犬の下痢，肝疾患
十味敗毒湯	犬の皮膚病
小青竜湯	猫の鼻炎
柴胡桂支乾姜湯	犬の呼吸器病
葛根湯	犬の上気道炎

表 10-10　汎用される方剤

紫朴湯，五苓散，消風散
半夏瀉心湯，六君子湯
十全大補湯，補中益気湯

表 10-11　東西医学の対比

現代医学（西洋）	漢方医学（東洋）
科学（分析）	哲理（調和）
論理（数量的）	経験（実証的）
専門分化	総合統一
疾病追求	病態対応
普遍的	個人的
局部的	全身的
客観的	主観的
合成物質	天然物質
単一成分	複合成分

で総合的で安全を第一としている．自己療法，自己実現で個体を対象とし治療を受ける利用者が主体で，健康に益する良いことを実行し，健康の害となる悪いことを回避することである．

現在一般に東洋医学による治療が行われているのは，通常の西洋獣医療が無効か有害で処置なしなどの場合や体質的ないし調節機構に異常がある場合などに限られた治療困難な状況である．わずかに麻酔や疼痛など慢性経過の場合に試行されている程度である．したがって現在試みられている治療範囲が限定されていることからさらなる可能性が期待されている．

（2）評　価

a．診　断

診断には病名，診断名の特定，病態や病気の確定，対応や処置の決定，治療効果の判定，経過や予後の推定などが含まれている．西洋医学では診断は治療と一体ではないが東洋医学は前述の通り診断はそのまま治療であり，診断名は方剤名を示しそのまま治療薬剤を示しているのである．

b．治療効果の判定を西洋医学的に行うことが問題

i）漢方方剤

作用物質は分析してもほとんど不明である．単体なのか新たに体内で合成される物か不明で，したがって濃度も測定できないし，追跡も不可能である．

風冒治療薬の効果として解熱効果を指標にすれば，漢方薬は熱を誘発して体を温めて治療に導く薬剤なので無効とされる．西洋医学の利尿剤は健康な動物に対しても利尿効果があることが示されているが，漢方薬は浮腫があってはじめて効果を示し，正常の場合無理に利尿を促進しないのが特質である．溢水時に作用し，脱水時には作用がみられない特徴がある．

ii）症　例

経験的使用であるため，弁証が困難で十分解析することなく投与すれば無効となる．例えば抗生物質は細菌性肺炎に著効を示すが，ウイルス性肺炎には無効である．細菌性の症例が多ければ有効となり，ウイルス性の症例が多ければ

無効と判定される．対象疾患の選択によって評価が異なるのは当然であり，有効症例を特定する技術が重要である．現在漢方が十分評価されていない理由の1つは適応例が十分理解されていないためである．今後科学が進歩して，薬剤の適応を明確に判断できるようになることが期待される．最近分子生物学の発展によって多くのことが解明されつつある．また生活習慣病，生活環境病などに関連する半健康，半疾病状態への対応も検討する必要がある．

4）将来展望

東洋医学を獣医療に活用するための課題は多いが，基礎的には分子生物学的基盤を踏まえた細胞組織学的解析が必要であり，一方では個体を用いての実験も重要である．

しかし現実には症例検討が最も重要である．有効例と無効例をそれぞれ検討し両者の差異を明らかにする．その検討する効果内容は疾病の治癒のみに基準を置くのではなく症状の軽減，生活の質の改善，延命期間，有害反応対策など広範囲にわたり追究しなくてはならない．特に免疫系，神経系，内分泌系といった調節機構への作用を十分検討することが要望される．

すなわち東洋伝統医学は近代西洋に誕生した現在の獣医療が内在する問題点や限界を打開して獣医療そのものを充実発展させる要素を備えていることから，それを開拓していかなくてはならない．東洋医学を正当に評価し，その応用を検討し発展させる状況にあることを自覚しなければならない．

5）おわりに

『周礼』に医官として疾医，瘍医，食医，獣医が記載されている．したがって約3,000年前の中国の周の時代にすでに動物を対象とする医療の重要性が認識され，専門家が存在していたことになる．当時はもちろん今日のように医師と獣医師との区別は判然としていなかったと思われるが，人と動物を分けずに対応することや人獣共通感染症などを考慮することが重要であったと思われる．このような伝統を踏まえて，これからの獣医療ないし獣医学を考えるとき，これまで育まれてきた伝統医学が含有する利点を将来の医療に活用するために努力することが現在のわれわれに要求されている.

2. 高度獣医療

高度医療とか高度先進医療という用語は，人医療においてよく見聞きする言葉である．高度医療の発達により，かつて不治の病といわれていた疾病が，新しく開発された診断・治療技術で治癒をみる時代が到来した．それも，患者にとって負担の少ない検査方法や手術法が開発されてきている.

高度医療とは，従来の診断・治療法よりは，より高度な知識・技術と医療器機でもって治療する医療である.

また，高度先進医療とは大学病院を中心として高度な技術を有する医療スタッフや，質・量ともに十分な施設・設備が整い，専門家や関係審議会が条件を満たしていると認められた病院で取り扱う医療とされている．この承認された病院のことを「特定承認保健医療機関」と呼称している．いずれもこれらの名称は,人医療において用いられるものである.ようやく最近になり社会のニーズにより，獣医療においても同様な意味で高度医療という名称が使用されだしたといえる.

しかし，獣医療においては，ほとんど高度医療に対する歴史もなく，制度化もされていなくて，人医療ほど多くの疾患に対して対応できているとはいえない状況にある．人医療でも施設によって対応可能な疾患はまちまちである.

動物に対する高度医療としては，当然のこと，対応可能な疾患や施設はきわめて限られており,かつその施設は一定の基準があり認定されたものではない.獣医療の世界でも特殊な知識・技術を身につけ，高度な設備，医療器械を備えている診療施設が序々にではあるが全国的に増加しつつある．このことは，それだけ強い社会のニーズがあることに他ならない．具体的には高度獣医療という名のもとにどうにか社会のニーズに対応している分野といえば眼科，循環器外科，整形外科，脳神経外科，泌尿器科，腫瘍科領域等をあげることができる.

以下に具体的に述べてみる．

1）眼科系疾患

動物の高齢化とともに眼科系疾患の発生も増加し，特に白内障や角膜疾患に対する治療法は格段に進展しつつある．

（1）白内障手術（眼内レンズ移植術）

白内障は外科的疾患であり，点眼薬等の内科的治療法では根治は不可能である．従来より行われていた手術は，嚢外摘出術という方法による水晶体摘出術が主流を占めていた．犬では水晶体摘出後の眼でもかなりよく機能するとされているが，白内障手術において人工眼内レンズを挿入すると，術後における視力を従来法よりさらに改善するとされている．

しかし，犬の白内障に対する人工眼内レンズの応用については，歴史も短く，いずれにしても十分合併症に注意すべきである．

（2）角膜移植術

角膜移植術は，獣医眼科領域では汎用されている状況ではないが，病態によっては有用とされている．本手術法には角膜全層と層状に行う２つの方法がある．近年では角膜の移植に備えての角膜保存法やさらに人工角膜の研究も進展しており，近い将来人工角膜による移植術が実現する可能性がある．

2）循環器系疾患

循環器系疾患は，大きく先天性・後天性に分類され，従来はそのいずれもが内科的治療法が主流であった．しかし，近年診断・治療技術の発達により根治を目的とした外科的治療法が多くの患者に広く応用されるようになってきた．

（1）先天性心血管疾患に対する根治術

a．インターベンション法による根治術

インターベンションとは英語で介入とか介在を意味するものであるが，治療的心臓カテーテル法（interbentional catheterization：日本循環器学会用語集）を指すものである．具体的には従来の血管カテーテル法を介して，新しい治療法を施行するものである．

i）動脈管開存症へのコイルオクルージョン

動脈管開存症（PDA）は，人でも犬でも先天性心血管奇形の中ではもっとも発生の多い疾患である．PDA の疾患の治療法としては，従来より開胸下での動脈管の結紮や切離術が主流であった．しかし，近年では非開胸下で血管よりのカテーテルを経由してデタッチャブルコイルを動脈管に留置閉塞させる方法が主流を占めるようになってきた．本法は患者に対する手術侵襲がきわめて少なく，かつ安全性が高いので急速に PDA の根治療法としての位置を確立した（図 10-2，図 10-3）．

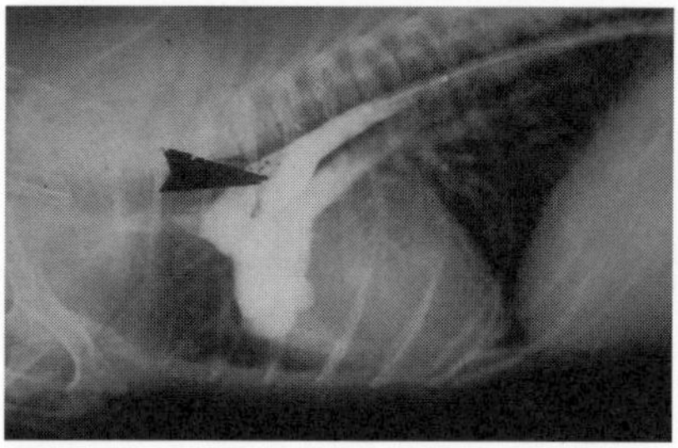

図 10-2 PDA 症例における心血管造影所見

太い動脈管を経由して肺動脈系に血液が大量に流入している．

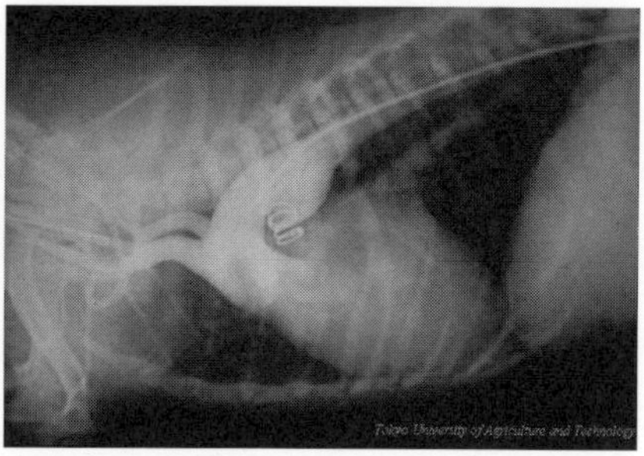

図 10-3 コイルオクルージョンにて動脈管内にコイルを留置して 10 分後の心血管造影所見

ほぼ完全に動脈管経由の血流は遮断されている．

ii）心室中隔欠損症へのコイルオクルージョン

心室中隔欠損症（VSD）も比較的発生の多い先天性心疾患である．本症の外科的根治法としては，人工心肺による開心術が主流であったが，PDAと同様にタイプによっては欠損孔にコイルを留置し閉鎖する方法も可能となってきた．

b．バイパス手術による弁狭窄症の根治術

先天性の大動脈弁狭窄症（AS）や肺動脈弁狭窄症（PS）の根治術は，他の先天性心疾患と同様に体外循環下での根治術が主流であったが，生体弁や人工血管の開発・改良により，比較的手術侵襲の少ないジャンピングバイパス術が，今後は主流になると推察される．

i）生体処理弁付き人工血管によるASに対するバイパス手術

大動脈弁狭窄症に対する治療の第一目標は，まず圧負荷の軽減である．開心術と比較して，手術侵襲が少なく，本法は心尖部より下行大動脈に向けて，生体処理弁と人工血管より作成した弁付きグラフトを用いて血流を迂回させる方法である（図10-4，図10-5）．その結果，左心内圧を正常に戻し圧

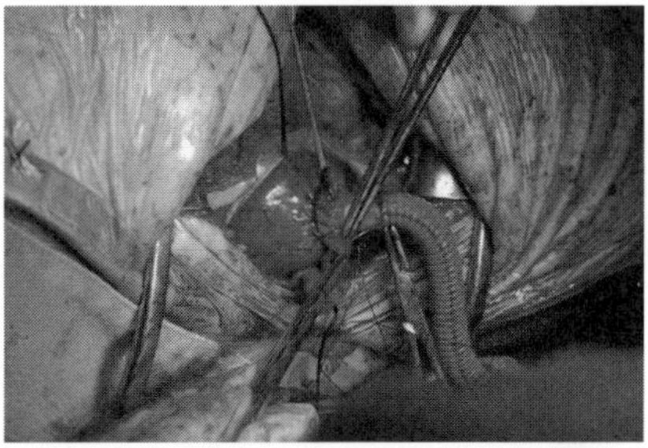

図10-4　犬の左心尖部より下行大動脈へ弁付き導管（人工血管）を用いてジャンピングバイパスを施行している所見．

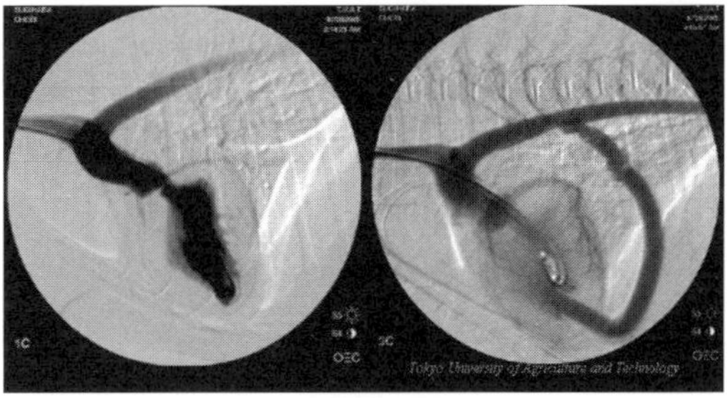

図10-5　術前・術後造影検査
左側の心血管造影所見により重度な大動脈狭窄症が確認できる．右側は同症例のジャンピングバイパス術後の造影所見．弁付きグラフト内の良好な血流が確認できる．

負荷を消去し，長期生存を図るものである．

ii）同種グラフトを用いたPSに対するバイパス手術

PSの外科的治療法としては従来よりバルーン拡大形成術や，開心下での右室流出路拡大形成術等を実施してきた．しかし，再狭窄の問題や手術侵襲が大であること等の問題があった．本法は手術侵襲が軽度で確実に右心への圧負荷を軽減し，かつ安全な手術法である．使用するグラフトは，犬の同種弁と同種血管を特殊処理し作成したものである．

c．人工心肺使用による体外循環下開心術

開心下で心疾患の根治術を実施するためには，心臓を一定時間停止状態にする必要がある．そのための補助方法として人医領域では人工心肺装置を用いての体外循環法が確立されている．しかし，動物においては，その装置や技術は確立されていなかった．1980年代になり筆者らが開発した，動物用人工心肺装置の出現により，開心根治術は大きく飛躍した（図10-6）．

i）各種先天性心疾患に対する開心根治術

動物においても人と同様に多くの先天性心疾患がある．従来はこれらの疾患に対しては，人工心肺装置や手術法が確立されていないために開心根治術は困難であった．しかし，多くの心疾患（心房中隔欠損症，心室中隔欠損症，ファロー四徴症，肺動脈狭窄症，大動脈狭窄症，三心房心，右室二腔症，その他複

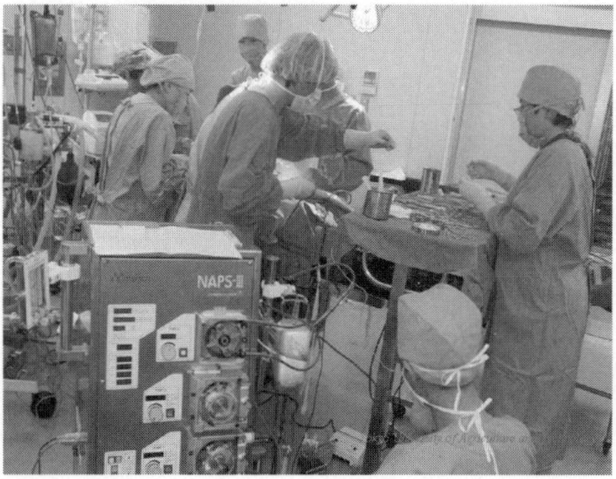

図10-6 NAPS Ⅲ（鳥取県動物臨床医学研究所タイプ）の体外循環装置による開心術風景

この装置により心停止下に多くの先天性，後天性心血管疾患の根治術が可能となった．

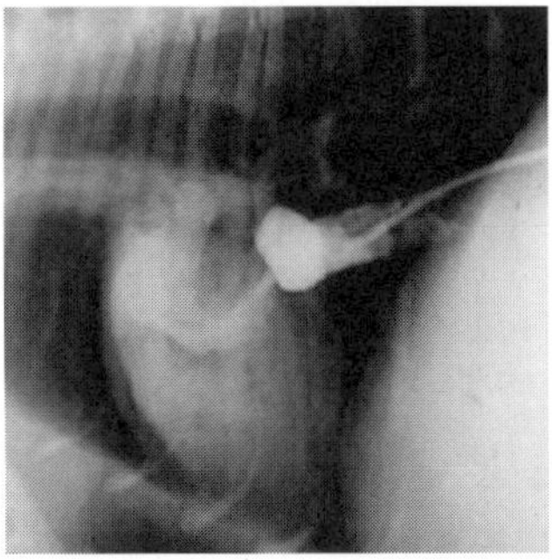

図 10-7　心カテーテル検査（血管造影）
先天性心疾患（右三心房心）の心血管造影所見．右心房内に異常隔壁が存在し，血流が障害をうけている．

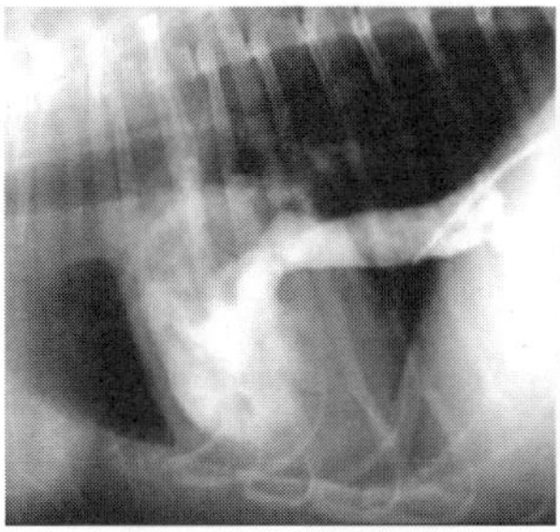

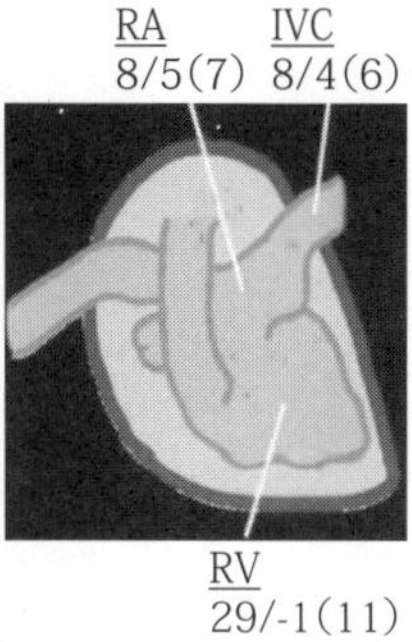

図 10-8　術後心カテーテル検査
図 10-7 と同症例の開心下での異常隔壁切除後の心血管造影所見．
血流障害は解除されている．

合心奇形）に対し，開心下において根治術を行い良好な手術成績をみるまでになった（図 10-7，図 10-8）．

ii）後天性心疾患に対する根治術

動物の高齢化や種特異性により，後天性心疾患の中でも弁膜症の発生は急速に増加しつつあり，病態によっては従来の内科的治療法では十分に対応できない症例が多発している．特に僧帽弁閉鎖不全症（MI）は，加齢とともに多発傾向があり，かつ病態も重度になる．本症の外科的治療としては，弁輪形成術や弁置換術が少数例ではあるが実施されてきた．筆者らは最終的な手段として弁置換術を目標にその置換術と生体弁の開発研究を進め，臨床応用を可能にした（図 10-9，図 10-10）．

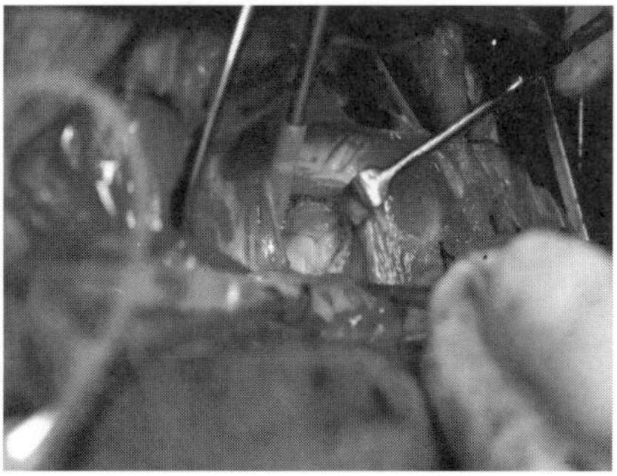

図 10-9　生体処理弁（豚大動脈弁）を使用しての僧帽弁置換術中の所見．

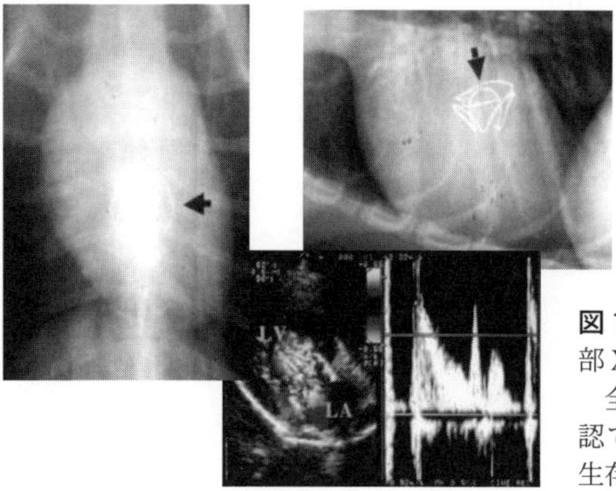

図 10-10　弁置換術後約3カ月の胸部X線と超音波所見
全く雑音もなく，層流の血流が確認できる．本症例は術後3年以上生存している．

3）運動器系疾患

（1）股関節全置換術

股関節全置換術は，主に中型犬から大型犬における（慢性）股関節脱臼，股異形性，股関節の重度な骨折の治療等に応用されている．従来犬における本手術法の臨床応用に際しては，脱臼，感染およびインプラントの弛み，さらに腫瘍化等の問題があった．しかし，インプラントの材料およびデザイン，さらに術式の改良等により合併症は大きく減少した．

4）中枢神経系疾患

（1）脳腫瘍に対する外科的摘出術

a．開　頭　術

犬の脳腫瘍は，他の動物より発生率は高いとされている．その中でも星細胞腫と髄膜腫が最も一般的な脳腫瘍である．中枢神経系腫瘍も従来の診断方法に加えて，CT（コンピュータ断層撮影）やMRI（磁気共鳴画像診断）等の出現

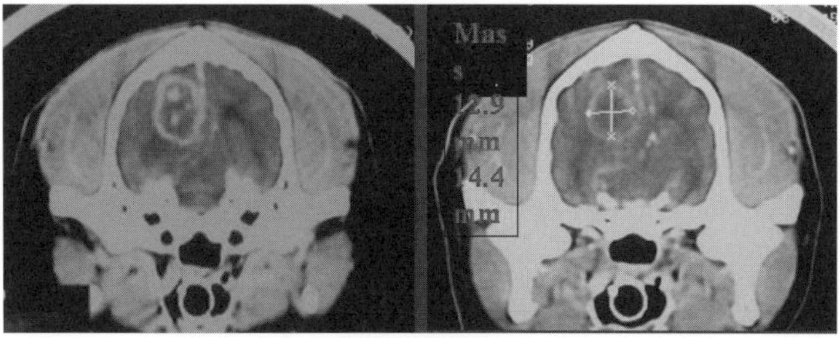

図 10-11　術前の脳の造影 CT 画像所見
脳内に明瞭に腫瘍が確認できる.

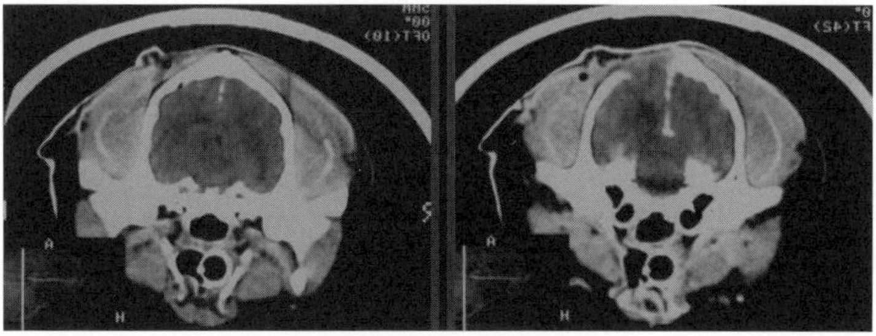

図 10-12　術後の CT 画像所見
CT 所見では腫瘍は完全に消失している.

により，飛躍的に詳細なことまで診断可能になった．それとともに，それに対する組織診断と治療のために積極的に摘出術が試みられるようになってきた．特に犬においては髄膜腫における手術成績の報告が多く，外科的治療によりかなりの生存期間の延長が期待できる（図 10-11，図 10-12）.

（2）脊髄腫瘍摘出術

a．（半）椎弓切除術

脳腫瘍と同様に CT，MRI 等の診断機器の出現により，脊髄腫瘍も部位はもちろんのこと硬膜との位置関係，すなわち硬膜外（犬ではほとんど硬膜外腫瘍），硬膜内髄外および髄内との鑑別が明確になり，手術成績も大幅に上昇している．

5）泌尿器系疾患

（1）腎機能低下に対する腎臓移植

a．猫の腎臓移植

腎臓移植は，腎機能低下症例に対する積極的な外科的治療法の 1 つであるが，最終的な治療ととらえず腎レシピエントの判定基準に沿って，可能な限り正確な適期をとらえて移植すべきである．腎臓移植に際してはレシピエントは当然ながら腎ドナーの判定基準も考慮する必要がある．また，術後管理においては免疫抑制剤の投与が必要不可欠となる．

b．犬の腎臓移植

技術的な面においては猫と同様であるが，むしろ血管等が太いことよりややりやすい面がある．いずれにしても人の腎臓移植と異なり，詳細な適合試験が確立されていないために，ドナーとしては混合リンパ球反応で適合する血縁関係の犬を使用する．

6）腫瘍性疾患

（1）悪性腫瘍に対する癌免疫療法

獣医療の中で腫瘍性疾患の占める割合は急速に増加しつつある．中でも悪性腫瘍に対しては化学療法，外科的切除，放射線治療，それらの併用療法等が積極的に実施されているが，根治に至るものは少ない．また，従来法はいずれも侵襲が強く，副作用等で治療中途で断念せざるを得ないことがある．

近年，犬において癌免疫療法が注目され，積極的に臨床の現場で取り入れられようとしている．癌免疫療法には以下のものがある．

a．自己リンパ球活性移入法

本法は，患者の末梢血単核球から人組替え型インターロイキン -2 で誘導した LAK（lymphokine aetivated killer）細胞の培養により治療を行うもので，すでにその効果は確認されている．

b．樹状細胞を用いた癌ワクチン療法

本法は，患者の末梢血単核球あるいは骨髄から体外でDCに分化誘導し，癌細胞と融合させた融合細胞を再び生体内に戻し，T細胞を誘導する方法（DCワクチン）である．

以上の方法は，患者への侵襲や副作用がほとんどなく，今後大いに期待される癌治療法の1つである．

7）貧血性疾患に対する人工血液の応用

血液が必要とされる疾患や機会は，動物医療においても比較的多い．例えば，先天性貧血（酸素欠損），免疫介在性貧血，寄生性貧血，中毒性貧血，失血性貧血，破壊性貧血，感染性貧血，代謝性および内分泌性貧血，栄養性貧血等では病態にもよるが，その多くのものは輸血の対象となる．人工血液には各種あるが，いずれも人工酸素運搬体の役目を有している．すでに商品化されたものもあり，動物種を問わず使用可能でかつ輸血反応もないことから今後その使用は飛躍的に増大することが示唆される（図10-13）．

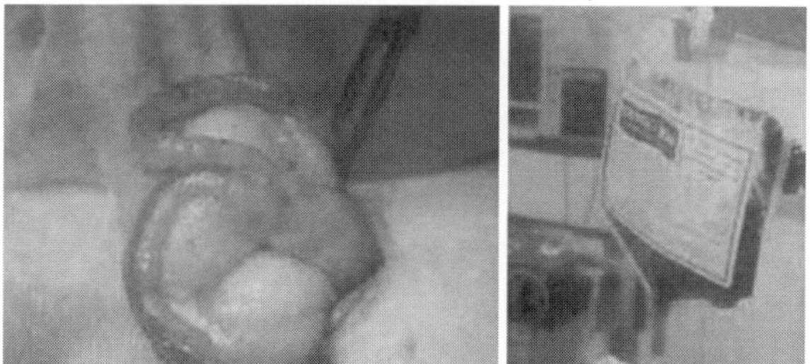

図10-13　1週間前より陰部からの出血により，ヘマトクリット（PCV）が9％まで低下し低体温と虚脱にて受診（ウサギ）．

出血巣である子宮の全摘出手術を人工血液（オキシグロビン10 ml/kg/hr）の投与下で実施する．

8）獣医学領域への再生医学の応用

従来，再生困難であった組織や臓器が幹細胞（stem cell）等を使用することにより再生可能であることが実験的に報告されている．すでに骨の再生（癒合不全）等に対しては，動物医療でも応用されている．

今後は切除の外科に加えて置換の外科も進展することが予想される．

3．情報化時代と獣医学

1）情報化時代の獣医学教育

あらゆる情報がインターネットなどを通じて瞬時に伝わるユビキタス時代では，獣医学教育は，日本国内だけではなく国際的にも一定のレベルの教育を共有することが必須となる．インフルエンザを始めとして強烈な伝播力を持つ人の伝染病の多くが動物から伝播することが多いこと，動物由来感染症（人獣共通感染症）の媒介動物が渡り鳥の場合には国境を越えて容易に伝播され得ること，飼料に起因するBSEのような疾患が人の健康に大きな影響力を及ぼすこと，および最近の輸送網の発達により畜産食品が世界中に輸送されていることなどにより，伴侶動物・家畜および人の健康の維持のためには獣医学の教育レベルの国際的な共有化が緊急の問題となってきているからである．

医学では医学教育の共有化を目指す国際的な動きは認められないが，獣医学では一定レベルの獣医学教育の共有化を目指す国際的な動きが２つある．１つは，長年にわたって北米の32獣医学部（米国28学部とカナダ４学部）が採用しているアクレディテーション（accreditation，資格認定）制度 を国際的に広めようという運動である．もう１つは欧州における獣医学教育の外部評価システムである．国際的な獣医学教育の共有化を目指す独特の２つのシステムを以下に紹介したい．

（1）北米におけるアクレディテーション制度

現在,北米で実施されている獣医学教育のアクレディテーション制度（http://www.avma.org/education/cvea/）は，米国獣医師会（American veterinary medicine association：AVMA，http://www.avma.org/）が独自に1906年から開始したという長い歴史を持っている．米国教育省および高等教育アクレディテーション審議会が，1952年に正式に米国獣医師会を獣医学教育のアクレディテーション機関と認定して以来，現在まで米国の28獣医学部とカナダの4獣医学部のアクレディテーションが5年ごとに審査されてきた．アクレディテーションを審査するのは，米国獣医師会のなかに作られる米国獣医師会教育審議会（AVMA council on education）であり，獣医学教育の内容，教員数を含む教育関係者数，獣医教育病院を含む施設などを総括的に審査する．このアクレディテーションの基本方針は，「学生の権利を守るため，獣医学部が獣医学教育を改善するのを助けるため，およびアクレディテーションを与えられた獣医学部の教育プログラムは獣医学教育の水準を満たしていることを国民に保証するために，実施する制度である」というものである．

北米の獣医学部は4年制である．この獣医学部への受験資格は高校卒業では得られず，4年制大学の3年を終了した時点で得られる．しかし，大部分の学生は4年制大学を卒業して，あるいは社会人となってから受験してくる．アクレディテーションを審査する米国獣医師会教育審査会は，4年間にわたる獣医学教育の内容，教員数，施設などを審査し，問題点があれば指摘する．各獣医学部の特徴を支持しながら，基本的な獣医学共有科目のレベルを審査していくが,特に教育内容で最近重要視されているのがproblem solving course（小グループで問題を提起し，それを自身で解決していく授業）である．教育審査会から問題点の指摘を受けた獣医学部はそれを修正しないとアクレディテーションが与えられない．審査時に何ら問題がないか，あるいは指摘された問題点を修正すると，最長で7年間有効なアクレディテーションすなわち獣医学教育資格認定が与えられることになる．このアクレディテーションの特徴は政府機関ではなく，民間の一機関である米国獣医師会のなかに作られた審議会によって与えられるということである．したがって，アクレディテーションを取得できなくても罰則はないが，アクレディテーションを取得していない獣医学部を卒業した学生は，各州で実施される獣医師資格試験の受験資格を各州が与えないことになるので，北米の獣医学部がアクレディテーションを取得するのは必須となっている．

このアクレディテーションの利点は，

①学生は，アクレディテーションを獲得した獣医学部・大学に入学することによって，獣医学としての専門教育が保証され，獣医師免許の受験資格を保証されることになる．

②獣医学部・大学の卒業生を雇う雇用者は，これらの卒業生が一定レベルの獣医学教育を受け，獣医専門家としての準備ができているという保証を与えられることになる．

③教員，および学部長などの管理者は，教育プログラムが全国基準を満たしており，それぞれの獣医学部特有の教育使命や目的も満たしていることを保証されることになる．

④国民は，公衆衛生や畜産食品の安全を保証されることになる．

⑤獣医専門職は，カリキュラムを通じて基礎・応用・臨床獣医学が改善され続けていることを保証されることになる．

この獣医学教育におけるアクレディテーション制度と同様のアクレディテーション制度が，米国獣医師会内に設置される米国獣医師会獣医テクニシャン教育・活動委員会（AVMA committee on veterinary technician education and activities）によって，獣医テクニシャンの学校教育に対しても実施されている．

米国獣医師会はこのアクレディテーションの世界的な普及を目指しており，従来の複雑かつ詳細なアクレディテーション取得条件を，抽象化および簡略化してきている．現在，このアクレディテーションを取得している外国の獣医学部は，オランダ（1校），英国（3校），オーストラリア（2校），ニュージーランド（1校）の計7校であり，オランダを除いてはいずれも英語を母国語にしている国の獣医学部である．

（2）欧州における外部評価システム

ヨーロッパ連合（EU）の獣医学部・大学には，日本と同様，高校を卒業した学生が入学してくるが，獣医学教育の修学年限は5年，5年半，6年など国によってまちまちであり，また，その教育内容も多岐にわたっている．そこで，欧州経済共同体が1978年に作った指令78/1027/EECの「獣医学教育基準」を満たすために，1988年，欧州委員会の指示により作られた獣医学部・大学・欧州協議会（European association of establishments for veterinary education：EAEVE）が外部評価システムを作成し，これに基づいてEUの獣医学部・大学の外部評価を開始した（http://www.eaeve.org/）．このEAEVEには，現在，EU加盟国（25カ国）以外の欧州の国々および中近東の国々など，計33カ国の獣医学部・大学83校が参加しており，EAEVEは，欧州およびその周辺の国々の獣医学教育基準の統一を目指して，各獣医学部・大学の外部評価を行っている．この外部評価システムの特徴は，義務制ではなく，各獣医学部・大学が自主的に外部評価を申告する制度を基本としていることである．1933年に欧州委員会がEAEVEへの財政援助を打ち切ってからは，欧州獣医師連合（federation of veterinarians of Europe：FVE，http://www.fve.org/index.html）が財政援助をすることによってEAEVEとの密接な関係を保ってきており，最近はこの両者によるさらに新しい獣医学教育評価機関の創設の検討まで始まっている．

北米のアクレディテーションでは，個々の授業科目などは審査の対象として記載されていないが，EAEVEでは，授業科目を，基礎科目（物理学，化学，動物学，植物学，生物数学）と特殊科目に分け，さらに特殊科目を ①基礎科学（解剖学，生理学，生化学，遺伝学，薬理学，薬学，毒物学，微生物学，免疫学，疫学，職業倫理学），②臨床科学（病理学，寄生虫学，内科，外科，種々の家畜および動物種の臨床学，予防医学，放射線学，繁殖学・繁殖障害学，公衆衛生学，獣医法規，治療学，臨床基礎訓練），③動物繁殖学（動物繁殖学，動物栄養学，耕種学，農村経済学，畜産学，獣医衛生学，動物行動学），および，

④畜産食品衛生学（畜産食品の検査法，食品衛生学，屠畜場や食品処理工場での実習）と具体的に記載している．

2000年からは獣医学教育の評価を初めて受ける獣医学部・大学とともに，2巡目の外部評価を受ける獣医学部・大学が混在するようになってきている．最初の外部評価では罰則規定がなく，インターネット上で「審査され評価をパスした獣医学部リスト（list of visited and approved faculties）」に公開されるだけであったので，改善すべき点を指摘されてもそのまま放置している学部・大学が多く存在した．したがって，2巡目の審査からは，EAEVEの評価基準をパスした獣医学部・大学を卒業した獣医師はEU内の如何なる国でも獣医師免許が通用するが，パスしない学部・大学を卒業した獣医師はその国でのみしか獣医師の資格は通用しないという案を欧州委員会に提出した．しかし，欧州委員会はこの案を承認していないので，この罰則規定はまだ通用していない．

（3）日本の獣医学教育の改善

これら2つの国際的な獣医学教育評価システムからみると，日本の獣医学教育の内容は，まだまだ改善すべき余地が大きいといえる．日本に存在する16校の獣医学科・学部における一定レベル以上の獣医学教育の共有化もこれから真剣に取り組んでいかなければならない．日本の獣医学教育は，これから，独立法人・大学評価・学位授与機構による外部評価を受けて改善されていくことになるのであろう．しかし，獣医学教育の特殊性，および米国獣医師会（AVMA）と欧州獣医師連合（FVE）が中心となって獣医学教育改善のための外部評価システムを推進しているという現状を考慮すると，日本獣医師会がAVMAならびにFVEと情報交換しながら，日本の獣医学教育の改善に積極的に関与していくことも必要かもしれない．

2）情報化時代の獣医療

基礎，応用，臨床を問わず，情報化時代の獣医師は，インターネットを介して提供される膨大な情報とどのように対処し，自身に必要な情報をどのように集積するか，およびインターネットを介して自身の情報を受け取ってもらいたい相手にどのように情報を発信していくかが重要となってくる．このような情報化時代に対処するには，データのデジタル化が最初のステップとなる．

2005年にはe-文書法が施行されて，これまで企業や官公庁で決められていた，原本は紙文書として保存しておくことという原則が崩れ，電子署名と時刻認証を併用することにより，電子文書による原本化が可能となった．これから種々の公文書などの電子文書化が加速していくことは間違いがない．このような情報化の流れに獣医師も対処していく必要がある．

（1）獣医情報のウェブサイト

現在，有料あるいは無料の，無数の獣医関連ウェブサイトが国内的ならびに国際的に存在する．獣医師用のウェブサイトとして国際的に広く利用されているのは，「VIN（veterinary information network）」と「IVIS（international veterinary information service）」であるが，この他に，獣医学部・大学や獣医関連研究施設を含む獣医関連機関，獣医薬や飼料などを扱う会社，獣医クリニック，および飼い主同士の情報交換ブログまで含めると，その数はすさまじいものとなるはずである．ここでは，これからの獣医師の情報交換の基幹をなすと考えられる「電子カルテ」について説明する．

（2）電子カルテ

電子カルテとは，これまで獣医師がカルテ用紙に書き込んでいた診断，治療経過，処方，および会計などの情報を，電子的なシステムに置き換え，電子情報としてカルテを編集・管理して，データベースに記録する仕組みをいう．これまでカルテとは別に保存されていた検査オーダーや検査画像などもデジタル化してデータベースに記録していく．

医学では，1999年に，医師法および歯科医師法に規定する診療録などについて，一定の条件下で電子媒体に保存することが容認されてから，厚生労働省内に保健医療分野の情報化に関するいくつかの検討委員会が設置され，保健医療分野の情報化に向けて，電子カルテシステムを含めて，種々の検討がなされ，実行されてきた．2001 年には病院への電子カルテシステム導入を促進するために予算措置まで講じてきている．そして，2003 年に厚生労働省内に設置された「標準的電子カルテ推進委員会」の最終報告（http://www.mhlw.go.jp/shingi/2005/05/s0517-4.html）が 2005 年 5 月にまとめられたので，これを参考にしながら，獣医療における電子カルテの将来像を考えてみたい．

a．獣医療における電子カルテを含む情報化に向けた取り組みの現状

医療では，2001 年 1 月に策定された，内閣「高度情報通信ネットワーク社会推進戦略本部（IT 戦略本部）」の国家的プロジェクト「e-Japan 重点計画」を契機として，同年の 3 月に厚生労働省内に「保健医療情報システム検討会」を設置し，情報技術を活用した今後の望ましい医療の実現を目指して，電子カルテも含めて医療分野の情報化推進の目標や方策などの検討を開始し，その後着々と成果を上げてきている．

しかし，獣医療では官庁を中心に情報化に取り組んできたという実績はこれまでなく，もっぱら会社あるいは個人のクリニックの努力によって，小動物用電子カルテが試行されてきている段階である．この場合，後述するが，獣医療用語・コードの標準化や，異なるシステムでの互換性の問題などという大きな問題がともすれば取り残されてしまうことになる．しかも，これらの問題は日本国内だけの問題ではなく，将来，国際的に統一された電子カルテが作成されるときにも大きな問題を生じてくる．そこで,「標準的電子カルテ」の作成には,日本獣医師会が中心となり，米国の米国獣医師会（AVMA）および EU の欧州獣医師連合（FVE）と連絡を取りながら検討していくべき課題であろう．

b．電子カルテシステムの課題

医療では電子カルテシステムの導入が進んできており，それにつれて電子カルテシステムに関するいくつかの問題点も浮かび上がってきている．これらを参照しながら，将来，獣医療において電子カルテシステムが本格的に導入されてきた場合の課題を検討してみよう．

ｉ）電子カルテシステムの標準化

医学の電子カルテは，ソフトウエアおよびデータ交換フォーマットの標準化が進んでおらず，互換性に乏しいのが現状である．しかし，日本では診療情報をXML（extensible makeup language）で表現するMML（medical makeup language），米国ではHL7（health level seven）の使用策定によって標準化が進んできている．

獣医療においても，当初は種々の電子カルテシステムが存在するのは仕方のないことであるが，いずれは日本国内における電子カルテシステム標準化の問題を避けては通れなくなる．さらに，この国内で標準化された電子カルテシステムが国際的な電子カルテシステムの標準化へと進化していかなくてはならない．このためには，現在の段階で電子カルテシステムの獣医療における役割や担当領域のコンセプトが整理されていないと，将来，混乱を招くことになる．

ii）電子カルテシステムを含む獣医療情報システムのセキュリティ基準

医学における診療録（カルテ）とは，医師法第24条に基づいて記載し，5年間の保存が義務付けられている準公式書類である．医療では厚生省が1999年に診療録の電子媒体による保存を認める通達を発表し，電子カルテ承認の条件として，真正性（書換，消去・混同を防止すること，作成者の責任の所在を明確にすること），見読性（必要に応じ，肉眼で見読可能な状態にできること，直ちに書面を表示できること），および保存性（法令に定める保存期間内は保存可能な状態で保存すること）の3つの条件をあげた．

獣医師法第11条第2項では，農林水産省令により診療簿および検案簿の保存期間が定められており，「牛，水牛，しか，めん羊及び山羊の診療簿及び検案簿にあつては八年間，その他の動物の診療簿及び検案簿にあつては三年間とする」となっている．農林水産省が診療簿および検案簿の電磁的記録による保存を承認したのは2005年4月であり，条件は見読性，機密性，および完全性を確保することとなっている．したがって，現在，獣医療も電子カルテ化が可能となっている．

c．標準的電子カルテシステムを普及させるために必要な基盤整理

ｉ）獣医療用語・コードの標準マスターの普及と改善

電子カルテシステムで使用される医療用語・コードの標準化のなかでも特に重要なのは，病名コードと手術処置コードの標準化である．医学では，これらの標準化のために，厚生労働省の指導より標準病名マスターが開発されている．獣医療でもこのような標準病名マスターを開発する必要があるが，動物種が多岐にわたる獣医療ではこの作業は困難を極めるであろう．

さらに，電子カルテの国際化を目標にする場合には，これらの和名の標準病名マスターには英文を必ず併記しておく必要がある．そして和名の標準病名マスターを電子カルテに記録すると同時に，自動的に英文名が記録されるような電子カルテが必要となるであろう．このような電子カルテシステムが使用可能になることによって，電子カルテの国際的標準化の検討が可能になってくるであろう．

ii）異なるシステム間での互換性確保や新旧システム間での円滑なデータ移行

医療では，画像や臨床検査データなどは，すでに開発され供給されている臨床検査項目コード，放射線部門コード（JJ1017）などの各標準コードと，DICOM（digital imaging and communications in medicine）および HL7 に準拠した JAHIS（Japanese association of healthcare information systems）臨床検査データ交換規約の採用により今後の安定的な施設互換性のある情報連携が可能となっているので，獣医療でもこれを利用することができる．問題は，診断，治療，処置などの情報の互換性であり，国内的のみならず，国際的に互換性を目指すには多くの努力が必要となるであろう．

現在，多くの開業獣医師はカルテ用紙に診断・治療に関するあらゆるデータを書き込んでいる．これらのデータを回顧的手法により活用するには膨大な時間を必要とする．しかも，カルテ数が増えるに連れて，その処理はますます困難となってくる．しかし，電子カルテが可能になれば，カルテ数が増えれば増えるほど回顧的研究が可能となり，さらに電子カルテの標準化が可能になれば，多くの獣医クリニックの情報を共有することができ，検索機能を駆使すること

によって，種々の切り口で膨大なデータの統計処理を能率的に行うことも可能になるであろう．

d．電子カルテの利点

電子カルテには多くの利点があるが，列挙すると以下のようになる．

①大量の紙のカルテを保存する必要がなくなるとともに，電子カルテでは大量の情報の保存が容易となる．

②手書きのカルテと異なり，判読が容易になる．

③コンピュータ端末を設置してある場所からいつでも容易にカルテにデータを入力できると同時に，カルテの読み取りも自由に行うことができる．

④画像や臨床検査データをコンピュータ上で二次処理してグラフ化などを行うことにより，検査結果を容易に理解できる．また，この二次処理したデータを飼い主に見せながら説明することにより，インフォームド・コンセントなどの際に飼い主の理解が得やすくなり，飼い主との信頼関係も築きやすくなる．

⑤他の病院へのカルテの転送が容易になり，診断書作成も容易になる．

⑥検査結果，検査オーダー，および検査画像などのデータを統合することにより，診断ならびに治療方針が判断しやすくなる．

⑦最近，飼い主からインフォームド・コンセントやセカンド・オピニオンの要求が高まってきているが，この要請に答えるためには獣医療情報の開示が必要であり，開示する手段として電子カルテは最適である．

⑧大量に蓄積された電子カルテから回顧的研究が可能となる．

e．電子カルテの欠点

電子カルテにも種々の欠点が存在するが，列挙すると以下のようになる．

①管面によるディスプレイの欠点は，紙のカルテに比べて一覧性が乏しいことである．

②データを入力する方法に慣れるまでに時間を要すること，および何らかの障害が生じた場合に修復に時間を要する場合があることである．

③停電時などに閲覧不能となる可能性がある．

④蓄積された大量のデータが容易に盗まれる可能性，特にコピーされて盗ま

れた場合には盗難に気がつきにくいことである．同様にデータの改変も比較的容易であり，改変の証拠も乏しいことから，セキュリティへの配慮が重要となる．

⑤獣医療用語・コードの標準化は，動物の種類が多岐にわたることから非常に困難な作業となる．

4．看　　護

1）看護総論

（1）動物看護とは

看護とは健康の保持増進をはかり，疾病を回復へと導き，また，回復不可能と思われる場合は，苦痛，苦悩を除去し，安楽にすることである．

イギリスの看護師フローレンス・ナイチンゲール（1820～1910）は，「看護とは患者が生きるように援助することであり，実践的，科学的な系統だった訓練を必要とする1つの芸術（an art）である」と述べている．すなわち，動物の生命および健康を守り，生活環境を整え，日常の生活への適応を援助し，早期に活動できるように支援することを目的とするものである．

対象であるあらゆる動物とその飼い主を対象に，すべての健康レベルに対しての看護である．健康なとき（保持増進，疾病の予防・発見），病気のとき（治療および看護），回復のとき（生活活動のための援助），終末期（平和な死への援助）などがあげられる．

（2）動物看護の対象

保護・愛玩・共生すべき対象であるペットや野生動物について，動物看護を提示するだけなら，それほど難しいことではない．しかし，経済動物（家畜）に関しても動物看護の理論は成り立つかという問いかけに関しては，今後検討すべき課題と考える．現状を考えると，現段階では獣医師が介入する獣医療の動物および飼い主（人間）が動物看護の対象と考えられる．

（3）人の看護理論に学ぶ

ナイチンゲールは近代的看護論の出発点である「看護覚書」で，特に環境に注目し，看護とは「患者の生命力の消耗を最小限にし，清浄な空気，清潔な水，効率のよい排水，清潔さ，陽光，暖かさ，静かさを適切に保ち，適切な食事の準備，管理することで，患者の生命力の消耗を最少にするように整えること」と表現している．また，看護は本質的には，自然の力が働くように患者を最良な状態に保ち，それによって自然の回復力を促すことと考えられている．

動物看護の場合においては，診療対象の動物種，性格，病状の多様性，飼い主の理解度，動物病院に対する期待度など一様ではないが，ナイチンゲールの看護論は，動物看護を実践する際に基本的な姿勢を学ぶことができる．

アメリカの看護学者ヴァージニア・ヘンダーソン（1897～1996）は「看護の基本となるもの」のなかで基本的看護ケアの14項目を示している．ヘンダーソンは「病人であれ健康人であれ，各人が，健康あるいは健康の回復（あるいは平和の死）の一助となるような行動を行うのを援助することである」と述べている．その看護論からは，動物種を超えた個体の生理的欲求と安全の欲求を満足させる看護が，動物の well being animal welfare の思想に繋がることを理解することができる．

（4）看護独自の役割

看護の視点では病気とは動物の生活環境に影響されて，体内で引き起こされる自然治癒過程である．そのため，自然治癒力が十分に発揮できるように，生活過程を整えることが看護の役割である．

看護独自の役割は，科学的，系統的に学んだ知識が手の技となって，動物に触れるとき，初めて看護となるのである．看護は単に診療の補助ではない．常に対象の側にいて，自分の目で対象を観察し，飼い主と話し，援助しながら，苦しみ，喜びをわかちあい，日々回復に向かう過程をともに歩むことである．医学の目的が,健康問題（病気）そのものを診断し治療することであるに対し，看護の目的は，実在あるいは潜在する健康問題に対する動物の反応を診断し治療することである．ナイチンゲールはこのことを，「病気の看護ではない，病人の看護である」と表現している．獣医師側の視点からのみならず，飼い主，動物側の視点に立って，看護を行うことが，大切である．

（5）動物看護とヘルスケア

動物の健康が，動物医療および動物看護の専門職によるヘルスケア活動に託されるのは，解決しなければならない健康問題が生じたときである．具体的には，さまざまな症状や障害を示す疾病，疾病の予防や健康増進にかかわる問題，繁殖，出産，および加齢による問題，などをさす．看護という言葉には，対象への直接的な援助行為（看護ケア）とヘルスケア活動による管理，教育など指導を中心とした援助行為が含まれる．

現在では，獣医療の社会的役割の変化により，広義なヘルスケアに対する役割を求められている．それには，地域社会への貢献，インフォームド・コンセント，高齢動物のターミナルケア，終末医療，ペットロスなど動物看護職の存在なくしては，獣医療が医療の担い手としての信頼感を得られないことを，改めて強調したい．看護の専門職としての動物看護師の獣医療への参加が不可欠である．

（6）動物看護の現状と課題

獣医療・看護の行為には２つの側面がある．１つは，疾病を科学的，獣医学的根拠に基づいて正確に診断し，的確な治療を行うキュアの側面である．もう１つの側面は，身体的肉体的苦悩を訴える動物を気遣い，飼い主と良好な人間関係を構築したうえで，動物の健康をサポートするケアの側面である．現実の獣医療の現場ではキュアに忙殺され，動物のケアがなおざりにされている傾向にある．

最近の獣医療の発展・高度化に伴い，介護が必要な慢性疾患動物や高齢動物が増加している．痴呆動物や高齢動物の介護などにより，飼い主に物理的・精神的な負担が生じる．疾病動物を直接援助するばかりでなく，多様化する飼い主の要望や，獣医療が担わなければならない社会的役割の変化など，従来の獣医療では対応しきれない領域のほとんどが，動物看護学の対象領域であるといっても過言ではない．獣医療の高度化，飼い主の期待の高さが増す現在においては，獣医師だけがすべての判断と指示を行うことは不可能になっている．獣医師と動物看護師とが相互に協力・連携しながら，ケアを進めていくチーム医療の実践が不可欠である．

2）看護の実際

動物病院での罹患動物は，精神的に不安定な状態にあり，自宅にいるときとは，全く異なる行動を示すこともある．獣医師は，獣医療者の行動が，動物の不安を増強させないよう配慮し，動物看護師に指導できるよう勉強すべきである．ともすれば，病気を治す専門的な獣医学にのみ関心がむきがちであるが，緊張をとり，苦痛をやわらげ，心地よい時間を作りだす看護によって治療効果が増大するのである．常日頃から，動物を観察し，その行動を熟知し，見えにくいものに目をこらし，聞き取りにくい音に耳を澄ませて，技術と感性を研くことが重要である．ここでは，特に犬と猫の看護の注意点について述べる．

（1）犬 の 看 護

犬は群で生活する生き物である．家庭（群）から離され来院することは，多くの緊張を伴う．不安や恐怖のために，診察室から逃れようと，出口に向かったり，椅子の下や飼い主の後ろに隠れようとする逃避行動がみられる．不安な犬は，身体を低くし，目線をそらし，耳を後方に倒して，尻尾を下げるなどストレスサインがみられる．

患犬の真正面に立つ，目を直視する，上方よりおおいかぶさる等の診察行為は，不安や恐怖をいっそう駆り立てるものであり，恐怖による攻撃性を誘発する．また，診察室は閉鎖空間であり，複数の獣医療者に囲まれると恐怖心は最大となる．恐怖のあまり，排便や排尿をする犬もいる．排泄時は，無言で速やかに処理することで，患犬および飼い主のストレスを軽減するのに役立つ．

入院においては，さらに強いストレスがかかる．病院に1匹残されたことに気づくと，飼い主のもとへと脱出を試みる．入院ケージ内で，暴れ，ドアーをこじ開けようと指爪を怪我する犬もいる．入院ケージ内は閉鎖空間で，逃げ場がなく，追い詰められたと感じるために，最も攻撃性が高まる場所でもある．

特に早期母子分離の犬は，不安感が強く，些細な物音や事柄に過敏で，緊張のために身動きできないことがある．このような場合，声をかけたり，撫でたり，直視すると，さらに緊張感が高まり，攻撃性を誘発するので，慎むべきである．緊張している犬には，姿勢を低くし，視線を下げ，無言でさりげなく，斜め方向からアプローチすると，刺激を少なくできる．さらに，傍らに少量の食物を置くことで,「安全•安心」のメッセージを送ることができる．むやみに，撫でること，声をかけることなど，必要以上の身体への接触は慎むべきである．また，犬のストレスサインが出た場合は，自らの行動を分析し対応することが重要である．ともすれば，人の看護同様，やさしい言葉をかけたり撫でたりするほうが理にかなっているように思えるが，そうではない．熟練した技術者でも，幼犬時からの顔見知りの犬に限定すべきである．余分なストレスをかけないことが基本である．

ストレスサイン：尾を下げる，耳を後方に倒す，息が荒い，口角を後方にひく，低い体勢，肉球に汗，ヨダレ，震え，脱毛やフケ，臭いを嗅ぐ動作など

（2）猫 の 看 護

猫は，新しいものへの警戒心が強く，慣れた環境を離れたがらない生き物である．未知の人や物には，距離をおき身体の接触を避け，特に成猫は服従姿勢をみせることが少ない．来院時は，極度の緊張状態にあり，思い込みが激しく物事を曲回する傾向がある．獣医療者に対して，勝手に不安を感じ，予測し，追い詰められたと思い込んで攻撃的になる．

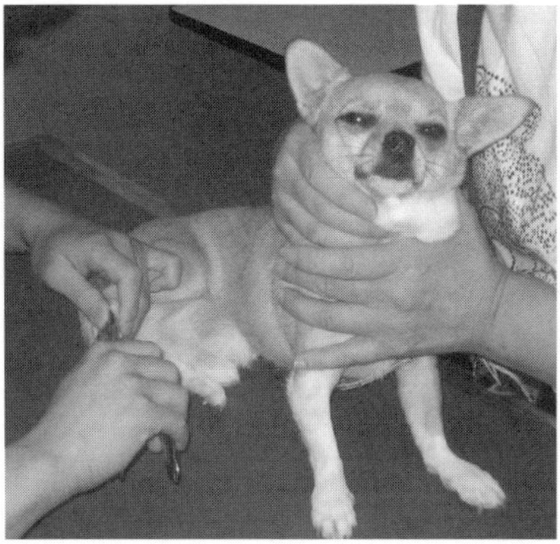

図 10-14　気持ちよさそうにツメの処置をうける犬.

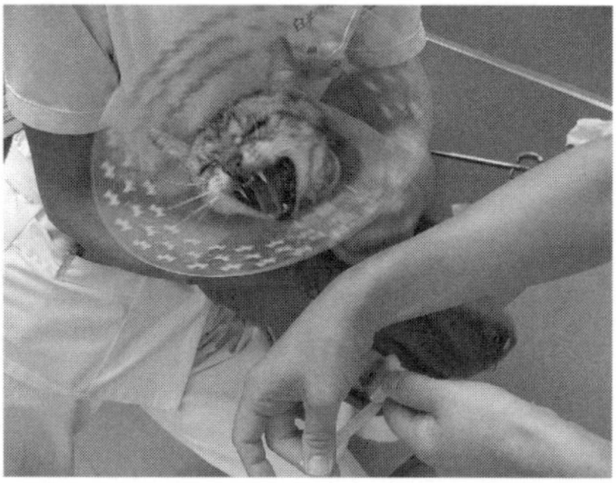

図 10-15　留置針の装着時，恐怖感から攻撃性を示す猫.

初回来院時には漠然とした「未知なる不安」を感じる．そして，動物病院で嫌なことを経験すると，次回はさらに嫌なことがあると予測し「予測による不安」を感じる．しだいに不安感が強くなり，恐怖感となる．恐怖のために，身動きできないこともある（freeze）．獣医療者を遠ざけようと威嚇し攻撃する（fight）．耳を後方に倒してうずくまり，目を見開き，威嚇の声をあげる．心拍数や呼吸数も増加する．逃避行動（flight）もみられる．ときには脱走を試み，診察室の壁や天井に張り付き，排泄するものまでいる．したがって，一見，静かに落ち着いて見える猫にも，細心の注意を払うことが肝要である．来院時には，使い慣れたネットやキャリーボックスを義務付け，狭い診察室を使用し，声を小さくして，動きを最小限にとどめる．また，猫袋等に入れる場合も，柔らかく心地よいフリースの布で包むなど，常に緊張を和らげる工夫が必要である．

入院に際しては，さらにさまざまな工夫が必要となる．不安感の強い猫には，ケージのドアを布でおおい，外部と遮断し緊張を和らげる空間を提供するとよい．また，使い慣れた玩具や飼い主の臭いのついた小物は，緊張緩和に役立つ．撫でるのは，猫自身が体を接触してきたときに限定し，短時間にとどめる．気分の良いときは，グルグルと喉を鳴らすが，痛みや苦しみの場合も，同様に鳴らすので，注意深く観察すべきである．非言語的表現を的確にくみ取り，ストレスサインを熟知することで治療効果が期待できる．

第11章　獣医療と経営

1．獣医師の需給事情

1）需 要 動 向

（1）獣医師需要の背景

獣医師の任務は，動物の保健衛生の向上と関連産業の発達を図り，あわせて公衆衛生の向上に寄与すること（獣医師法第1条）とされており，各職域において動物医療技術と知識の発揚を通じ，その担うべき社会的任務の達成に努める立場にある．獣医師の職域は，医師および歯科医師の9割以上が診療業務に従事するのに対し，①動物診療に従事する診療獣医師のほか，②国，地方公共団体の公務員獣医師，③農業団体・民間会社・研究所等の勤務獣医師，④大学等教育機関の教員獣医師等多岐にわたる．

獣医師の需要は，畜産業をはじめとする動物関連業の産業基盤の動向，食の安全確保や動物感染症の防疫に代表されるリスク管理に対する行政需要，さらに動物診療の提供に対する動物飼育者からの要請に左右されるが，動物の飼育頭羽数をみると，産業動物としての乳用牛，肉用牛，豚，鶏については，1990年前後を境に一貫して減少傾向で推移するなかで，犬，猫の小動物については，2002年の一時期停滞したが，この10年間で犬が37%，猫が62%増と大幅に増加していると見込まれている．これら飼育頭羽数の動向を反映し，この間における①農業総産出額に占める畜産の産出額が4%減少したのに対し，②ペット（家庭動物）関連業（ペットフード・ペット用品・生体販売，動

表 11-1 動物の飼育と動物関連業の動向

	2004 年	1994 年	増減率
1. 動物飼育頭羽数			
1）産業動物			
(1) 乳用牛（千頭）	1,690	2,018	▲ 16
(2) 肉用牛（千頭）	2,788	2,971	▲ 6
(3) 豚（千頭）	9,724	10,621	▲ 8
(4) 鶏（百万羽）	284	324	▲ 12
2）小動物			
(1) 犬（千頭）	12,457	9,067	△ 37
(2) 猫（千頭）	11,636	7,178	△ 62
2 動物関連業の動向等			
1）農業総算出額のうち畜産（億円）	24,547	25,596	▲ 4
2）食料自給率（%）			
(1) 肉 類	55	60	▲ 5
(2) 鶏 卵	95	96	▲ 1
(3) 牛乳および乳製品	67	72	▲ 5
3）ペット動物関連業の売上高（億円）（フード・用品・生体販売，動物診療，理美容・ホテル・葬祭等サービス）	10,192	7,000	△ 46
4）動物用医薬品・医薬部外品生産販売高（億円）	808	763	△ 5

資料：1の1)，2の1) および2) は，農林水産省統計部調査.
1の2) は，ペットフード工業会調査.
2の3) は，民間調査機関調査.
2の4) は，農林水産省消費・安全局調査.

物診療，動物理美容・ホテル・葬祭等のサービス業）の売上高は50%近く増加したとされており，動物診療分野を含め獣医師の職域の分布は，結果として，これらの動向を反映したものとなっている（表 11-1).

(2) 職域分布

獣医師については，その業務の公共性から就業状況の農林水産大臣に対する届け出義務（獣医師法第22条）が課せられている．2004年末時点の獣医師届出総数は，31,333人．うち，①公務員獣医師が9,062人（29%)，②農業団体，会社法人，また，個人開設の診療施設において診療業務に従事する獣医師（診

表 11-2　獣医師の就業動向

	2004年	1994年	増減率
1．獣医事従事者			
1）公務員獣医師	9,062（29）	9,445（33）	▲4
a．農林水産	3,680（12）	3,794（14）	▲3
b．公衆衛生	4,802（15）	4,923（17）	▲2
c．教育	202（1）	390（1）	▲48
d．その他	378（1）	338（1）	△11
2）診療獣医師	14,625（47）	12,346（43）	△18
（1）産業動物診療	4,503（14）	5,347（19）	▲16
a．農業団体	1,927（6）	2,368（8）	▲19
b．会社法人	251（1）	568（2）	▲56
c．個人開業	1,961（6）	2,266（8）	▲13
d．競馬団体	252（1）	データなし	―
e．市町村診療所	112（－）	145（1）	▲23
（2）小動物診療（個人開業・会社法人）	10,122（32）	6,999（24）	△45
3）会社・研究所等の法人所属の診療業務非従事獣医師	3,331（11）	3,128（11）	△6
4）その他の獣医師	480（2）	448（2）	△7
2．獣医事非従事者	3,835（12）	3,378（12）	△13
計	31,333（100）	28,745（100）	△9

注：診療獣医師の個人開業には，被雇用獣医師（勤務獣医師）を含む．（単位：人，%）
資料：獣医師就業届出状況調査（農林水産省）．

療獣医師）が14,625人（47%），③会社・研究所等の法人に勤務し診療を主たる業務とはしない獣医師（診療業務非従事獣医師）が3,811人（13%），④獣医学の技術・知識を要しない職種に従事する等により獣医事に従事しない獣医師（獣医事非従事獣医師）が3,835人（12%）の4区分に大別される．

公務員獣医師のうち，都道府県家畜保健衛生所等勤務の農林水産獣医師が3,680人（41%），都道府県食肉衛生検査所，保健所等勤務の公衆衛生獣医師が4,802人（53%）．診療獣医師のうち，産業動物診療獣医師が4,503人（31%），小動物診療獣医師が10,122人（69%）となっている（表11-2）．

2）供給動向

（1）獣医師の養成

全国16の獣医学系大学の獣医学課程卒業者は，毎年，1,100人を超えない水準で，また，獣医師国家試験合格者は，1,000人前後の水準（国家試験合格率：80～85%）で安定的に推移している．

（2）新規卒業者の就業動向

2004年度の新規卒業者の就業状況をみると，①公務員獣医師が150人（14%），②農業団体勤務の診療獣医師が55人（5%），③動物診療施設の診療獣医師が542人（50%），④製薬，乳業，飼料等の民間会社勤務の診療業務非従事獣医師が53人（5%）となっており，10年前と比較すると，動物診療施設の診療獣医師への就業が50%増と大幅に増加している．増加の主体は小動物診療獣医師で52%の増加．小動物診療獣医師志望者は1996年度から新規卒業者の4割を超え，近年は5割水準にまで増加している（表11-3）．

3）需給動向

（1）需給の現状

獣医師の職域分布を10年前と比較すると，獣医師の届出総数が9%とかなりの程度増加した中で，診療獣医師が18%と大幅に増加している．この中で，産業動物診療獣医師は16%減少したが，小動物診療獣医師が45%増加と際だって増加した．このことにより，獣医師届出総数に占める診療獣医師の職域シェアは，10年前の43%が47%に増加し，内訳をみると，①小動物診療獣医師の占める割合は24%から32%に増加する一方，②産業動物診療獣医師が19%から14%に減少した．また，公務員獣医師の占める割合は，33%から29%にやや減少している（表11-2）．

表 11-3　獣医学系大学卒業者の就業動向

	2004年度（2005年3月卒）	1994年度（1995年3月卒）	増減率
1. 公務員	150（14）	238（24）	▲37
1）農林水産	68（6）	99（10）	▲31
2）公衆衛生	73（7）	125（13）	▲42
3）その他	9（1）	14（1）	▲36
2. 独立行政法人	4（−）	−（−）	−
3. 農業団体（農業共済組合・農協等）	55（5）	59（8）	▲7
4. 民間会社（製薬・乳業・食品・飼料メーカー等）	53（5）	82（8）	▲35
5. 動物診療施設	542（50）	361（37）	△50
1）産業動物診療	6（1）	14（1）	▲57
2）小動物診療	527（49）	346（35）	△52
3）産業・小動物兼業	9（1）	1（−）	−
6. その他（競馬団体・私立学校・進学等）	160（15）	148（15）	△8
7. 未定（受験準備等を含む）	113（10）	68（7）	△66
8. 不明	0（0）	29（3）	−
計	1,077（100）	985（100）	△9

資料：農林水産省調査.　（単位：人，%）

このような中で，獣医事非従事獣医師が10年前に比し13%増加し，また，新規卒業者でみても，卒業年度末時点における就業未定者が他大学，獣医師国家試験受験準備者を含め毎年，100人程度存在している．さらに，獣医師届出総数は31,333人であるものの獣医師資格免許を有する者は5万人弱存在すると推定されることを考え合わせると，獣医師の職域分布については，一部の地域・職域での偏在はあるとしても，獣医師総数の全体需給は逼迫の状況にはないと考えられる．

一方，最近における小動物診療業務を志向する者は一貫して増加基調にあり，小動物診療分野における獣医師需給は緩和の兆しがみられ，地域によっては，過密・過剰感が生じている実情にあるとされている．

表 11-4　診療獣医師と動物飼育頭数の日米比較

	日　本	米　国
1. 診療獣医師数（人）	14,625	54,246
2. 動物飼育頭数（百万頭）		
1）牛	4.5	94.9
2）豚	9.7	60.4
3）犬	12.5	61.6
4）猫	11.6	70.8
3. 診療獣医師 1 人当たりの動物数(頭)		
1）牛	307	1,749
2）豚	663	1,113
3）犬	855	1,136
4）猫	793	1,305

資料：獣医師数は，日本は農林水産省調査（2006 年），米国は米国獣医師会調査（2005 年）.
牛•豚の飼育頭数は，FAO 調査（2006 年）.
犬•猫の飼育頭数は，日本はペットフード工業会調査（2005 年）. 米国は，米国ペット所有統計集（2002 年）.

なお，診療獣医師 1 人当たりの動物飼育頭数の日米比較をみると，日本は米国に比べ，産業動物，小動物とも小規模であるのが現状である．動物関連業の産業構造，動物の社会・文化的位置づけ，また，獣医師の担う業務の範囲について日米間では相違があるが，これらの相違点を差し引いても動物診療の経営的側面への影響を考えた場合，日本の診療獣医師数は供給過剰要素として作用し得ることが見て取れる（表 11-4).

（2）需給対策の必要性

獣医師の新規の供給は，適切な獣医療確保のための獣医師人材需給上の政策配慮から獣医学系大学入学定員が抑制され，毎年度の新規卒業者は一定水準で推移しているが，このような入り口規制のみで正常な需給関係は形成されない．他方で，①獣医学教育課程における臨床および家畜衛生・公衆衛生などの応用獣医学教育部門の整備・充実，また，②勤務獣医師の処遇改善を含めた職域環境の整備，さらに，③診療獣医師については，獣医師法第 16 条の 2 が求める卒後臨床研修をはじめ，生涯研修の実効ある取組みの推進なくして社会の要請に適う獣医師確保は達成し得ない．入学定員抑制策の入り口規制と平行して獣医学教育・研究体制の改善，また，獣医療整備計画制度（獣医療法第10条）の下で，獣医師の卒後臨床研修制度の充実，診療機能の向上，獣医師の地域・職域偏在対策など獣医療提供体制について各般の施策の整備・充実が求められる．

2．動物診療施設の経営

1）動物診療と関連業の関係

診療獣医師は，動物の疾病の予防･診断･治療，検査，医薬品の処方（指示），診断書の交付等の診療業務のほか，診療施設の管理者獣医師の立場で自らが開設または勤務する施設の管理運営を担う立場にある．動物の診療をはじめ動物医療に関連する専門技術と知識は，①診療獣医師による診療業務のほか，②診療類似行為としての家畜人工授精業務，馬の装蹄業務，牛の削蹄業務，また，③診療の補助や動物診療施設の受け入れ・会計等の窓口業務，さらには③動物の理美容その他の動物関連技術サービス業務として動物および動物飼育者に提供される．

動物診療に関係する者（獣医師以外の動物医療従事者）として民間団体による任意資格を含め何らかの資格認定を受けている者とこれら動物医療従事者の担う業務の範囲を整理すると図11-1のとおりとなる．動物医療従事者の動向を見ると，特に，小動物診療に関係する資格認定者の数は，犬，猫の飼育頭数の伸びおよび小動物関連業の発展に伴い最近10年間でみて急速に増加している．また，民間団体による新たな資格認定も出現している（表11-5）．

なお，動物診療において主治の獣医師の指示，監督の下で診療の補助を担う立場にある動物看護士については，その動物診療における役割の重要性を考えるとき，人の医療における医師と看護師，歯科医師と歯科衛生士などとの関係

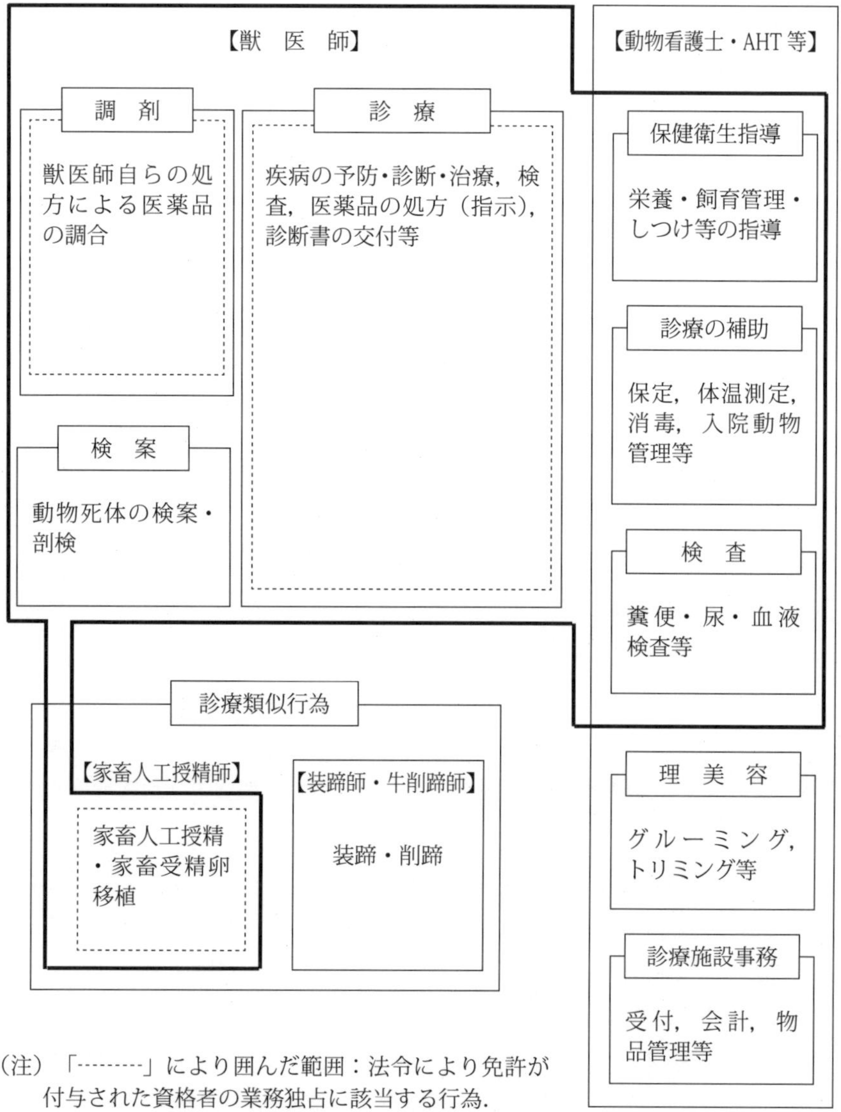

（注）「--------」により囲んだ範囲：法令により免許が付与された資格者の業務独占に該当する行為.
「━━━」により囲んだ範囲：診療獣医師が通常担う業務の範囲.

図 11-1 動物医療従事者の資格と業務の範囲の関連図

表 11-5　動物診療に関係する獣医師以外の資格認定者の動向

	2004年	1994年	増減率
1. 産業動物診療関係			
1）家畜人工授精師 （都道府県免許）	70,612	62,154	△14
2）装蹄師 （日本装蹄師会認定）	130	107	△21
3）牛削蹄師 （日本装蹄師会認定）	462	675	▲32
2. 小動物診療関係			
1）動物看護士・AHT （民間資格認定団体5団体ほか）	2万人程度（推定）	−	−
2）トリマー （ジャパンケネルクラブ認定）	14,865	8,669	△71
3）ハンドラー （ジャパンケネルクラブ認定）	9,236	5,856	△58
4）愛玩動物飼養管理士 （日本愛玩動物協会認定）	56,852	6,705	△848
5）家庭動物販売士 （全国ペット小売業協会）	1,063	−	−

注：1. 小動物診療関係の資格認定者数は各年の認定者の累計.　（単位：人，%）
　　2. 家畜人工授精師数の最近年は，2003年.
　　3. 家庭動物販売士数は，2006年.

を踏まえ，法令により任務，資格，業務の範囲等を定めたうえで，動物診療補助専門職としての資格制度の創設が望まれる.

2）動物診療施設の開設状況

動物診療施設の開設に当たっては，開設者に対し都道府県知事に対する届け出義務（獣医療法第3条）が課せられているが，2005年時点の動物診療施設の総数は，13,460カ所，うち産業動物診療施設が3,973カ所（30%），小動物診療施設が9,482カ所（70%）となっている．開設形態別にみると，①国または地方公共団体開設が都道府県家畜保健衛生所，動物保護管理センター，市長村営家畜診療所を中心に492カ所，（4%），②農業団体開設の家畜診療施設が600カ所（5%），③株式・有限会社等の法人開設が，産業動物診療施設で713カ所（5%），小動物診療施設で2,234カ所（17 %），④個人開設が，

表 11-6 動物診療施設の開設動向

	2005 年	2001 年	増減率
1. 診療対象動物別			
a. 産業動物診療	3,978 (30)	4,259 (33)	▲ 7
b. 小動物診療	9,482 (70)	8,472 (67)	△ 12
計	13,460 (100)	12,731 (100)	△ 6
2. 開設形態別			
1) 国・地方公共団体開設	492 (4)	496 (4)	▲ 1
a. 産業動物診療	383 (3)	403 (3)	▲ 5
b. 小動物診療	109 (1)	93 (1)	△ 17
2) 農業団体開設	600 (5)	712 (6)	▲ 16
3) 会社(有限・株式)等の法人組織	2,947 (22)	2,223 (17)	△ 33
a. 産業動物診療	713 (5)	699 (5)	△ 2
b. 小動物診療	2,234 (17)	1,524 (12)	△ 47
4) 個人開設	9,421 (70)	9,300 (73)	△ 1
a. 産業動物診療	2,282 (17)	2,445 (19)	▲ 7
b. 小動物診療	7,139 (53)	6,855 (54)	△ 4

資料:動物診療施設開設届出状況(農林水産省). (単位:施設数, %)

産業動物診療施設で 2,282 カ所 (17%), 小動物診療施設で 7,139 カ所 (53%) となっている (表 11-6).

地域別にみると, 産業動物診療施設開設の上位地区は, 北海道, 鹿児島県, 岩手県, 福島県, 宮崎県. 小動物診療施設開設の上位地区は, 東京都, 神奈川県, 大阪府, 埼玉県, 愛知県の順で, それぞれ診療対象となる動物の飼育状況と一致している.

3) 動物診療施設の運営状況

(1) 個人開設・会社等法人開設の動物診療施設

対象となる診療施設 12,368 カ所 (動物診療施設全体の 92%) の開設形態をみると, 産業動物診療施設, 小動物診療施設ともに 76%が個人開設で, 会社等の法人開設は 24%となっているが, 産業動物診療施設については, その多くの46％が往診診療者による開設となっている.

開設者獣医師の年齢階層は，産業動物診療施設は高齢化の傾向がみられ，66～70歳が第1階層（18％）であるのに対し，小動物診療施設については，41～45歳が第1階層（20％），次いで36～40歳が差のない第2階層（19％）となっている.

雇用状況をみると，産業動物診療施設は，8割が開設者獣医師のみの1人獣医師体制であるのに対し小動物診療施設については，①24％が診療獣医師1人雇用の2人獣医師体制を，また，②獣医師以外の従業員として52％の施設が1人または2人の従業員を雇用しているが，雇用者の内訳は配偶者または動物看護士となっている.

年間の診療収入の売上げ状況（1診療施設当たり）をみると，①産業動物診療施設においては，44％が500万円未満階層と小規模であるのに対し，②小動物診療施設については，5,000万円以上階層が14％，1,000万～1,499万円階層が13％と収入水準は産業動物診療施設に比べ高く，また，収入金額帯は2極分化の様相を呈している（表11-7）.

近年，産業動物，小動物診療分野ともに，株式・有限等の会社組織の法人形態による診療施設の開設が増加してきおり，この5年間で2,223カ所が2,947カ所と33％増加した. このように開設形態が個人開設から法人組織開設にシフトするのは，診療技術の高度化・専門分化への要請と，診療範囲の広域化に向けた対応を推進するに当たり，これに伴う組織および施設・設備の整備のための資本増強の必要性等の診療基盤の強化が理由にあげられる. なお，産業動物診療分野においては，飼養規模の大型化等畜産経営構造が変化する中で，産業動物診療に対する生産者の要請は，従前からの個体診療とともに，衛生管理対策を生産農場の経営管理の一環としてとらえ，生産物の品質の向上と安全性の確保を目指す生産動物医療や群衛生管理に対する期待が進展してきており生産者との契約により診療，衛生管理をはじめ，経営管理や農場作業員の技術指導を担う動物衛生コンサルタント獣医師（いわゆる管理獣医師）業務を主体とする診療形態が養豚，養鶏，肉用牛の大型専業経営を対象に根ざしてき

表 11-7　動物診療施設の運営状況

	産業動物診療	小動物診療
1. 開設者（獣医師）の年齢階層	66～70歳：18% 61～65歳：12%	41～45歳：20% 36～40歳：19%
2. 往診診療者による開設の割合（＊）	46%	2%
3. 診療従事者の雇用状況（1施設当たり）		
1）獣医師（開設者を除く）	0人：79% 1人：13%	0人：53% 1人：24%
2）非獣医師（開設者を除く）	0人：55% 1人：38%	1人：30% 2人：21%
（1）動物看護士	―	0人：64% 1人：12%
（2）事務職	―	0人：78% 1人：7%
（3）配偶者	―	1人：57%
4. 年間診療収入（売上）（1施設当たり）	500万円未満：44%	5,000万円以上：14% 1,000万～1,499万円：13%

注1：表のデータには，国･地方公共団体・農業団体開設の家畜診療施設，獣医学系大学の家畜病院は含まれない．
　2：表の2の「往診診療者」とは，往診のみにより診療の業務を行う獣医師
資料：動物診療実態調査（日本獣医師会，1999～2006年）．ただし，（＊）は農林水産省調査（2004年）．

ている．一方，小動物診療分野においては，2次診療，高度医療の提供を含め地域の中核的診療施設としての診療機能の向上を目的に，また，複数の診療施設を擁し診療施設の系列化を図ることにより診療対象地域の拡大を目指す動き等診療の提供形態は，多様化してきており，各獣医学系大学に附属する家畜病院の位置づけを含め地域における一次診療施設と二次診療施設などの診療施設間の連携の強化と獣医師専門医による機能分担体制の整備が求められる（表11-8）．

（2）農業団体等開設の家畜診療施設

産業動物のうち，牛，馬，豚については，農業災害補償法に基づく家畜共済

表 11-8　民間の大型・広域動物診療施設の運営事例

1．産業動物診療施設

	事例			
1）開設形態	有限	有限	有限	個人
2）傘下の診療施設数	1	1	1	1
3）診療対象動物	豚	牛	鶏	牛・豚
4）主な業務	契約農場の衛生管理全般	診療家畜人工授精	契約農場の衛生管理全般	診療家畜人工授精
5）診療従事者数（人）				
（1）獣医師	4	3	1	1
（2）家畜人工授精師等の補助職	6		1	
6）年間売上高（億円）	1	0.8	0.4	0.3

2．小動物診療施設

	事例			
1）開設形態	株式	株式	有限	有限
2）傘下の診療施設数	4	3	2	2
3）診療従事者数（人）				
（1）獣医師	23	10	10	13
a．うち勤務獣医師	7	3	2	3
b．研修獣医師	16	7	8	10
（2）動物看護士等の補助職	55	8	10	12
4）年間売上高（億円）	7	4	4	3

資料：日本獣医師会調査（2003年）．

制度の対象とされており，共済制度に加入している生産者が飼育する家畜に死亡，廃用あるいは病傷事故が発生した場合，生産者があらかじめ拠出した掛金により造成した共同準備財産から事故発生の生産者に対し家畜共済組合または市町村から共済金が支払われる．家畜共済加入家畜に対する診療は，家畜共済組合，家畜共済組合連合会および市町村の診療獣医師（1,660人）のほか，農業協同組合や乳業会社勤務の診療獣医師が家畜共済制度の嘱託獣医師として，また，個人開業の産業動物診療獣医師が同じく指定獣医師として参加しているが，嘱託獣医師は311人，指定獣医師は1,600人となっている．

家畜共済制度の運営主体である農業団体等（家畜共済組合，家畜共済組合連

表 11-9　農業団体等の開設家畜診療施設の運営状況

1. 診療施設数（カ所）	288
2. 診療獣医師数（人）	1,660
3. 診療獣医師を含む職員数（人）	2,041
4. 施設の運営規模（1 施設当たり平均）	
1）勤務獣医師数（人）	6
2）獣医師以外の職員数（人）	1
3）収支状況（百万円）	収入：169，支出：157，差額：11
5. 勤務獣医師の年齢階層（%）	41 ～ 50 歳：39 31 ～ 40 歳：24
6. 勤務獣医師の給与年額（万円）	813 （平均年齢 43 歳）

注：「農業団体等」とは，家畜共済組合，同連合会および市町村．
資料：家畜共済団体等家畜診療所実態調査（農林水産省，2005 年）．

合会および市町村）が開設する家畜診療施設の運営状況（1 施設当たり）をみると，①勤務獣医師数は平均 6 人，②獣医師以外の家畜人工授精師，検査技術員，一般事務職員の配置は 1 人，③収入（売上げ）規模は 1 億 6,900 万円，④勤務獣医師の平均年齢は 41 ～ 50 歳が第 1 階層（39%），31 ～ 40 歳が第 2 階層（24%），⑤診療獣医師の平均給与年額は 813 万円（平均年齢 43 歳）とされている（表 11-9）．

（3）夜間・休日の救急動物診療

犬，猫等の小動物がペット動物からいわゆる伴侶動物としての位置づけが進む中，動物飼育者からは救急動物医療の提供等の診療提供形態の多様化の要請が高まるとともに，一方では，動物診療提供者側からの診療施設運営上の必要性を受け，夜間・休日の救急診療専門の動物診療提供体制の整備が進展しつつある．運営形態は，専用施設を新たに開設するケースと，地域の診療獣医師および診療施設の輪番（当番制）による既存施設を活用するケースが考えられるが，専用施設の開設にあっては，開設，運営をともに獣医師会が担う場合と，夜間・休日の救急診療に参加する地域診療獣医師等の共同出資により開設する場合などがある.

（4）米国の動物診療施設

米国の診療獣医師数は，54,246 人．獣医師総数に占める割合は 68％となっており，日本の 47％と比較すると診療獣医師としての従事率が格段に高い．診療施設のうち，産業動物および小動物診療専業の診療施設について 1 施設当たりの診療業務従事獣医師数をみると，産業動物，小動物診療ともに 2 人が平均，また，総収入は，産業動物診療施設が 63 万 7,400 ドル（7,300 万円），小動物医診療施設が 63 万 9,00 ドル（7,300 万円）がそれぞれ第 1 階層．獣医師 1 人当たりの収入年額は産業動物診療で 8 万 6,500 ドル（995 万円），小動物診療で 8 万 500 ドル（926 万円）が第 1 階層となっており，いずれもが産業動物，小動物師診療部門ともにほぼ同水準となっている（表 11-10）.

日本の動物診療施設の運営状況（表 11-7）と単純比較すると，産業動物，小動物診療部門ともに，診療獣医師当たりの収入に格差がみられるが，特に産

表 11-10　米国の動物診療施設の運営状況

	計	産業動物診療専業	小動物診療専業
1. 診療獣医師数（人）	54,246	2,268	34,022
2. 診療施設数（カ所）	27,123	1,134	17,011
3. 診療従事獣医師数（1 施設当たり中央値，人）	2	2	2
4. 診療獣医師収入年額（1 人当たり中央値, 千ドル）	77.5（891 万円）	86.5（995 万円）	80.5（926 万円）
5. 収支（1 施設当たり中央値, 千ドル）			
1）総収入	624.9（7,200 万円）	637.4（7,300 万円）	639.0（7,300 万円）
2）総支出	386.3（4,400 万円）	319.7（3,700 万円）	388.3（4,500 万円）
3）粗収益	192.2（2,200 万円）	170.2（2,000 万円）	195.6（2,200 万円）

注：円換算レート（1 ドル 115 円）
資料：米国獣医師会調査（2005 年）

業動物診療部門において格差が著しい（表 11-7).

4）診療報酬

（1）診療報酬体系

人の医療における診療報酬は国民皆保険による医療保険制度の下，指定保健医療機関において行われた診療に要した費用は，法定の算定方式により算出されたうえで一部患者負担として患者が支払う費用以外の経費が医療機関の請求により健康保険組合等の保険者から診療報酬として支払われることとなるが，動物診療は，いわゆる自由診療制とされており，診療報酬は診療内容に応じ，①診療に要した医薬品，検査試薬等の消耗品費，②検査，診断，治療に要した器具・器械の償却費，③診療に提供した技術料の対価（技術研修に要した経費を含む)，④診療施設の管理運営に要した費用等を基に基本的には診療獣医師の裁量により決定することとなる.

日本獣医師会においては，診療報酬について，診療を求める動物飼育者の不信を招くことのないよう，診療施設にはあらかじめ基本的診療費目についての診療報酬表を掲示するとともに，インフォームド・コンセントの徹底と診療報酬の請求時には診療明細の飼育者への提示を行うよう提唱している．なお，小動物診療における診療報酬については，日本獣医師会が平成 11 年に全国調査を実施したが，①診察料，②往診料，③指導料，④時間外診療，⑤入院料，⑥文書料，⑦注射料，⑧調剤料，⑨処置料，⑩麻酔科，⑪手術料，⑫物療科等の項目ごとに各処置の内容の細目についての平均診療報酬と最高・最低報酬の範囲を整理した実態調査結果を日本獣医師会ホームページ URL://www.nichiju.or.jp/）に掲載している.

（2）家畜共済制度における診療報酬

家畜共済制度に加入した家畜の病傷事故の診療に要した経費は，家畜共済金として制度加入の生産者に支払われることとなる．この場合，家畜共済金は，農林水産大臣が定める家畜共済診療点数表において①診察料，②薬治料，③文書料，④検査料，⑤処置料，⑥手術料等の項目ごとに診療技術料を含む診療報酬の算定基準が定められており，これに基づき算定された金額となる．なお，家畜共済加入者（家畜生産者）に対する共済金の支払いは，診療獣医師から提供された診療自体により支払いが行われたものとみなされ，現実に要した医薬品費および診療技術料等は当該診療に要した家畜共済金の支払いに見合う金額が診療を行った家畜診療施設または診療獣医師に制度運営主体である家畜共済組合から支払われることとなる．

5）動物診療業務の安定化対策

（1）損害賠償責任および所得補償のための専門職業人保険

診療獣医師の経営安定対策として，①診療獣医師が診療を遂行または診療施設の管理運営において生じた診療対象動物または人の障害若しくは財物の損壊に対する賠償責任に対する保証（損害賠償金，応急手当経費，訴訟費用等）のための損害賠償責任保険が，また，②診療獣医師が病傷事故による入院等により診療業務の遂行が困難となった場合における所得補償保険が日本獣医師会の獣医師福祉共済事業として運営されている．

（2）動物診療施設整備資金の融資

動物診療施設を新増設しようとする場合の設備資金の調達については，銀行等の市中金融機関からの借り入れや国民生活金融公庫，中小企業金融公庫資金による制度資金の活用があるが，動物診療施設を新規に開設する場合，また，既存施設の高度化のための施設設備としての高度診療機器の導入を行う場合（ただし，いずれも産業動物の診療件数割合が 50％以上の要件が課せられる），長期・低利資金の調達支援を目的に農林漁業金融公庫により家畜診療施設整備貸付制度が運営されている（償還期間：10 ～ 20 年以内，金利：公庫基準金利，貸付限度額：事業費の 80％以内）．

参考文献

（ABC 順）

第2章　獣医学の歴史

1）Dunlop RH, Williams DJ：Veterinary Medicine　An Illustrated History. Mosby-Year Book, Inc., 1996.

2）江口保暢：動物と人間の歴史．築地書館，2003.

3）江上波夫：騎馬民族国家－日本古代史へのアプローチ．中央公論社，1984.

4）江上波夫・佐原　真：騎馬民族は来た !? 来ない !?．小学館，1996.

5）林田重幸：日本在来馬の系統に関する研究．日本中央競馬会，1978.

6）松田毅一・川崎桃太 訳：フロイス日本史 2．中央公論社，1981.

7）松田毅一・E. ヨリッセン 訳：フロイスの日本覚書．中央公論社，1983.

8）松尾信一 編・著：解馬新書の調査研究．日本中央競馬会，1990.

9）松尾信一 編：馬の文化叢書 7　馬学－馬を科学する．馬事文化財団，1994.

10）松尾信一・白水完児・村井秀夫：日本農書全集 60　畜産・獣医．農山漁村文化協会，1996.

11）村井文彦：馬の博物館研究紀要 6 号．馬事文化財団，1993.

12）中村洋吉：獣医学史．養賢堂，1981.

13）日本獣医公衆衛生史編集委員会：日本獣医公衆衛生史．日本食品衛生協会，1991.

14）日本獣医史学会：日本の獣医学の発展に貢献した人々．日本獣医史学会，2002.

15）日本陸軍獣医部史編集委員会：日本陸軍獣医部史．紫陽会，2000.

16）西中川駿：古代遺跡出土骨からみたわが国の牛，馬の起源，系統に関する研究－とくに日本在来種との比較．鹿児島大学農学部獣医学科，1989.

17）佐原　真：騎馬民族は来なかった．日本放送出版協会，1993.

18）芝田清吾：日本古代家畜史の研究．学術書出版会，1969.

19）添川正夫：動物用ワクチン－その研究と発展．文永堂，1979.

20）篠永紫門：日本獣医学教育史．文永堂，1972.

21）白井恒三郎：日本獣医学史 復刻版．文永堂，1980（初版 1944）.

22）衆議院・参議院 編：議会制度七十年史．衆議院・参議院，1962.

23) 正田陽一：世界家畜図鑑．講談社，1987.
24) 帝国競馬協会：日本馬政史．帝国競馬協会，1928.
25) 山脇圭吉：日本帝国家畜伝染病予防史．獣疫調査所，1935 ～ 1938.
26) 結城了悟：天正少年使節－史料と研究．純心女子短期大学長崎地方文化史研究所，1992.

第３章　獣医療と生命倫理

1）藤原大美 編：新移植免疫学．中外医学社，2000.
2）日野原重明：POS・医療と医学教育の革新のための新システム．医学書院，1950.
3）星野一生：バイオサイエンス・ニュースレター．京都女子大宗教文化研究所，2000.
4）池本卯典：獣医科診療室の法律．インターズー，2001.
5）池本卯典：獣医科診療室の倫理．インターズー，2001.
6）池本卯典 訳：臨床獣医学上の法的論点．学窓社，1995.
7）近藤　均ほか：生命倫理事典．太陽出版，2002.
8）厚生省薬務局（旧）：GCP ハンドブック．薬事時報社，1994.
9）日本獣医師会：獣医師倫理関係規定 資料集．日本獣医師会，2004.
10) 日本医師会：医の倫理綱領．日本医師会，2000.
11) 山内雄一 監修：生命倫理と法．太陽出版，2004.
12) 横山章光：アニマルセラピーとは何か．日本放送出版協会，1996.

第４章　動物実験と生命倫理

1）大上泰弘 著：動物実験の生命倫理．東信堂，2005.
2）Rowan A：動物実験の是非を問う．日経サイエンス，1997.
3）篠田義一：社会的合意のために 特集「動物実験」．学術の動向，2002.
4）Rowan A, Goldberg A：Responsible animal research: A riff of Rs. Alternative to Laboratory Animals, 1995.

第５章　動物の権利と福祉

1）Appleby MC, Hughes BO ed.：Animal Welfare. Cab International, 1997.
2）Bekoff M, Meaney CA ed.：Encyclopedia of animal rights and welfare. Greenwood

Press, 1998.
3）Bentham J：An introduction to the principles of morals and legislation. Clarendon Press, 1996.
4）地球生物会議 訳：EU 動物福祉 5 カ年計画．地球生物会議，2006.
5）花山勝友：輪廻と解脱．講談社，1989.
6）橋本明子 訳：アニマル・マシーン．講談社，1980.
7）池本卯典：動物看護のための動物医療の倫理と法．ファームプレス，1999.
8）池本卯典：最新版 知っておきたい獣医科診療室の倫理．インターズー，2001.
9）今西錦司 編・ダーウィン 著：『世界の名著 50』人間の起源．中央公論社，1996.
10）岸本和世 訳：動物と共に生きる．日本キリスト教出版局，2004.
11）Linzey A, Regan T ed.：Animals and Chistianity ― A Book of Reading. Crossroad, 1988.
12）松木洋一・永松美紀 編著：日本と EU の有機畜産－ファームアニマルウエルフェアの実際－．農山漁村文化協会，2004.
13）中川雅生 訳：ヒンドゥー教 インド 3000 年の生き方考え方．講談社，1999.
14）Primatt H：Dissertation on the Duty of Mercy and the Sin of Cruelty to Brute Animals. Thoemmes Press, 2000.
15）Regan T：The Case for Animal Rights. University of California Press, 1983.
16）Rollin BE：An Introduction to Veterinary Medical Ethics. Iowa State University Press, 1999.
17）Sainsbury D：Farm Animal Welfare. Collins, 1986.
18）佐藤衆介：アニマル・ウエルフェア 動物の幸せについての科学と倫理，東京大学出版会，2005.
19）「聖書 新共同訳」 日本聖書協会，1996.
20）武田武長：世のために存在する教会 戦争責任から環境責任まで．新教出版社，2001.
21）田邉治子 訳：動物に権利はあるか．日本放送出版協会，1995.
22）Tannenbaum J：Veterinary Ethics ― Animal Welfare, Client Relations, Competition and Collegiality ―. Mosby, 1995.
23）戸田 清 訳：動物の権利．技術と人間，1986.

24) 戸田　清 訳：動物の解放．技術と人間，1988.
25) 戸田　清 訳：動物権利．技術と人間，1999.
26) 宇都宮秀和 訳：神は何のために動物を造ったのか．教文館，2001.
27) 吉永正義 訳：教会教義学 創造論Ⅲ /1　創造者とその被造物（上）．新教出版社，2005.
28) 吉永正義 訳：教会教義学 創造論Ⅲ /1　創造者とその被造物（下）．新教出版社，2005.
29) 吉永正義 訳：教会教義学　創造論Ⅳ /3　創造者なる神の戒め．新教出版社，2005.
30) Young RJ：Environmental Enrichment for Captive Animals. Blackwell Publishing, 2003.

第６章　獣医療公衆衛生学領域

1）動物性食品の HACCP 研究班 編：HACCP・衛生管理計画の作成と実践．中央法規出版，1998.
2）春田三佐夫・細貝祐太朗・宇田川俊一 編：目で見る食品衛生検査法．中央法規出版，1998.
3）獣医事法規研究会 監修，池本卯典・山田治男 編：獣医療公衆衛生六法．中央法規出版，1999.
4）勝部泰次 監修：獣医公衆衛生学．第２版，学窓社，2005.
5）川端俊治・春田三佐夫・細貝祐太朗 編：実務・食品衛生．中央法規出版，1997.
6）厚生省保健医療局 監修・小早川隆敏 編：感染症マニュアル・その予防と対策．マイガイア，1997.
7）厚生労働省 監修：食品衛生検査指針・微生物編．日本食品衛生協会，2004.
8）熊谷　進 ほか：食の安全．エヌ・ティー・エス，2003.
9）松本慶蔵 編：病原菌の今日的意味．医薬ジャーナル社，2003.
10) 日本動物看護学会 編：動物看護学（各論）．インターズー，2002.
11) 高島邦夫・熊谷　進 編：獣医公衆衛生学．第３版，文永堂出版，2004.
12) 柳川　洋・中村好一 編：公衆衛生マニュアル．南山堂，2006.
13) Fields BN, Knipe DM, Howley PM：Fields VIROLOGY. 4th ed., Lippincott-Raven Publishers, 2001.

第9章　獣医療と法

1）池本卯典：知っておきたい獣医科診療室の法律．インターズー，2001．
2）前田達明・稲垣　喬・手嶋　豊ほか：医事法．有斐閣，2000．
3）野田　寛：医事法（上巻）．青林書院，1984．
4）野田　寛：医事法（中巻）．増補版，青林書院，1994．
5）農林水産省生産局畜産部 監修，日本獣医師会 編：獣医畜産六法平成18年版．新日本法規，2005．
6）大谷　實：医療行為と法．新版補正第二版，弘文堂，1997．
7）手嶋　豊：医事法入門．有斐閣，2005．
8）唄　孝一・宇都木伸・平林勝政 編：医療過誤判例百選．第二版，有斐閣，1996．
9）宇都木伸・平林勝政 編：フォーラム医事法学．尚学社，1998．
10）宇都木伸・塚本泰司 編：現代医療のスペクトル．尚学社，2001．
11）吉田眞澄 編・著：動物愛護六法．誠文堂新光社，2003．
12）吉田眞澄ほか 編：ペット六法．誠文堂新光社，2002．

第10章　獣医療の展開

1）長谷川篤彦：獣医内科学プロローグ．学窓社，1996．
2）長谷川弥人：浅田流漢方入門．谷口書店，1992．
3）広井良典 編：標準看護学講座 医療学総論．金原出版，2003．
4）城ヶ端初子 監修：実践に生かす看護理論19．医学芸術社，2005．
5）川野雅資・森　千鶴 訳：看護過程における患者－看護婦関係．医学書院，1999．
6）児玉香津子・高崎絹子 著：看護学双書 看護学概論．文光堂，2003．
7）松尾宣武・濱中喜代：新体系看護学 第28巻 小児看護学①小児看護概論・小児保健．メヂカルフレンド社，2003．
8）奈良間美保：系統看護学講座 専門22 小児看護学1．医学書院，2003．
9）日本動物看護学会教科書編集委員会 編：動物看護学総論．日本看護学会，2002．
10）日本東洋医学会学術教育委員会：入門漢方医学．南江堂，2002．
11）野嶋佐由美 監修：セルフケア看護アプローチ．日総研，2006．

12) 佐藤登美：新体系看護学 第16巻 基礎看護学① 看護学概論．メヂカルフレンド社，2003.
13) 沢 禮子 編著：標準看護学講座 基礎看護学1．金原出版，2006.
14) 杉野佳江 編：標準看護学講座 基礎看護学2．金原出版，2005.
15) 助川尚子 訳：ナイチンゲール看護覚え書き決定版．医学書院，2004.
16) 高橋章子：救急看護．医歯薬出版株式会社，2001.
17) 玉木ミヨ子：イラストで見る診る看る基礎看護学．医学評論社，2005.
18) 筒井真優美：これからの小児看護．南江堂，2001.
19) 筒井真優美：やさしく学ぶ看護学シリーズ5 小児看護学C．日総研出版，1997.
20) 焼山和憲：ヘンダーソンの看護観に基づく看護過程．日総研出版，2006.
21) 横尾京子ほか 監訳：看護理論と看護過程．医学書院，2004.

第11章 獣医療と経営

1) 農林水産省大臣官房統計局編：農林水産統計平成17年度版．農林水産統計協会，2005.
2) 農林水産省消費・安全局編：家畜衛生統計．農林弘済会，1994～2004.
3) 農林水産省経営局編：家畜共済の概要．農林水産省，2005.
4) 農林水産省経営局編：農業共済団体等家畜診療所実態調査結果．農林水産省，2006.
5) 農林水産省経営局編：家畜共済診療点数表．農林水産省，2004.
6) 総務省統計局編：世界の統計2006年版．日本統計協会，2006.
7) 総務省統計局編：サービス業基本調査報告平成16年版．総務省，2004.
8) 産経新聞メディックス：ペットビジネスハンドブック2006年．産経新聞メディックス社，2006.
9) 日本獣医師会編：小動物診療料金の実態調査．日本獣医師会，1999.
10) 日本獣医師会編：獣医師生涯教育に関する調査報告書．日本獣医師会，1998.
11) 日本獣医師会編：日本獣医師会獣医師倫理関係規程集．日本獣医師会，2007.

日本語索引

欧文と混合した用語の索引

獣 医 学 概 論　　定価（本体 4,800 円＋税）

2007 年 7 月 20 日　初版第 1 刷発行　　<検印省略>

編 集　池　本　卯　典
　　　　小　方　宗　次
発行者　永　井　富　久
印 刷　㈱　平　河　工　業　社
製 本　田　中　製　本　印　刷　㈱

発 行　**文 永 堂 出 版 株 式 会 社**
〒113-0033　東京都文京区本郷 2 丁目 27 番 3 号
TEL　03-3814-3321　FAX　03-3814-9407
振替　00100-8-114601 番

ISBN　978-4-8300-3210-3